高等职业教育"十四五"系列教材

计算机应用基础（Windows 10+Office 2016）

主　编　任洪亮　邢海燕

副主编　李家俊　陈　静　王红玉　张　静　王绪峰　刘东京

中国水利水电出版社

www.waterpub.com.cn

·北京·

内 容 提 要

本书为校企合作开发教材，紧密对标教育部下发的《关于印发高等职业教育专科英语、信息技术课程标准（2021 年版）》的通知，将信息检索、新一代信息技术、信息素养与社会责任等内容融入教材。本书从计算机的实际操作出发，按照项目导向、任务驱动的教学方法组织内容，兼顾计算机操作员国家职业资格考试的要求，在强调基本理论、基本方法的同时特别注重应用能力的培养，并尽可能反映计算机发展的最新技术，内容翔实、结构清晰、精讲多练、实用性强。

本书共 7 个模块：计算机基础知识、Windows 10 操作系统、文字处理软件 Word 2016、表格处理软件 Excel 2016、幻灯片制作软件 PowerPoint 2016、计算机网络基础与 Internet、信息素养与社会责任。本书提供各章的实训素材、教学课件、习题及答案，读者可以从中国水利水电出版社网站（www.waterpub.com.cn）或万水书苑网站（www.wsbookshow.com）免费下载。

本书可作为应用型本科院校、高等职业院校、高等专科院校及成人高校相关专业的教材，也可供相关培训机构及企业管理人员使用。

图书在版编目（ＣＩＰ）数据

计算机应用基础：Windows 10+Office 2016 / 任洪亮，邢海燕主编. -- 北京：中国水利水电出版社，2021.7（2023.11 重印）
高等职业教育"十四五"系列教材
ISBN 978-7-5170-9608-5

Ⅰ．①计… Ⅱ．①任… ②邢… Ⅲ．①Windows操作系统－高等职业教育－教材②办公自动化－应用软件－高等职业教育－教材③Office 2016 Ⅳ．①TP316.7②TP317.1

中国版本图书馆CIP数据核字（2021）第097457号

策划编辑：杜 威　责任编辑：高 辉　加工编辑：王玉梅　封面设计：李 佳

书　　名	高等职业教育"十四五"系列教材 计算机应用基础（Windows 10+Office 2016） JISUANJI YINGYONG JICHU（Windows 10+Office 2016）
作　　者	主　编　任洪亮　邢海燕 副主编　李家俊　陈 静　王红玉　张 静　王绪峰　刘东京
出版发行	中国水利水电出版社 （北京市海淀区玉渊潭南路 1 号 D 座　100038） 网址：www.waterpub.com.cn E-mail：mchannel@263.net（答疑） 　　　　sales@mwr.gov.cn 电话：（010）68545888（营销中心）、82562819（组稿）
经　　售	北京科水图书销售有限公司 电话：（010）68545874、63202643 全国各地新华书店和相关出版物销售网点
排　　版	北京万水电子信息有限公司
印　　刷	三河市鑫金马印装有限公司
规　　格	184mm×260mm　16 开本　21.25 印张　530 千字
版　　次	2021 年 7 月第 1 版　2023 年 11 月第 2 次印刷
印　　数	3001—4000 册
定　　价	49.00 元

凡购买我社图书，如有缺页、倒页、脱页的，本社营销中心负责调换

前　　言

在信息技术飞速发展的大背景下，如何提高学生的计算机应用能力，增强学生利用计算机网络资源优化自身知识结构及技能水平的自觉性，已成为高素质技能型人才培养过程中的重要命题。为了适应当前高职高专教育教学改革的形势，满足高职院校计算机应用基础课程教学的要求，编者特编写本书。

本书由山东劳动职业技术学院老师和合作企业腾讯云计算（北京）有限责任公司的高级工程师共同编写完成，学院老师长期在教学一线从事计算机基础课程教学和教育研究工作，企业参编人员是腾讯云计算（北京）有限责任公司的高级工程师，具有非常丰富的实践技能。在编写过程中，编者将长期积累的教学经验和工作体会融入本书的各个部分，并采用项目教学的理念设计课程标准并组织本书内容。

习近平总书记在中国共产党第二十次全国代表大会上的报告中指出办好人民满意的教育。教育是国之大计、党之大计。培养什么人、怎样培养人、为谁培养人是教育的根本问题。本书以学生为中心，内容实用、资源丰富、通俗易懂，构建了完整的知识体系，采用任务驱动教学方式，知行合一，尤其注重强化学生的实践操作技能，力求语言精练、内容实用、操作步骤详略得当，并采用了大量图片，以方便学生自学。本书共 7 个模块：计算机基础知识、Windows 10 操作系统、文字处理软件 Word 2016、表格处理软件 Excel 2016、幻灯片制作软件 PowerPoint 2016、计算机网络基础与 Internet、信息素养与社会责任。模块中的案例都经过精心挑选，具有很强的针对性、实用性。掌握这些案例后，学生可以快速地将其应用到日常的学习、生活中，增强成就感。

本书由任洪亮、邢海燕任主编，李家俊、陈静、王红玉、张静、王绪峰、刘东京任副主编。模块一由张静编写，模块二由任洪亮编写，模块三由邢海燕编写，模块四由陈静和王绪峰编写，模块五由李家俊和腾讯云计算（北京）有限责任公司的刘东京编写，模块六由王红玉编写，模块七由邢海燕编写。任洪亮和邢海燕负责全书的统稿工作。

由于编者水平有限，书中难免存在疏漏之处，欢迎广大读者批评指正。

编　者
2021 年 5 月

目　　录

模块一　计算机基础知识

模块重点

- 计算机的发展及系统组成
- 计算机基础操作与组成部件
- 文字录入
- 常用数制及编码
- 计算机信息安全
- 计算机领域的前沿技术

教学目标

- 了解计算机的发展
- 掌握计算机的系统组成
- 掌握计算机的基础操作与组成部件
- 掌握文字录入的方法
- 掌握不同数制之间的转换
- 了解信息安全与计算机病毒的防治
- 了解计算机领域的前沿技术

项目1　计算机的发展和系统组成

项目分析

本项目主要介绍计算机的发展历史、不同标准下计算机的分类、微型计算机的系统组成。要求了解计算机的发展与分类，掌握计算机的软件系统组成和硬件系统组成。

任务1.1　计算机的发展

【任务目标】本任务主要要求学生了解计算机的发展历史，掌握不同历史阶段计算机的特点，了解未来计算机的发展趋势。

1. 计算机的发展

1946 年，在美国宾夕法尼亚大学，第一台数字电子计算机 ENIAC（Electronic Numeric Integrator and Calculator）问世。它的出现使人类社会从此进入了电子计算机时代。根据计算机所采用的电子元器件不同，计算机的发展经历了以下 4 代：

（1）第一代（1946—1958 年）：电子管计算机。第一代计算机的基本特征是采用电子管作为计算机的逻辑元器件，因此称为电子管计算机，也叫真空管计算机。受当时电子技术的限制，每秒运算速度仅为几千次至几万次，内存容量仅为几千字节。其数据表示主要是定点数，使用机器语言或汇编语言编写程序。第一代电子计算机体积庞大、造价昂贵，用于军事和科学研究工作。其代表机型有 IBM 650（小型机）、IBM 709（大型机）。

（2）第二代（1959—1964 年）：晶体管计算机。第二代计算机的基本特征是采用晶体管作为计算机的逻辑元器件，因此称为晶体管计算机。由于电子技术的发展，运算速度达每秒几十万次，内存容量增至几十千字节。与此同时，计算机软件技术也有了较大发展，出现了FORTRAN、COBOL、ALGOL 等高级语言，极大地简化了编程工作。与第一代电子计算机相比，晶体管电子计算机体积小、成本低、功能强、可靠性大大提高，除了科学计算外，还用于数据处理和事务处理。其代表机型有 IBM7094、CDC7600。

（3）第三代（1965—1971 年）：集成电路计算机。第三代计算机的基本特征是采用小规模集成电路作为计算机的逻辑元器件，因此称为集成电路计算机。随着固体物理技术的发展，集成电路工艺已可以在几平方毫米的单晶硅片上集成由十几个甚至上百个电子元器件组成的逻辑电路。与第二代电子计算机相比，它的运算速度每秒可达几十万次到几百万次；存储器进一步发展，体积越来越小，价格越来越低；软件越来越完善，高级程序设计语言在这个时期有了很大发展，在监控程序的基础上发展形成了操作系统。这一时期的计算机同时朝着标准化、通用化、多样化、机种系列化发展，计算机开始广泛应用在各个领域。其代表机型有 IBM360系列、DEC 公司的 PDP 系列小型机等。

（4）第四代（1971 至今）：大规模/超大规模集成电路计算机。第四代计算机的基本特征是采用大规模集成电路和超大规模集成电路作为计算机的逻辑元器件,因此称为大规模集成电路计算机。与第三代电子计算机相比，其运算速度达到了每秒上亿次，甚至上千亿次的数量级，操作系统也不断完善；而且自 20 世纪 70 年代以来，集成电路制作工艺取得了迅猛的发展，在硅半导体上可集成更多的电子元器件,计算机逻辑器件采用了大规模集成电路和超大规模集成电路技术，半导体存储器代替了磁芯存储器，使计算机体积越来越小。在这一时期，微型机在家庭中得到了普及，并开始了计算机网络时代。

2．计算机的发展趋势

计算机技术是世界上发展最快的科学技术之一，产品不断升级换代。当前计算机正朝着巨型化、微型化、智能化、网络化等方向发展。计算机本身的性能越来越优越，应用范围也越来越广泛，未来计算机的发展趋势主要体现在以下 6 个方面：

（1）量子计算机。量子计算机是一类遵循量子力学规律进行高速数学和逻辑运算、存储及处理的量子物理设备，当某个设备由两子元件组装，处理和计算的是量子信息，运行的是量子算法时，它就是量子计算机。

（2）神经网络计算机。人脑总体运行速度相当于每秒 1000 万亿次的计算机功能，可把生物大脑神经网络看作一个大规模并行处理的、紧密耦合的、能自行重组的计算网络。从大脑工作的模型中抽取计算机设计模型，用许多处理机模仿人脑的神经元机构，将信息存储在神经元之间的联络中，并采用大量的并行分布式网络就构成了神经网络计算机。

（3）化学、生物计算机。在运行机理上，化学计算机以化学制品中的微观碳分子作信息载体，来实现信息的传输与存储。DNA 分子在酶的作用下可以从某基因代码通过生物化学反应转变为另一种基因代码，转变前的基因代码可以作为输入数据，反应后的基因代码可以作为运算结果，利用这一过程可以制成新型的生物计算机。生物计算机最大的优点是生物芯片的蛋白质具有生物活性，能够跟人体的组织结合在一起，特别是可以和人的大脑以及神经系统进行有机的连接，使人机接口自然吻合，免除了烦琐的人机对话，这样，生物计算机就可以听人指挥，成为人脑的外延或扩充部分，还能够从人体的细胞中吸收营养来补充能量，不要任何外界的能源，由于生物计算机的蛋白质分子具有自我组合的能力，从而使生物计算机具有自我调节能力、自我修复能力和再生能力，更易于模拟人类大脑的功能。现今科学家已研制出了许多生物计算机的主要部件——生物芯片。

（4）光计算机。光计算机是用光子代替半导体芯片中的电子，以光互连来代替导线制成数字计算机。与电的特性相比光具有无法比拟的各种优点。光计算机是"光"导计算机，光在光介质中以许多个波长不同或波长相同而振动方向不同的光波传输，不存在寄生电阻、电容、电感和电子相互作用的问题，光器件又无电位差，因此光计算机的信息在传输中畸变或失真小，可在同一条狭窄的通道中传输数量大得难以置信的数据。

（5）超导计算机。超导计算机是根据英国物理学家约瑟夫逊提出的"超导隧道效应"原理而制作的，即由超导体—绝缘体—超导体组成的器件（约瑟夫逊元件），当对其两端加电压时，电子就会像通过隧道一样无阻挡地从绝缘介质穿过，形成微小电流，而该器件两端的压降几乎为 0，使用约瑟夫逊器件的超导计算机的耗电量仅为传统半导体计算机的几千分之一，而执行一条指令所需的时间却要快 100 倍。

（6）纳米计算机。纳米计算机指将纳米技术运用于计算机领域所研制出的一种新型计算机。应用纳米技术研制的计算机内存芯片，其体积不过数百个原子大小，相当于人的头发直径的千分之一。纳米计算机不仅几乎不需要耗费任何能源，而且其性能要比今天的计算机强大许多倍。

任务 1.2 计算机的系统组成

【任务目标】本任务主要要求学生掌握计算机系统的组成。

一个完整的计算机系统包括硬件系统和软件系统两部分，如图 1-1 所示。

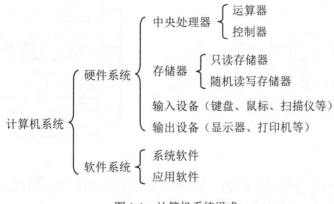

图 1-1 计算机系统组成

1. 计算机的硬件系统

计算机的硬件系统由运算器、控制器、存储器、输入设备和输出设备 5 部分组成，如图1-2 所示。

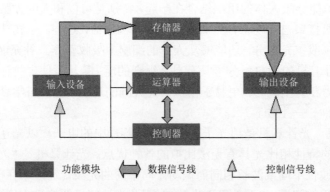

图 1-2 计算机硬件系统组成

（1）运算器：计算机中执行各种算术和逻辑运算操作的部件，由算术逻辑单元（ALU）、累加器、状态寄存器、通用寄存器等组成。

（2）控制器：它是整个计算机的指挥中心，它根据操作者的指令控制计算机系统的整个执行过程，使计算机各部件协调一致并连续地工作。

运算器和控制器合称"微处理器"或称为"中央处理器"，简称 CPU，它是计算机的核心部件。

（3）存储器：计算机系统中的记忆设备，用来存放程序和数据。计算机中的全部信息，包括输入的原始数据、计算机程序、中间运行结果和最终运行结果都保存在存储器中。它根据控制器指定的位置存入和取出信息。存储器分为内存储器和外存储器两大类，简称内存和外存。内存储器又称为主存储器，外存储器又称为辅助存储器。常见存储器的分类如图 1-3 所示。

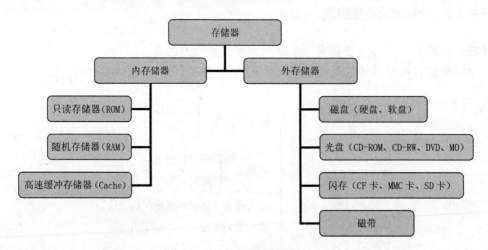

图 1-3 存储器分类

内存是 CPU 可直接访问的存储器，是计算机中的工作存储器，当前正在运行的程序与数据都必须存放在内存中。内存分为 ROM、RAM、Cache。

1）只读存储器（ROM）：ROM 中的数据或程序一般是在将 ROM 装入计算机前事先写好的。一般情况下，计算机工作过程中只能从 ROM 中读出事先存储的数据，而不能改写。ROM 常用于存放固定的程序和数据，并且断电后仍能长期保存。ROM 的容量较小，一般存放系统的基本输入/输出系统（BIOS）等。

2）随机存储器（RAM）：随机存储器的容量与 ROM 相比要大得多，CPU 从 RAM 中既可读出信息又可写入信息，但断电后所存的信息就会丢失。

3）高速缓冲存储器（Cache）：随着 CPU 主频的不断提高，CPU 对 RAM 的存取速度加快了，RAM 的响应速度相对较慢，造成了 CPU 等待，降低了处理速度，浪费了 CPU 的能力。为协调二者之间的速度差，在内存和 CPU 之间设置一个与 CPU 速度接近的、高速的、容量相对较小的存储器，把正在执行的指令地址附近的一部分指令或数据从内存调入这个存储器，供CPU 在一段时间内使用。这对提高程序的运行速度有很大的作用。这个介于内存和CPU 之间的高速小容量存储器称作高速缓冲存储器（Cache），一般简称为缓存。

外存是主机的外部设备，存取速度较内存慢得多，用来存储大量的暂时不参加运算或处理的数据和程序，一旦需要，可成批地与内存交换信息。外存是内存储器的后备和补充，不能和 CPU 直接交换数据。现在计算机中广泛采用了价格较低、存储容量大、可靠性高的磁介质作为外存储器，如早期使用的软磁盘、硬磁盘和磁带等，还有采用激光技术存储信息的光盘存储器，如只读型光盘（CD-ROM）和读写型光盘（CD-RW），还有目前使用的 U 盘和移动硬盘。

（4）输入设备：向计算机输入数据和信息的设备，是计算机与用户或其他设备通信的桥梁。输入设备是用户和计算机系统之间进行信息交换的主要装置之一。键盘、鼠标、摄像头、扫描仪、光笔、手写输入板、游戏杆、语音输入装置等都属于输入设备。

现在的计算机能够接收各种各样的数据，既可以是数值型的数据，也可以是各种非数值型的数据，如图形、图像、声音等都可以通过不同类型的输入设备输入计算机中，进行存储、处理和输出。计算机的输入设备按功能可分为下列几类：

- 字符输入设备：键盘。
- 光学阅读设备：光学标记阅读机、光学字符阅读机。
- 图形输入设备：鼠标器、操纵杆、光笔。
- 图像输入设备：摄像机、扫描仪、传真机。
- 模拟输入设备：语言模数转换识别系统。

（5）输出设备：是人与计算机交互的一种部件，用于数据的输出。它把各种计算结果数据或信息以数字、字符、图像、声音等形式表示出来。常见的有显示器、打印机、绘图仪、影像输出系统、语音输出系统、磁记录设备等。

2．计算机的软件系统

软件系统是指为运行、管理和维护计算机而编制的各种程序及文件。通过软件与计算机进行人机交互，实现对计算机的应用。计算机的软件系统主要包括系统软件和应用软件两大类。

（1）系统软件：是指控制和协调计算机及外部设备，支持应用的软件开发和运行的系统，是无须用户干预的各种程序的集合，主要功能是调度、监控和维护计算机系统，负责管理计算机系统中各种独立的硬件，使得它们可以协调工作。系统软件主要包括操作系统、语言处理程序、数据库管理系统和支撑服务软件。

1）操作系统：（Operating System，OS）管理计算机系统的全部硬件资源、软件资源及数据资源，控制程序运行，改善人机界面，为其他应用软件提供支持等，使计算机系统所有资源最大限度地发挥作用，为用户提供方便的、有效的、友善的服务界面。常见的操作系统主要有DOS、OS/2、UNIX、XENIX、Linux、Windows 系列、Netware 等。

2）语言处理程序：用各种程序设计语言编写的源程序，计算机是不能直接执行的，必须经过翻译（对汇编语言源程序是汇编，对高级语言源程序则是编译或解释）才能执行，这些翻译程序就是语言处理程序，包括汇编程序、编译程序和解释程序等，它们的基本功能是把用面向用户的高级语言或汇编语言编写的源程序翻译成机器可执行的二进制语言程序。

3）数据库管理系统：主要用来建立存储各种数据资料的数据库，并进行操作和维护。常用的数据库管理系统有微机上的 FoxPro、FoxBASE+、Access 和大型数据库管理系统（如Oracle、DB2、Sybase、SQL Server 等）。

4）支撑服务软件：这些程序又称工具软件，如系统诊断程序、调试程序、排错程序、编辑程序、查杀病毒程序等，都是为维护计算机系统的正常运行或支持系统开发所配置的软件系统。

（2）应用软件：是用户可以使用的各种程序设计语言，以及用各种程序设计语言编制的应用程序的集合，分为应用软件包和用户程序。应用软件包是利用计算机解决某类问题而设计的程序的集合，供多用户使用。常见的应用软件有办公室软件（包括文字处理器、绘图程式、基础数据库、档案管理系统等）、互联网软件（包括电子邮件客户端、网页浏览器、FTP 客户端、下载工具等）、多媒体软件（包括媒体播放器、图像编辑软件、音讯编辑软件、视讯编辑软件、计算机辅助设计软件、计算机游戏等）等。

3．程序设计语言

程序设计语言也称程序开发软件，主要包括机器语言、汇编语言和高级语言。

- 机器语言：是直接用二进制代码表示的指令来编写程序的方法，称为面向机器的语言。
- 汇编语言：是通过助记符和十六进制数表示的指令来编写程序的方法，称为面向机器的语言。

机器语言和汇编语言一般都称为低级语言。

- 高级语言：又称算法语言，具有严格的语义规则。在语言表示和语义描述上，更接近于人类的自然语言和数学语言。计算机高级语言的种类很多，如 C、Pascal、C++、Java 等。

4．计算机中的常用术语

- 字符：指计算机可以接收的任何字母、数字及符号等。
- 位（b）：即 bit，它是一个二进制数位，是计算机存储数据的最小单位。
- 字节（B）：即 Byte（简写为 B），一个字节由 8 个二进制数组成。即一个字节等于 8 位。字节是信息组织和存储的基本单位。在 ASCII 码中，一个英文字母（不分大小写）占一个字节的空间，一个中文汉字占两个字节的空间。常用的信息储存单位有KB、MB、GB、TB。

  1KB=1024B

  1MB=1024KB

  1GB=1024MB

  1TB=1024GB

- 主频：指计算机内部的主时钟在一秒之内连续发出的脉冲信号数，以 MHz 为单位。1MHz 表示每秒发出一百万个同步脉冲。主频是衡量计算机工作速度的一个重要指标，主频越高，计算机的工作速度越快。
- 盘符：是 DOS、Windows 系统对于磁盘存储设备的标识符。一般使用 26 个英文字母加上一个冒号来标识。由于历史的原因，早期的 PC 一般装有两个软盘驱动器，因此，"A:" 和 "B:" 这两个盘符就用来表示软驱。
- 内存容量：指内存存储器能存储信息的总字节数。一般来说，内存容量越大，计算机的处理速度越快。随着内存价格的降低，计算机所配置的内存容量不断提高，从早期的 KB 增加到目前的 MB、GB 等。随着更高性能的操作系统的推出，计算机的内存容量会越来越大。

 知识拓展

主板：重要的配件之一，计算机各个组成部分都是通过一定的方式接到主板上的。

构成主板的部件：CPU 插座、BIOS 芯片、高速缓冲存储器（Cache）、扩展槽、芯片组和各种接口等。

（1）CPU 插座：是 CPU 与主板的接口。

（2）BIOS 芯片：BIOS 即基本输入/输出系统。作用是检测所有部件以确认它们是否正确运行，并提供有关硬盘读写、显示器显示方式、光标设置等的子程序。

（3）高速缓冲存储器：用来存储 CPU 常用的数据和代码，由静态 RAM 组成，容量为 32～256KB。

（4）扩展槽：微机主板后部有几个印刷电路板插槽，这就是 I/O 接口与主机相连的部分，具体实现扩展总线的功能，插各种并行、串行通信接口板，如显示器、打印机等输入/输出设备的接口板。当前这些接口直接集成在主板上。

（5）芯片组：是主板的主要组成部分，在一定程度上决定主板的性能和级别。

（6）各种接口：主板上的主要接口有 IDM 接口、第一个串行接口 COM1（如连接鼠标）、第二个串行接口 COM2、并行接口 LPT、USB 接口。

（7）总线（Bus）：系统部件之间传送信息的通道，是计算机中各种信号连接线的总称，一般分为 3 种：数据总线、地址总线和控制总线。

1）数据总线：用于传送数据。

2）地址总线：用于传送 CPU 发出的地址信息，以便选择需要访问的存储单元或输入/输出接口电路。

3）控制总线：用来传送各种控制信号，包括 CPU 到存储器或外设接口的控制信号和外设到 CPU 的各种信号等。

项目 2　计算机基础操作

 **项目分析**

本项目主要讲解计算机开机、关机和计算机的组成部件。要求掌握计算机的开关机方法、

计算机的组成部件以及各个组成部件的性能指标。

任务 2.1　计算机的开机和关机

【任务目标】本任务主要讲解计算机开机和关机的基本方法。

【任务操作 1】计算机的开机。

1．检查主机与外部设备的连接是否正确。

2．打开外部电源开关，用大拇指按下计算机主机上的 POWER 按钮，计算机就会自动启动，在显示器上出现了许多字符和图形，这个过程叫作开机自检，如果计算机正常，则会继续显示其他符号，如果不正常，计算机就会终止，这个时候，就要检查机器故障。

【任务操作 2】计算机的关机。

1．正常关机

（1）退出正在运行的程序。

（2）单击"开始"→"关闭计算机"→"关机"。

（3）先关闭主机的电源开关，后关闭显示器的电源（如果显示器的电源线是连在主机上的，只需要关闭主机的开关）。

2．非正常关机

计算机在运行过程中遇到死机之类的问题，需要非正常关机，具体操作如下：

方法 1：按 Ctrl+Alt+Del 组合键，打开 Windows 任务管理器，在菜单栏中选择"关机"。

方法 2：按下计算机主机上的 POWER 按钮几秒，也可以关闭计算机。

方法 3：按下计算机主机上的 POWER 按钮边上的 RESET 按钮，可以重新启动计算机。

⊠说明提示

注意：从开机到关机或从关机到开机的时间间隔不要少于 10 秒。

计算机开机和关机的顺序比较：开机时要先开计算机外部设备的电源，然后再打开主机的电源；关机时要先关主机电源，再关其他外设。

任务 2.2　计算机的组成部件

【任务目标】本任务主要讲解计算机的组成部件及性能指标。

【任务操作 1】确认组装一台计算机所需要的部件。

要组装一台计算机，一般部件清单中包含 CPU、内存、显示卡、声卡、硬盘、显示器、键盘、鼠标、机箱及音箱等部件。

1．CPU

CPU 就是中央处理器（Central Processing Unit），也称为微处理器（Micro-Processing Unit，MPU）。CPU 是计算机的心脏，包括运算器和控制器两部分，是完成各种运算和控制的核心，也是决定计算机性能的最重要的部件。下面先来了解一下关于处理器的两个参数。

（1）主频：即 CPU 的时钟频率，英文全称为 CPU Clock Speed。简单地说也就是 CPU 运算时的工作频率。一般说来，主频越高，一个时钟周期里面完成的指令数也越多，CPU 的速度也就越快。不过由于各种各样的 CPU 它们的内部结构也不尽相同，因此并非所有的时钟频率相同的 CPU 的性能都一样。外频就是系统总线的工作频率；而倍频则是指 CPU 外频与主频相差的倍数。三者是有十分密切的关系的：主频=外频×倍频。例如：Pentium Ⅲ 800 表示

CPU 主频为 800MHz；AMD Athlon 1GHz 表示 CPU 主频为 1GHz。无论是双核、三核、四核，还是 I9 的 6 核，还是服务器级别的 N 核，其频率都是指一个核的频率，就是说所有的核都是这个频率（如酷睿双核 1.8GHz，其频率是 1.8GHz，那么每个核都是 1.8GHz）。除非 Intel 的 I5-I9 系列的处理器，可以根据运行程序的不同调节每个核的频率，但是也只是小幅调节。

（2）字长：也称数据总线宽度，它指的是 CPU 一次可以处理的二进制位数。字长越长，其运算精度越高。现在的计算机字长一般为 8 位、16 位、32 位、64 位等。数据总线负责整个系统的数据流量的大小，而数据总线宽度则决定了 CPU 与二级高速缓存、内存以及输入/输出设备之间一次数据传输的信息量。

2. 存储器

存储器是用来存储程序和数据的部件。存储器由若干个存储单元组成，信息可以按地址写入（存入）或读出（取出）。存储器的基本存储单位为字节（Byte）。每一个存储单元的大小就是一个字节，所以存储器容量大小就是以字节数来度量的。当然，其他的存储单位有 KB、MB、GB、TB。

（1）硬磁盘。硬磁盘简称硬盘，是由质地坚硬的合金盘片为基材，在表面喷涂磁性介质。一般硬盘是由一块或几块的盘片组成，并和磁盘的读写装置封装在一个密闭的金属腔体中。一块硬盘可以被划分成为几个逻辑盘，分别用盘符 C:、D:、E:、…表示，如图 1-4 所示。

图 1-4　硬盘驱动器

（2）光盘存储器：简称光盘，由光盘和光盘驱动器构成，如图 1-5 所示。

图 1-5　光盘和光盘驱动器

目前广泛应用的主要是 DVD 光驱。光盘直径为 12cm，中心有一个定位孔。光盘分为 3 层：最上面一层是保护层，一般涂漆并注明光盘的有关说明信息；中间一层是反射金属薄膜层；底层是聚碳酸酯透明层。记录信息时，使用激光在金属薄膜层上打出一系列的凹坑和凸起，将它们按螺旋形排列在光盘的表面上，称为光道。读取光盘上的信息是利用激光头发射的激光束对光道上的凹坑和凸起进行扫描，并使用光学探测器接收反射信号。当激光束扫描至凹坑的边缘时，表示二进制数字"1"；当激光束扫描至凹坑内和凸起时，均表示二进制数字"0"。

随着网速的不断提升和 USB 闪存盘的广泛应用，光驱使用相对减少了很多，但光驱在一些方面还是起着相当大的作用的，考虑到一些大型软件和数据光盘可能采用 DVD 碟片，所以一款 DVD 光驱对许多用户来说是还是很有意义的。

3. 显卡和声卡

显卡又称显示器适配卡，现在的显卡都是 3D 图形加速卡，如图 1-6 所示。它是连接主机与显示器的接口卡。其作用是将主机的输出信息转换成字符、图形和颜色等信息，传送到显示器上显示。显卡插在主板的 ISA、PCI、AGP 扩展插槽中，ISA 显卡现在已经基本淘汰。现在也有一些主板是集成显卡的，如果组装的机器对图像的显示要求不是太高，可以选用集成显卡。

声卡也叫音频卡，它是多媒体技术中最基本的组成部分，是实现声波/数字信号相互转换的一种硬件，如图 1-7 所示。声卡的基本功能是把来自话筒、磁带、光盘的原始声音信号加以转换，输出到耳机、扬声器、扩音机、录音机等声响设备，或通过音乐设备数字接口（MIDI）使乐器发出美妙的声音。

图 1-6　显卡　　　　　　　　　　　　　　图 1-7　声卡

4. 显示器

显示器是计算机的输出设备，其他常见的输出设备还有打印机，如图 1-8 所示。

图 1-8　显示器和打印机

显示输出系统由显示器和显示适配器（显卡）构成。显卡由显示存储器（包括显示 RAM 和显示 ROM BIOS 两类）、寄存器和控制电路 3 部分组成，它是主机与显示器之间的桥梁，负责将计算机内部输出的信号转换成显示器能够接收的信号。显示器按其构成的器件可分为阴极射线管（CRT）显示器和液晶（LCD）显示器。显示器屏幕上的字符和图形是由一个个像素组成的，像素的多少用分辨率来表示。目前常用的显示器分辨率有 1024×768 像素、1280×1024

像素、1440×900 像素、1920×1080 像素等。分辨率越高，其清晰度越好，显示的效果越好。选择显示系统时要综合考虑显示器和显卡的性能，两者之间应该相互匹配。

5. 鼠标、键盘、机箱及音箱

键盘和鼠标都属于输入设备，其他常见的输入设备还有图形扫描仪、卡片输入机等。最常使用的是键盘和鼠标，如图 1-9 所示。

图 1-9　键盘和鼠标

键盘如果按其键数可分为 101 键、102 键和 104 键等形式。按键盘的结构可分为机械式键盘和电容式键盘等。一般的键盘上分为 4 个区：功能键区、字符键区、光标控制键区和数字光标键区。

鼠标器（Mouse）简称鼠标，如果按其按键可分为 2 键和 3 键等。按其结构可分为机电式鼠标和光学鼠标等。按其与主机的接口类型可分为串行口鼠标和 PS/2 口鼠标。

机箱作为计算机配件中的一部分，它起的主要作用是放置和固定各计算机配件，起到一个承托和保护作用，此外，计算机机箱具有电磁辐射的屏蔽的重要作用，由于机箱不像 CPU、显卡、主板等配件能迅速提高整机性能，因此在 DIY 中一直不被列为重点考虑对象。但是机箱也并不是毫无作用，一些用户买了杂牌机箱后，因为主板和机箱形成回路，导致短路，使系统变得很不稳定。

音箱指将音频信号变换为声音的一种设备。通俗地讲就是指音箱主机箱体或低音炮箱体内自带功率放大器，对音频信号进行放大处理后由音箱本身回放出声音。

知识拓展

下面是一张普通的计算机配置清单，型号可有很多选择，见表 1-1。

表 1-1　计算机配置清单

序号	配件类型	型号
1	CPU	Intel 酷睿 i7 9700F 处理器
2	内存	金士顿骇客神条 FURYDDR4 2666 8G×2
3	主板	华硕 ROG STRIX B360-G GAMING 主板
4	显卡	技嘉 RTX 2060 PER GAMING OC 显卡
5	硬盘	希捷（ST）1TB 64MB 7200RPM
6	光存储	华硕 DRW-24D1ST
7	机箱	安钛克暗黑系-弑星者 M（DP301M）
8	电源	长城猎金 V5 金牌 500W 直出线版

续表

序号	配件类型	型号
9	显示器	戴尔 U2417H
10	键鼠	罗技 K835/罗技 M330 无线静音鼠标
…	…	…

项目 3 文字录入

项目分析

本项目主要介绍键盘结构、指法操作和击键要求。要求熟练正确地录入数据，能够安装、删除、设置和使用各种输入法。

任务 3.1 计算机键盘操作

【任务目标】本任务主要要求学生认识键盘结构，掌握指法操作，能够熟练地录入文字。

【任务操作 1】认识键盘结构。

键盘的类型很多，键盘的按键数曾出现过 83 键、93 键、96 键、101 键、102 键、104 键、107、108 键等。104 键的键盘在 101 键键盘的基础上为 Windows 9X 平台增加了 3 个快捷键（有两个是重复的），所以也被称为 Windows 9X 键盘。

键盘按照不同的应用可以分为台式机键盘、笔记本计算机键盘、工控机键盘三大类。人们通常使用的是 104 键键盘，如图 1-10 所示。

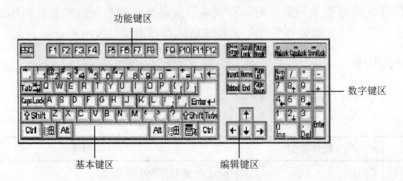

图 1-10 104 键键盘

键盘分为 4 个区域：功能键区、基本键区、编辑键区和数字小键盘区。

（1）功能键区。最上排的 F1～F12 键被称为功能键。主要作用如下：

- Esc：强行退格键，用来撤消某项操作。
- F1～F12：用户可以根据自己的需要来定义它的功能，F1 通常用作帮助键。

（2）基本键区。在基本键区，除了包含数字和字母键外，还有下列辅助键。

- Tab：制表键。此键可输入制表符，一般一个制表符相当于 8 个空格。

- CapsLock：大写锁定键。对应此键有一个指示灯在键盘的右上角。这个键为反复键，击一下此键，指示灯亮，此时输入的字母为大写，再击一下此键，指示灯灭，输入状态变为小写。
- Shift：换档键。在基本键区的下方左右各有一个 Shift 键。输入方法是按住 Shift 键，再按有双字符的键，即可输入该键上方的字符。例如，按住 Shift 键不放，击一下 ⠿ 键，即可输入一个"*"。
- Ctrl：控制键。与其他键同时使用，用来实现应用程序中定义的功能。
- Alt：辅助键。与其他键组合成复合控制键。
- Enter：回车键。通常被定义为结束命令行、文字编辑中的回车换行等。
- Backspace：空格键。用来输入一个空格，并使光标向右移动一个字符的位置。

（3）编辑键区。编辑键区包含了 4 个方向键和几个控制键。

- PageUp：按此键光标翻到上一页。
- PageDown：按此键光标移到下一页。
- Home：用来将光标移到当前行的行首。
- End：用来将光标移到当前行最后一个字符的右边。
- Delete：用来删除当前光标右边的字符。
- Insert：用来切换插入与改写状态。

（4）数字键区。数字键区上有一个 NumLock 键，按下此键时，键盘上的 NumLock 指示灯亮，表示此时为输入汉字和运算符号的状态。当再次按下 NumLock 键时，指示灯灭，此时数字键区的功能和编辑控制键区的功能相同。

【任务操作 2】指法操作与击键要求。

1. 指法操作

微机上使用的是标准键盘，键盘上的字符分布是根据字符的使用频度确定的。人的 10 个手指的灵活程度不一样，灵活一点的手指分管使用频率较高的键位，反之，不太灵活的手指分管使用频率低的键位。将键盘一分为二，左右手分管两边，键位的指法分布如图 1-11 所示。

图 1-11　指法分布

除大拇指外，每个手指都负责一小部分键位。击键时，手指上下移动，这样的分工，手指移动的距离最短，错位的可能性最小且平均速度最快。

大拇指因其特殊性，最适合敲击 Backspace 键。

"ASDF…JKL;"所在行位于键盘基本区域的中间位置，此行离其他行的平均距离最短，将这一行定为基准行，这一行上"ASDF"和"JKL;"8 个键定为基准键。基准键位是手指的常驻键位，即手指一直落在基准键上，当击其他键时，手指移动击键后，立即返回到基准键位上，再准备去击其他键。

基本键区周围的一些键，按照就近击键的原则，属于小指击键的范围。

操作数字键区时，右手中指落在"5"（基准键位）上，中指分管 2、5、8，食指分管 1、4、7，无名指分管 3、6、9，小指专击 Enter 键，0 键由大拇指负责。

操作方向键的方法：右手中指分管 ↑ 和 ↓ 键，食指和无名指分别击 ← 和 → 键。

2. 击键要求

只有通过大量的指法练习，才能熟记键盘上各个键的位置，从而实现盲打。用户可以先从基准键位开始练习，再慢慢向外扩展直至整个键盘。要想高效准确地输入字符，还要掌握击键的正确姿势和击键方法。

（1）正确的击键姿势。

● 稿子放在左侧，键盘稍向左放置。

● 身体坐正，腰脊挺直。

● 座位的高度适中，便于手指操作。

● 两肘轻贴身体两侧，手指轻放在基准键位上，手腕悬空平直。

● 眼睛看稿子，不要盯着键盘。

● 身体其他部位不要接触工作台和键盘。

（2）正确的击键方法。

● 按照手指划分的工作范围击键，是"击"键，而不是"按"键。

● 手指的全部动作只限于手指部分，手腕要平直，手臂不动。

● 手腕至手指呈弧状，手指的第一关节与键面垂直。

● 击键时以指尖垂直向键位瞬间爆发冲击力，并立即由反弹力返回。

● 击键力量不可太重或太轻。

● 指关节用力击键，胳膊不要用力，但可结合使用腕力。

● 击键声音清脆，有节奏感。

【任务操作 3】打开 Word 或记事本输入如下文字，并保存文件。

> **A computer** is a <u>machine</u> that manipulates <u>data</u> according to a list of <u>instructions</u>.The first devices that resemble modern computers date to the mid-20th century (*around 1940 - 1945*), although the computer concept and various machines similar to computers existed earlier. Early electronic computers were the size of a large room, consuming as much power as several hundred modern personal computers.

（1）单击"开始"→"Windows 附件"→"记事本"打开文字编辑软件，如图 1-12 所示。

（2）通过 Alt + Shift 组合键切换不同的输入法，在英文状态下输入上面的文字。

（3）单击"文件"→"保存"，在"文件名"文本框中输入"指法练习"，单击"保存"按钮，保存文件。

⊠说明提示

注意：明确手指分工，坚持正确的姿势与指法，坚持不看键盘（盲打）。

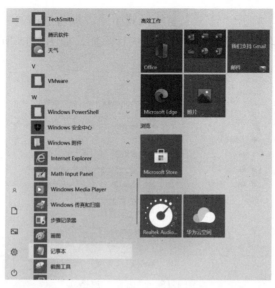

图 1-12　打开文字编辑软件

任务 3.2　输入法的使用

【任务目标】本任务要求学生掌握各种输入法的安装、删除、设置，熟练切换输入法录入数据。

【任务操作 4】安装、删除输入法。

Windows 10 在安装时预装了微软拼音、微软五笔等输入法。用户也可以根据自己的需要安装或删除其他输入法。

要安装新的输入法，应执行如下操作：

（1）单击左下角 Windows 键，选择"设置"，如图 1-13 所示。

（2）单击其中的"时间和语言"图标（图 1-14），打开"时间和语言"窗口。

图 1-13　选择"设置"

图 1-14　单击"时间和语言"图标

（3）单击"语言"，打开"语言"窗格，其中"添加首选的语言"按钮是用来添加输入法语言的，当使用其他语言时可以使用此按钮进行添加，如图 1-15 所示。

图 1-15 "语言"窗格

（4）单击"中文（中华人民共和国）"会出现"选项"按钮，如图 1-16 所示，单击"添加键盘"可以添加输入法，如图 1-17 所示。

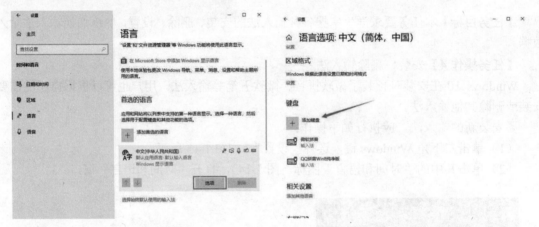

图 1-16 "选项"按钮   图 1-17 单击"添加键盘"

如果用户要删除某个输入法，只需单击如图 1-17 所示的已经安装的输入法，然后单击出现的"删除"按钮，就能够删除这个输入法了。

在 Windows 10 中，对应不同的窗口可以使用不同的输入法，其默认的输入法是英文。要切换输入法，可执行如下操作：在键盘上按 Ctrl+Backspace 组合键，可以在英文和中文输入法之间切换；按 Ctrl+Shift 组合键可以依次在各种输入法之间切换。

案例实训

【实训要求】

用一种文字编辑软件（常用 Word、记事本、写字板等）新建一个文档，输入如下内容，并保存文件。

弯腰拾起的尊严

很久以前，一位挪威青年男子漂洋过海到了法国，他要报考著名的巴黎音乐学院。考试的时候，尽管他竭力将自己的水平充分发挥出来，但主考官还是没能录取他。

身无分文的青年男子来到学院外不远处一条繁华的街道，勒紧裤带在一棵树下拉响了手中的琴。他拉了一曲又一曲，吸引了无数人驻足聆听。饥饿的青年男子最终捧起自己的琴盒，围观的人们纷纷掏出钱来，放在了琴盒里。一个无赖鄙夷地将钱扔在青年男子的脚下。青年男子看了看无赖，弯下腰拾起地上的钱，递给无赖说："先生，您的钱丢在了地上。"无赖接过钱，重新扔在青年男子的脚下，傲慢地说："这钱已经是你的了，你必须收下！"青年男子再次看了看无赖，深深地对他鞠了个躬说："先生，谢谢您的资助！刚才您掉了钱，我弯腰为您捡起。现在我的钱掉在了地上，麻烦您也为我捡起！"无赖被青年出乎意料的举动震撼了，最终捡起地上的钱放入青年男子的琴盒，然后灰溜溜地走了。

围观的人群中有双眼睛一直默默关注着青年男子，他就是刚才的那位主考官。他将青年男子带回学院，最终录取了他。这位青年男子叫比尔撒丁，后来成为挪威小有名气的音乐家，他的代表作是《挺起你的胸膛》。

当我们陷入生活最低谷的时候，有时会招致一些无端的蔑视；当我们处在为生存苦苦挣扎的关头，有时会遭遇肆意践踏你尊严的人。针锋相对的反抗是我们的本能，但往往会让那些缺知少德者变本加厉。我们不如以理智去应对，以一种宽容的心态去展示并维护我们的尊严。那时你会发现，任何邪恶在正义面前都将无法站稳脚跟。

有的时候，弯下的是腰，但拾起来的，却是你无价的尊严！

【实训步骤】

（1）单击"开始"→"Windows 附件"→"记事本"打开文字编辑软件，按要求录入文字。

（2）通过 Alt＋Shift 组合键切换不同的输入法，在中文状态下输入上面的文字。

（3）单击"文件"→"保存"，在"文件名"文本框中输入"弯腰拾起的尊严"，单击"保存"按钮，保存文件。

 知识拓展

（1）常用汉字输入法中的热键窍门。

输入法的切换：Ctrl+Shift 组合键，通过它可在已装入的输入法之间进行切换。

打开和关闭输入法：Ctrl+Backspace 组合键，通过它可实现英文输入法和中文输入法的切换。

全角和半角切换：Shift+Backspace 组合键，通过它可进行全角和半角的切换。

（2）常见汉字输入方法有以下 3 种。

1）拼音方法（音码）。拼音输入法可分为全拼、简拼、双拼等，它是用汉语拼音作为汉字的输入编码，以输入拼音字母实现汉字的输入。特点：不需要专门的训练，但重码率高。

2）字形方法（形码）。字形方法是把一个汉字拆成若干偏旁、部首（字根）或笔画，根据字形拆分部件的顺序输入汉字。特点：重码率低、速度快，但必须重新学习并记忆大量的字根和汉字拆分原则。常见的字形输入法有五笔字型码、郑码等。

3）音形方法（音形码）。把拼音方法和字形方法结合起来的一种汉字输入法。一般以音为主，以形为辅，音形结合，取长补短。特点：兼顾了音码、形码的优点，既降低了重码率，又不需要大量的记忆，具有使用简便、速度快、效率高等优点。

（3）中英文混合输入。如果在中文状态下使用智能 ABC 输入法输入很少英文字母，使用 Ctrl+Backspace 组合键切换中英文输入状态就显得麻烦了，此时，只需在要输入的英文前加个 "v" 就可以了，如要输入 china，只需在中文状态框中输入 "v +china" 就可以了。

（4）软键盘使用。软键盘是一种用鼠标输入各种符号的工具，打开软键盘后，可以单击软键盘上的各键，输入如希腊字母、日文平假名、西文字母、制表符等各种符号。系统支持软键盘功能，这可以增加用户输入的灵活性。软键盘如图 1-18 所示。

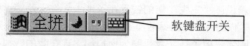

软键盘开关

图 1-18　软键盘

右击输入法状态窗口的按钮，系统提示出如图 1-19 所示的 13 种软键盘，可根据需要选取其中的任意一种。

例如，选取 "标点符号"，则表示目前软键盘为标点符号键盘。图 1-20 为打开的软键盘为标点符号键盘的示意图。

西文键盘	标点符号
希腊字母	数字序号
俄文字母	数学符号
注音符号	单位符号
拼　音	制表符
日文平假名	特殊符号
日文片假名	

图 1-19　十三种软键盘

图 1-20　标点符号软键盘

例如，如果想输入标点符号 "》"，只需单击键 H 即可输入。而当需要输入 "【" 时，只需单击键 C 即可（此时，在按大键盘上 H 键也可输入 "》"，按大键盘上的 C 键也可输入 "】"）。

提示：软键盘上，每个键盘位上显示的红色符号为计算机大键盘上的每个键的标记，黑色符号表示单击该键或按大键盘上该键可以输入的符号。

项目 4　数制及编码

项目分析

本项目主要讲解计算机系统中的数制及编码。要求理解信息编码和数制基本术语，了解二进制数、八进制数、十进制数、十六进制数的特点，掌握二进制数、八进制数、十六进制数与十进制数之间的相互转换法则和计算方法，以及了解计算机中信息编码的相关知识。

任务 4.1　计算机中的信息表示

【任务目标】本任务要求学生理解信息编码和数制中的基本术语。

【任务操作 1】认识计算机中的信息编码和数制基本术语。

1. 计算机中的信息编码

按照冯·诺依曼的设计思想，计算机中的信息都是用二进制编码表示的，也就是说计算机只能识别二进制码。二进制只有"0"和"1"两个数码，其运算简单，易于物理实现，通用性强。

在日常生活中，人们使用的数据一般是十进制，而计算机中所有的数据都是用二进制表示的，为了书写方便，有时也采用八进制或者十六进制表示，因此必须进行数据的转换。

2. 认识数字系统

计算机内的数字概念与数学上的概念是一致的，涉及以下几个概念：

● 进位计数制：简称数制，是人们利用符号来计数的方法。上面提到的十进制、二进制、八进制和十六进制都是学习计算机知识应该掌握的数制。

● 数码：一组用来表示某种数制的符号，如1、2、3、4、A、B、C、Ⅰ、Ⅱ、Ⅲ、Ⅳ等。

● 基数：数制所使用的数码个数称为"基"，如二进制的数码是0、1，那么基数便为2。

● 位权：指数码在不同位置上的权值。在进位计数制中，处于不同数位的数码代表的数值不同。例如，十进制数111，个位数上的1权值为10^0，十位数上的1权值为10^1，百位数上的1权值为10^2。以此推理，第 n 位的权值便是 10^{n-1}，如果是小数点后面第 m 位，则其权值为 10^{-m}。

对于一般数制，某一整数位的位权是基数$^{(位数-1)}$，某一小数位的位权则是基数$^{-位数}$。

数码、基数、位权为进位计数制中的三要素。十进制运算中，每位的数值凡是超过10就向高位进一位，相邻两位间是十倍的关系，这里的"10"称为进位"基数"。可以想象，若是二进制，则进位基数应该是2，八进制进位基数应该是8，十六进制进位基数应该是16。因此基数反映了数位和位权。

任务 4.2　数制转换

【任务目标】本任务要求学生了解二进制数、八进制数、十进制数、十六进制数的特点，掌握十进制数转换成二进制数、八进制数、十六进制数的方法，掌握二进制数与八进制数、十六进制数的相互转换方法。

【任务操作1】掌握二进制数、八进制数、十进制数和十六进制数的特点。

1. 十进制（Decimal notation）数

十进制数的特点：

（1）有十个数码：0、1、2、3、4、5、6、7、8、9。

（2）进位基数：10。

对任意一个十进制数都可以表示为"按权展开式"。例如：

$$(321.45)_{10}=3\times10^2+2\times10^1+1\times10^0+4\times10^{-1}+5\times10^{-2}$$

这样，一个任意十进制数 $a_n a_{n-1}\cdots a_1 \cdot a_0 a_{-1}$ 可以表示为一般式：

$$a_n\times10^n+a_{n-1}\times10^{n-1}+\cdots+a_1\times10^1+a_0\times10^0+a_{-1}\times10^{-1}+\cdots$$

2. 二进制（Binary notation）数

二进制数的特点：

（1）只有两个数码：0和1。

（2）进位基数：2。

（3）逢2进1（加法运算），借1当2（减法运算）。

二进制数也可以表示为"按权展开式"。例如：

$$(1110.01)_2=1\times2^3+1\times2^2+1\times2^1+0\times2^0+0\times2^{-1}+1\times2^{-2}$$

它与十进制数相比进位基数变化了，相邻位的"权"表现为 2 的幂次关系。与十进制数相类似，一个任意二进制数 $a_na_{n-1}\cdots a_1a_0.a_{-1}\cdots$ 可以表示为

$$a_n\times2^n+a_{n-1}\times2^{n-1}+\cdots+a_1\times2^1+a_0\times2^0+a_{-1}\times2^{-1}+\cdots$$

注意：为区别起见，将二进制数用括号括起来并在其右下角标上"2"，其他进位制数也可以这样表示。$(111.01)_2$ 十进制数的表达式为 $(7.25)_{10}$。

3. 八进制（Octal notation）数

八进制数的特点：

（1）有 8 个数码：0、1、2、3、4、5、6、7。

（2）进位基数：8。

（3）逢 8 进 1（加法运算），借 1 当 8（减法运算）。

一个八进制数 $(237.6)_8$ 的按权展开式及与十进制数的对应关系如下：

$$(237.6)_8=2\times8^2+3\times8^1+7\times8^0+6\times8^{-1}=(159.75)_{10}$$

八进制数的一般式可以表示为

$$a_n\times8^n+a_{n-1}\times8^{n-1}+\cdots+a_1\times8^1+a_0\times8^0+a_{-1}\times8^{-1}+\cdots$$

4. 十六进制（Hexadecimal notation）数

十六进制数的特点：

（1）有 16 个数码：0、1、2、3、4、5、6、7、8、9、A、B、C、D、E、F。

（2）进位基数：16。

（3）逢 16 进 1（加法运算），借 1 当 16（减法运算）。

注意：16 个数码中的 A、B、C、D、E、F 6 个数码，分别代表十进制数中的 10、11、12、13、14、15，这是国际上通用的表示法。

一个十六进制数 $(12D.8)_{16}$ 的按权展开式及与十进制数的对应关系如下：

$$(12D.8)_{16}=1\times16^2+2\times16^1+13\times16^0+8\times16^{-1}=(301.5)_{10}$$

十六进制数的一般式可以表示为：

$$a_n\times16^n+a_{n-1}\times16^{n-1}+\cdots+a_1\times16^1+a_0\times16^0+a_{-1}\times16^{-1}+\cdots$$

二进制数、八进制数、十六进制数与十进制数的对应关系见表 1-2。

表 1-2　各种进位数制的对应关系

十进制数	二进制数	八进制数	十六进制数
0	0	0	0
1	01	1	1
2	10	2	2
3	11	3	3
4	100	4	4
5	101	5	5

十进制数	二进制数	八进制数	十六进制数
6	110	6	6
7	111	7	7
8	1000	10	8
9	1001	11	9
10	1010	12	A
11	1011	13	B
12	1100	14	C
13	1101	15	D
14	1110	16	E
15	1111	17	F
16	10000	20	10
17	10001	21	11

【任务操作2】掌握十进制数转换成二进制数、八进制数、十六进制数的方法。

1. 十进制数转换成二进制数

整数部分和小数部分分别用不同方法进行转换。

（1）整数部分：除以2取余数，逆向排序。

将十进制数的整数部分除以2，取其余数作为相应二进制数的最低位，将商再除以2，所得余数作为二进制数的次低位，以此类推，直到商是0为止。

例如，将$(120)_{10}$转换为二进制数，采用"除以2倒取余"的方法，步骤如下：

```
2 | 120      余数为 0    ↑
2 | 60       余数为 0    |
2 | 30       余数为 0    |
2 | 15       余数为 1    |
2 | 7        余数为 1    |
2 | 3        余数为 1    |
2 | 1        余数为 1    |
    0        余数为 0    |
```

所以$(120)_{10}=(01111000)_2=(1111000)_2$。

（2）小数部分：乘以2取整数部分，正向排序。

将十进制小数乘以2，取乘积的整数部分作为相应二进制数小数点后最高位，再将积的小数部分乘以 2，取整数部分作为小数点后的次高位，以此类推，直到乘积的小数部分为 0 或小数点后的位数达到精度要求为止。

例如，将 $(0.125)_{10}$ 转换成二进制数。

$0.125 \times 2 = 0.25$ 　　　取整数为 0

$0.25 \times 2 = 0.5$ 　　　取整数为 0

$0.5 \times 2 = 1.0$ 　　　取整数为 1

得 $(0.125)_{10} = (0.001)_2$。

对于既有整数部分又有小数部分的十进制数，可将其整数部分与小数部分分别转换成二进制数，然后再把两者连接起来。

例题 1：将十进制数 121.8125 转换为二进制数。

```
2 | 121    余 1   低位      0.8125
2 |  60    余 0             ×2          高位
2 |  30    余 0     0.625         取整 1
2 |  15    余 1             ×2
2 |   7    余 1     0.2500        取整 1
2 |   3    余 1             ×2
        1  余 1     0.5000        取整 0

          高位     ×2
                   0.0000        取整 1    低位
```

所以 $121.8125 = (1111001.1101)_2 = 1111001.1101B$。

例题 2：将十进制数 687.5 转换为十六进制数。

整数部分处理过程　　　　　　　　　小数部分处理过程

```
16 | 687    余 15              0.5
16 |  42    余 10            × 1 6
16 |   2    余 2             ─────
        0                     3 0
                               5
                             ─────
                             8.0
```

即 $687.5 = (2AF.8)_{16} = 2AF.8H$。

十进制数转换为二进制数的方法可以推广到十进制数转换为其他进制数，不同之处是不同进制的进位基数不同。例如，八进制数的进位基数是 8，十六进制数的进位基数是 16，而转换算法是一样的。

2. 十进制数转换为八进制数

整数部分：除 8 取余，先得为低位，后得为高位。

小数部分：乘 8 取整，先得为高位，后得为低位。

3. 十进制数转换为十六进制数

整数部分：除 16 取余，先得为低位，后得为高位。

小数部分：乘 16 取整，先得为高位，后得为低位。

4. 十进制数转换为 N 进制数

整数部分：除 N 取余，先得为低位，后得为高位。

小数部分：乘 N 取整，先得为高位，后得为低位。

【**任务操作 3**】掌握二进制数与八进制数、十六进制数的相互转换方法。

1. 二进制数与八进制数之间的转换

二进制数的进位基数是 2，八进制数的进位基数是 8，而 $8=2^3$，因此八进制数的一位对应于二进制数的三位，所以八进制数与二进制数之间的转换是十分简便的。

（1）二进制数转换为八进制数，可概括为"三位并一位"。以小数点为基准，整数部分从右至左，每三位一组，最后一组不足三位时，添 0 补足三位；小数部分从左至右，每三位一组，最后一组不足三位时，添 0 补足三位。然后将各组的三位二进制数按权展开后相加，得到一位八进制数。最后将各位八进制数组合成对应的八进制数。

例如，将(1010101011.0010111)转换为八进制数，如下所示。

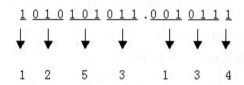

由此可知 $(1010101011.0010111)_2=(1253.134)_8$。

（2）八进制数转换成二进制数，可概括为"一位拆三位"。把一位八进制数写成对应的三位二进制数，然后将各位数连接起来即可（整数部分最高位的零及小数部分最低位的零省略不写）。

例如，将 $(2754.41)_8$ 转换成二进制数得 $(2754.41)_8=(10111101100.100001)_2$。

2. 二进制数与十六进制数之间的转换

二进制数与十六进制数之间的转换和二进制数与八进制数之间的转换相似。

（1）二进制数转换成十六进制数："四位并一位"。以小数点为基准，整数部分从右往左，小数部分从左往右，每四位一组，不足四位添 0 补足，然后把每组的四位二进制数按权展开相加，得到相应的一位十六进制数，再将各位数按顺序连接起来即得到相应的十六进制数。

（2）十六进制数转换成二进制数："一位拆四位"。将一位十六进制数拆成四位二进制数，然后将各位数连接起来即可。

例如，将 $(540B.0A)_{16}$ 转换成二进制数。

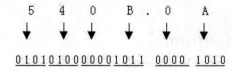

由此可知 $(540B.0A)_{16}=(101010000001011.0000101)_2$。

在程序设计中，为了区分不同进位制的数，常在数字后加个英文字母做后缀以示区别：十进制数在数字后加字母 D 或不加字母，如 512D 或 512；二进制数在数字后面加字母 B，如

1011B；八进制数在数字后面加字母 O，如 127O；十六进制数在数字后面加字母 H，如 A8000H。

任务 4.3　二进制的算术运算

【任务目标】本任务要求学生理解二进制数的运算法则，掌握二进制数的算术运算和逻辑运算。

【任务操作 1】理解二进制数的相关运算。

1. 二进制数的算术运算

二进制数算术运算与十进制数算术运算类似，而且更为简单。

（1）加法。二进制数加法运算遵循以下法则：

$$0+0=0,\ 0+1=1,\ 1+0=1,\ 1+1=10$$

例如，求 $(1011011.1)_2+(1010.01)_2$。

```
      1 0 1 1 0 1 1.1
  +         1 0 1 0.0 1
  ———————————————————
      1 1 0 0 1 0 1.1 1
```

由此可知 $(1011011.1)_2+(1010.01)_2=(1100101.11)_2$。

（2）减法。二进制数减法运算遵循以下法则：

$$0-0=0,\ 1-0=1,\ 0-1=1\ (借 1 作 2),\ 1-1=0,\ \cdots$$

例如，求 $(1010110.11)_2-(1111.01)_2$。

```
      1 0 1 0 1 1 0.1 1
  -         1 1 1 1.0 1
  ———————————————————
      1 0 0 0 1 1 1.1 0
```

由此可知 $(1010110.11)_2-(1111.01)_2=(1000111.1)_2$。

（3）乘法。二进制数乘法运算遵循以下法则：

$$0\times0=0,\ 1\times0=0,\ 0\times1=0,\ 1\times1=1$$

例如，求 $(1011.1)_2\times(101)_2$。

```
          1 0 1 1.1
      ×       1 0 1
      ———————————————
          1 0 1 1 1
        0 0 0 0 0
      1 0 1 1 1
      ———————————————
      1 1 1 0 0 1.1
```

由此可知 $(1011.1)_2\times(101)_2=(111001.1)_2$。

由上面的式子可知，二进制数乘法可归结为"移位与加法"。

（4）除法。二进制数除法运算遵循以下法则：

$$0\div0=0,\ 0\div1=0,\ 1\div0\ (无意义),\ 1\div1=1$$

例如，求$(110111)_2 \div (101)_2$。

```
              1 0 1 1
      ┌─────────────────
101 / 1 1 0 1 1 1
      1 0 1
      ─────
        0 1 1
        0 0 0
        ─────
          1 1 1
          1 0 1
          ─────
            1 0 1
            1 0 1
            ─────
                0
```

由此可知$(110111)_2 \div (101)_2=(1011)_2$。

二进制除法运算可归结为"移位与减法"。

2. 二进制的逻辑运算

（1）逻辑运算概述。逻辑是指条件与结论之间的关系。逻辑运算是指对因果关系进行分析的一种运算，运算结果并不表示数值大小，而是表示逻辑概念成立或不成立。

计算机中的逻辑关系是一种二值逻辑，二值逻辑用二进制的"0"或"1"来表示。例如："真"与"假"、"是"与"否"。

（2）3种基本的逻辑关系。基本逻辑关系有 3 种：与、或、非。其他复杂的逻辑关系均可由这 3 种基本逻辑关系组合而成。

1）"与"逻辑。一个事件能否发生取决于多种因素，当且仅当所有因素都满足时事件才发生，即结果成立；否则事件就不发生，即结果不成立，这种因果关系称为"与"逻辑。用来表达和推演"与"逻辑关系的运算称为"与"运算，常用·、∧、∩和 AND 等运算符表示。

"与"运算规则如下：

$0 \cdot 0=0$，$0 \cdot 1=0$，$1 \cdot 0=0$，$1 \cdot 1=1$

两个逻辑变量 A、B 进行"与"运算，在数学上可记作 $F=A \cdot B$，F 是 A、B 的逻辑函数。对于 $F=A \cdot B$，由"与"运算规则可知：当且仅当 $A=1$，$B=1$ 时，才有 $F=1$，否则 $F=0$。

两个二进制数进行"与"运算是按位进行的。

例如，设 $X=10111111$，$Y=11100011$，求 $X \cdot Y$。

```
    1 0 1 1 1 1 1 1
  ∧ 1 1 1 0 0 0 1 1
  ─────────────────
    1 0 1 0 0 0 1 1
```

由此可知 $X \cdot Y=10100011$。

2）"或"逻辑。一个事件的发生取决于多种因素，只要其中有一个因素得到满足事件就发生，即结果就成立，这种因果关系称"或"逻辑。"或"运算常用+、∨、∪和 OR 等运算符表示。

"或"运算规则如下：

$0+0=0$，$0+1=1$，$1+0=1$，$1+1=1$

两个二进制数进行"或"运算是按位进行的。

例如，设 X=10100001，Y=10011011，求 $X+Y$。

$$
\begin{array}{r}
1\ 0\ 1\ 0\ 0\ 0\ 0\ 1 \\
\lor\ 1\ 0\ 0\ 1\ 1\ 0\ 1\ 1 \\
\hline
1\ 0\ 1\ 1\ 1\ 0\ 1\ 1
\end{array}
$$

由此可知 $X+Y$=10111011。

3）"非"逻辑。"非"逻辑实现逻辑否定，即进行求反运算，常在逻辑变量上面加横线表示。例如，A 的"非"写成 $\overline{A}$。

"非"运算规则如下：

$$\overline{1} = 0 \qquad \overline{0} = 1$$

对某二进制数进行"非"运算，就是对它按位求反。

例如，设 X=01101010，求 $\overline{X}$。

$$\overline{X} = \overline{01101010} = 10010101$$

（3）逻辑表达式。通过逻辑运算符、括号等符号把逻辑常量、逻辑变量连接起来的算式，称为逻辑表达式，逻辑表达式运算结果只有两种取值（1 或 0），表示逻辑"真"和"假"。普通数学运算有先乘除后加减的规则，逻辑表达式的运算也有优先顺序，如有括号先进行括号内的运算，然后依次进行非、与、或的运算。

任务 4.4　信息编码

【任务目标】本任务要求学生了解计算机中常用编码的相关知识。

【任务操作 1】计算机中的信息编码。

计算机中的数据指能够识别并进行存储、处理和传递的各种符号，分为数值数据和非数值数据。非数值数据主要是字符数据，也包括图形、图像、声音等。

信息指经过加工处理后所获得的有用数据。信息的表示形式除了数字和文字外，还包括声音、图形、图像等。它们是一种广义的数据或信息。

由于计算机只能处理二进制数，这就要求用二进制的 0 和 1 按照一定的规则对各种字符数据进行编码，由此就产生了各种编码。

1. BCD 码

人们习惯用十进制来计数，而计算机中则采用二进制，因此为了方便，对十进制的 0～9 这 10 个数字进行二进制编码，这种编码称为 BCD 码，表 1-3 为十进制数和 BCD 码的对照表。

表 1-3　十进制数和 BCD 码的对照表

十进制	BCD 码	十进制	BCD 码
0	0000	5	0101
1	0001	6	0110
2	0010	7	0111
3	0011	8	1000
4	0100	9	1001

例如，将 345 转换为 BCD 码：345=(0011 0100 0101)_{BCD}。

注意：BCD 码在书写时，每一个代码之间一定要留有空隙，以避免 BCD 码与纯二进制码混淆。

2. ASCII 码

不同计算机上的字符编码应是一致的，这样便于信息的交换。目前计算机普遍采用的是 ASCII 码（American Standard Code for Information Interchange），即美国国家信息交换校准字符码，现已被国际标准化组织（ISO）采纳，成为一种国际上通用的信息交换码。

ASCII 码是 7 位二进制编码，共能表示 128 个不同字符，其中包括英文字母（大写、小写）、数字、算术运算符、标点符号和专用符号等。其编码范围为 00000000 到 11111111（即 ASCII 码值为 0～127），详见表 1-4。

表 1-4　ASCII 码值对照表

4321	765							
	000	001	010	011	100	101	110	111
0000	NUL	DLE	Space	0	@	P	'	p
0001	SOH	DC1	!	1	A	Q	a	q
0010	STX	DC2	"	2	B	R	b	r
0011	ETX	DC3	#	3	C	S	c	s
0100	EOT	DC4	$	4	D	T	d	t
0101	ENQ	NAK	%	5	E	U	e	u
0110	ACK	SYN	&	6	F	V	f	v
0111	BEL	ETB	,	7	G	W	g	w
1000	BS	CAN	(	8	H	X	h	x
1001	HT	EM	)	9	I	Y	i	y
1010	LF	SUB	*	:	J	Z	j	z
1011	VT	ESC	+	;	K	[	k	{
1100	FF	FS	,	<	L	\	l		
1101	CR	GS	-	=	M	]	m	}
1110	SO	RS	.	>	N	^	n	~
1111	SI	US	/	?	O	_	o	Del

从表 1-4 可以看出，ASCII 码值的排列由小到大为字符、数字、大写英文字母、小写英文字母，其中各英文字母按从 A 到 Z 依次增加的方法排列。

3. 汉字编码

汉字是象形文字，数量多、结构复杂，其编码与英文相比也要复杂得多。汉字有多种编码，根据汉字使用场合的不同，汉字的编码分为国标码、内码、输入码和字形码等。

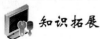 知识拓展

在计算机内，定点数有 3 种表示法：原码、反码和补码。原码就是前面所介绍的二进制

定点表示法，即最高位为符号位，"0"表示正，"1"表示负，其余位表示数值的大小。反码表示法规定：正数的反码与其原码相同；负数的反码是对其原码逐位取反，但符号位除外。补码表示法规定：正数的补码与其原码相同；负数的补码是在其反码的末位加 1。

原码、反码和补码的表示方法具体如下所述。

（1）原码。在数值前直接加 1 符号位的表示法。

例如：符号位 数值位

　　　[+7]原码　0　　0000111 B

　　　[−7]原码　1　　0000111 B

注意： 数 0 的原码有两种形式：[+0]原=00000000B；[−0]原=10000000B。

8 位二进制原码的表示范围：−127～+127。

（2）反码。正数：正数的反码与原码相同。负数：负数的反码，符号位为"1"，数值部分按位取反。

例如：符号位 数值位

　　　[+7]反码 0　0000111 B

　　　[−7]反码 1　1111000 B

注意： 数 0 的反码也有两种形式：[+0]反=00000000B；[−0]反=11111111B。

8 位二进制反码的表示范围：−127～+127。

（3）补码。正数：正数的补码和原码相同。负数：负数的补码则是符号位为"1"，数值部分按位取反后再在末位（最低位）加 1，也就是"反码+1"。

例如：符号位 数值位

　　　[+7]补码 0　0000111 B

　　　[−7]补码 1　1111001 B

补码在微型机中是一种重要的编码形式，请注意以下几点：

- 采用补码后，可以方便地将减法运算转化成加法运算，运算过程得到简化。正数的补码即它所表示的数的真值，而负数的补码的数值部分却不是它所表示的数的真值。采用补码进行运算，所得结果仍为补码。

- 与原码、反码不同，数值 0 的补码只有一个，即[0]补=00000000B。

- 若字长为 8 位，则补码所表示的范围为−128～+127；进行补码运算时，应注意所得结果不应超过补码所能表示数的范围。

项目 5　计算机信息安全

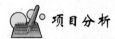 **项目分析**

本项目主要讲解计算机病毒与防治。要求了解计算机病毒的概念、特征、传播途径及其表现，掌握计算机病毒的防治措施。本项目以 360 安全卫士为例介绍防病毒软件的安装及使用。

任务 5.1　计算机病毒与防治

【任务目标】 本任务要求学生了解计算机病毒的概念、特征、传播途径及其表现，掌握计算机病毒的防治措施。

【任务操作1】计算机病毒的概念。

1. 计算机病毒的定义

计算机病毒是一种人为编制的特殊计算机程序，在一定条件下就会反复地自我复制和扩散，破坏计算机系统内存储的数据，危及计算机系统正常工作。我国正式颁布实施的《中华人民共和国计算机信息系统安全保护条例》第二十八条中明确指出："计算机病毒，是指编制或者在计算机程序中插入的破坏计算机功能或者毁坏数据，影响计算机使用，并能自我复制的一组计算机指令或者程序代码。"这是我国对计算机病毒的正式定义，但是在实际中，所有会对用户的计算机安全产生威胁的，都被划入了广义的病毒范畴。

2. 计算机病毒的特征

（1）寄生性。计算机病毒寄生在其他程序之中，当执行这个程序时，病毒就起破坏作用，而在未启动这个程序之前，它是不易被人发觉的。

（2）传染性。计算机病毒不但本身具有破坏性，更具有传染性，一旦病毒被复制或产生变种，其传染速度之快令人难以预防。一台计算机染毒后，如果不及时处理，那么病毒会在这台计算机上迅速扩散，而被感染的文件又成了新的传染源，在与其他计算机进行数据交换或通过网络接触时，病毒会继续进行传染。被嵌入的程序叫作宿主程序。

（3）潜伏性。一个编制精巧的计算机病毒程序，进入系统之后一般不会马上发作，可以在几周或者几个月内，甚至几年内隐藏在合法文件中，对其他系统进行传染，而不被人发现，潜伏性越好，其在系统中的存在时间就会越长，病毒的传染范围就会越大。例如，黑色星期五病毒不到预定时间一点都觉察不出来，等到条件具备的时候一下子就爆炸开来，对系统进行破坏。

（4）隐蔽性。计算机病毒具有很强的隐蔽性，有的可以通过病毒软件检查出来，有的根本就查不出来，有的时隐时现、变化无常，这类病毒处理起来通常很困难。

（5）破坏性。计算机中毒后，可能会导致正常的程序无法运行，把计算机内的文件删除或进行不同程度的损坏。

（6）可触发性。病毒因某个事件或数值的出现实施感染或进行攻击的特性称为可触发性。病毒运行时，触发机制检查预定条件是否满足，如果满足，启动感染或破坏动作，进行感染或攻击；如果不满足，继续潜伏。

3. 计算机病毒的传播途径

计算机病毒的传播主要是通过复制文件、传送文件、运行程序等方式进行。而主要的传播途径有以下几种：

（1）硬盘。因为硬盘存储数据多，在其互相借用或维修时，可将病毒传播到其他硬盘上。

（2）闪存盘。闪存盘通常指U盘，为了计算机之间互相传递文件，经常使用U盘，携带方便的同时也会将一台计算机的病毒传播到另一台计算机。

（3）光盘。光盘的存储容量大，所以大多数软件都刻录在光盘上，以便互相传递数据或文件；一些非法商人就将软件放在光盘上，因其只读，所以上面即使有病毒也不能清除，同时在光盘制作过程中难免会将带毒文件刻录在上面。

（4）网络。在计算机普及的今天，人们通过计算机网络互相传递文件、信件，这样使病毒的传播速度又加快了；因为资源共享，人们经常在网上下载免费软件和共享软件，病毒也难免会夹在其中。

4. 计算机感染病毒以后的表现

计算机感染病毒以后有一定的表现形式，了解病毒的表现形式有利于及时发现病毒、消除病毒。常见的表现形式如下：

（1）屏幕显示出现不正常。例如：出现异常图形、显示信息突然消失等。

（2）系统运行不正常。例如：系统不能启动、运行速度减慢、频繁出现死机现象等。

（3）磁盘存储不正常。例如：出现不正常的读写现象、空间异常减少等。

（4）文件不正常。例如：文件长度加长等。

（5）打印机不正常。例如：系统"丢失"打印机、打印状态异常等。

【任务操作2】计算机病毒的防治。

在使用计算机的过程中，要重视计算机病毒的防治，如果发现了计算机病毒，应该使用专门的杀病毒软件及时杀毒。但是最重要的是预防病毒进入计算机。预防计算机病毒的措施如下：

（1）建立良好的安全习惯。例如：对一些来历不明的邮件及附件不要打开，不要上一些不太了解的网站，不要执行从 Internet 下载后未经杀毒处理的软件等。这些必要的习惯会使用户计算机更安全。

（2）关闭或删除系统中不需要的服务。默认情况下，许多操作系统会安装一些辅助服务，如 FTP 客户端、Telnet 和 Web 服务器。这些服务为攻击者提供了方便，对用户没有太大用处，删除它们，就能大大减小被攻击的可能性。

（3）经常升级安全补丁。据统计有 80% 的网络病毒是通过系统安全漏洞进行传播的，如蠕虫王、冲击波、震荡波等病毒，所以应该定期下载最新的安全补丁，防患于未然。

（4）使用复杂的密码。有许多网络病毒是通过猜测简单密码的方式攻击系统的，因此使用复杂的密码将会大大提高计算机的安全系数。

（5）迅速隔离受感染的计算机。当用户的计算机发现病毒或异常时应立刻断网，以防止计算机受到更多的感染，或者成为传播源，再次感染其他计算机。

（6）了解一些病毒知识。了解一些病毒知识可以及时发现新病毒并采取相应措施，在关键时刻使自己的计算机免受病毒破坏。如果能了解一些注册表知识，就可以定期查看注册表的自启动项是否有可疑值；如果了解一些内存知识，就可以经常查看内存中是否有可疑程序。

（7）最好安装专业的杀毒软件进行全面监控。在病毒日益增多的今天，使用杀毒软件进行防毒是越来越经济的选择，不过用户在安装了反病毒软件之后，应该经常进行升级，将一些主要监控打开，如邮件监控、内存监控等，遇到问题要上报，这样才能真正保障计算机的安全。

（8）用户还应该安装个人防火墙软件。由于网络的发展，用户计算机面临的黑客攻击问题也越来越严重，许多网络病毒都采用了黑客的方法来攻击用户计算机，因此，用户还应该安装个人防火墙软件，将安全级别设为中、高，这样才能有效地防止网络上的黑客攻击。

任务 5.2　杀毒软件

【任务目标】本任务要求学生了解常用杀毒软件的相关知识，掌握常用杀毒软件 360 安全卫士的使用方法。

【任务操作1】常用杀毒软件介绍。

杀毒软件有很多，目前最常用的国产杀毒软件有 360 杀毒、瑞星、金山毒霸。3 款杀毒软件均各有特点。在此介绍一下 360 杀毒。360 安全卫士拥有查杀木马、清理插件、修复漏洞、电脑体检等多种功能，并独创了"木马防火墙"功能，依靠抢先侦测和云端鉴别，可全面、智能地拦截各类木马，保护用户的账号、隐私等重要信息。目前木马威胁之大已远超病毒，360 安全卫士运用云安全技术，在拦截和查杀木马的效果、速度以及专业性上表现出色，能有效防止个人数据和隐私被木马窃取，被誉为"防范木马的第一选择"。360 安全卫士自身非常轻巧，同时还具备开机加速、垃圾清理等多种系统优化功能，可大大加快计算机运行速度，内含的 360 软件管家还可帮助用户轻松下载、升级和强力卸载各种应用软件。

国外的杀毒软件在中国最常用的有卡巴斯基、诺顿、east nod32、小红伞等，这些都是很成熟的杀毒软件。卡巴斯基杀毒和防御都很不错，诺顿功能全面，east nod32 则比较小巧，小红伞杀毒能力很强悍，并且还有免费版本。

【任务操作2】杀毒软件 360 安全卫士的下载、安装、卸载及功能。

1. 360 安全卫士的下载

登录 http://www.360.cn/官网，选中 360 安全卫士，单击"免费下载"按钮，下载 360 安全卫士，如图 1-21 所示。

图 1-21　360 安全卫士的下载界面

2. 360 安全卫士的安装

（1）打开 360 安装程序，单击"下一步"按钮，如图 1-22 所示。

（2）单击"我接受"按钮，接受许可协议。

（3）单击"浏览"按钮，更改安装位置。

（4）单击"完成"按钮，完成安装。

3. 360 安全卫士卸载

（1）单击"开始"→"程序"→"360 安全卫士"→"卸载 360 安全卫士"。

（2）单击"卸载"→"稍后再重启"→"完成"，完成卸载。

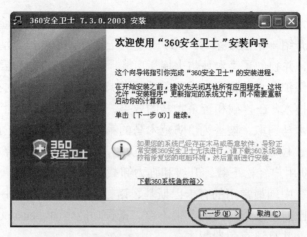

图 1-22　安装初始界面

4．360 安全卫士的功能

（1）电脑体检。"电脑体检"增加一键修复功能，单击一个按钮就能自动修复大多数漏洞，操作更简单。

（2）功能导航。去除原有的文字广告，增加"功能导航"，方便用户快速找到需要的功能，同时新增木马墙状态，方便用户查看和开启木马防火墙。

（3）杀木马。云查杀引擎、智能加速技术，比杀毒软件快数倍；取消特征库升级，将"系统修复"功能整合在"查杀木马"中，杀木马的同时修复被木马破坏的系统设置，大大简化了用户的操作，可疑文件上传改为并发操作，提高上传效率和服务器的响应速度。

（4）清理插件。可卸载千余款插件，提升系统速度。用户可以根据评分、好评率、恶评率来管理。

（5）修复漏洞。360 安全卫士为用户提供的漏洞补丁均由微软官方获取。及时修复漏洞，可保证系统安全。

（6）清理垃圾。360 安全卫士为用户提供了清理系统垃圾的服务，定期清理系统垃圾可使用户的系统更流畅。

（7）清理痕迹。360 安全卫士的清理痕迹功能可以清理用户使用计算机所留下的痕迹，这样做可以很好地保护用户的隐私。

（8）系统修复。在这里用户可以一键修复 IE 的诸多漏洞，使 IE 迅速恢复到"健康状态"。

（9）流量监控。360 安全卫士可以实时监控目前系统正在运行程序的上传和下载的数据流量，用户可以在高级工具里找到流量监控的链接。

（10）高级工具。在 360 安全卫士中还集成了不少功能强大的小工具，帮助用户更好地解决系统的一些问题。

（11）木马防火墙。开启 360 木马防火墙后，阻止恶评插件和木马的入侵，保护系统安全。选择用户需要开启的实时保护，单击"开启"后将即刻开始保护。

（12）网盾。360 网盾是一款用于防挂马、反欺诈的浏览器安全软件，全面支持 IE、傲游、TT、Firefox 等主流浏览器，不影响用户正常浏览网页，还可以加快浏览速度。

（13）软件管家。在这里用户可以卸载计算机中不常用的软件，节省磁盘空间，提高系统运行速度。

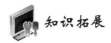

在计算机病毒发展的历史进程中，主要的事件如下：

1. Elk Cloner（1982 年）

它被看作攻击个人计算机的第一款全球病毒，也是所有令人头痛的安全问题先驱者。它通过苹果 Apple II 软盘进行传播。这个病毒被放在一个游戏磁盘上，可以被使用 49 次。在第 50 次使用的时候，它并不运行游戏，取而代之的是打开一个空白屏幕，并显示一首短诗。

2. Brain（1986 年）

Brain 是第一款沾染运行微软操作体系——DOS 的计算机病毒。操作系统 DOS 的病毒可以感染 360K 软盘 [不是现在使用的 U 盘，是 5.25 英寸（13.335 厘米）软盘，而且容量只有 360K] 的病毒，该病毒会填充满软盘上未用的空间，而导致它不能再被使用。

3. Morris（1988 年）

Morris 病毒程序利用系统存在的弱点进行入侵。设计 Morris 的最初的目的并不是搞破坏，而是用来测量网络的大小。但是，由于程序的循环没有处理好，计算机会不停地执行、复制 Morris，最终导致死机。

4. CIH（1998 年）

CIH 病毒是迄今为止破坏性最严重的病毒，也是世界上首例破坏硬件的病毒。它发作时不仅破坏硬盘的引导区和分区表，而且破坏计算机系统 BIOS，导致主板损坏。此病毒是由中国台湾大学生陈盈豪研制的，据说他研制此病毒的目的是纪念 1986 年的灾难或是让反病毒软件难堪。

5. Melissa（1999 年）

Melissa 是最早通过电子邮件传播的病毒之一，当用户打开一封电子邮件的附件时，病毒会自动发送到用户通讯簿中的前 50 个地址，因此这个病毒在数小时之内传遍全球。

6. Love bug（2000 年）

Love bug 也通过电子邮件附件传播的，它利用了人类的本性，把自己伪装成一封求爱信来欺骗收件人打开。这个病毒以其传播速度和范围让安全专家吃惊。在数小时之内，这个小小的计算机程序征服了全世界范围之内的计算机系统。

7. "红色代码"（2001 年）

"红色代码"被认为是史上最昂贵的计算机病毒之一，这个自我复制的恶意代码利用了微软 IIS 服务器中的一个漏洞。该蠕虫病毒具有一个更恶毒的版本，被称作红色代码 II。这两个病毒都除了可以对网站进行修改外，还会使被感染系统的性能严重下降。

8. Nimda（2001 年）

Nimda 是历史上传播速度最快的病毒之一，在上线之后的 22 分钟之后就成为传播最广的病毒。

9. "冲击波"（2003 年）

冲击波病毒的英文名称是 Blaster，还被叫作 Lovsan 或 Lovesan，它利用了微软软件中的一个缺陷，对系统端口进行疯狂攻击，可以导致系统崩溃。

10. "震荡波"（2004 年）

震荡波是又一个利用 Windows 缺陷的蠕虫病毒，可以导致计算机崩溃并不断重启。

11. "熊猫烧香"（2007 年）

熊猫烧香会使所有程序图标变成熊猫烧香，并使它们不能应用，对计算机程序、系统破坏严重。它由湖北武汉新洲区人李俊编写。

12. "扫荡波"（2008 年）

同冲击波和震荡波一样，也是一个利用漏洞从网络入侵的程序。其正好在黑屏事件，大批用户关闭自动更新以后开始感染计算机，这更加剧了这个病毒的蔓延。这个病毒可以导致被攻击者的机器被完全控制。

13. Conficker（2008 年）

Conficker 病毒原来要在 2009 年 3 月进行大量传播，然后在 4 月 1 日实施全球性攻击，引起全球性灾难。不过，这种病毒实际上没有造成什么破坏。

14. "木马下载器"（2009 年）

木马下载器是 2009 年的新病毒，计算机中毒后会产生 1000～2000 不等的木马病毒，导致系统崩溃，短短 3 天变成 360 安全卫士首杀榜前 3 名。

15. "鬼影病毒"（2010 年）

该病毒成功运行后，在进程中、系统启动加载项里找不到任何异常，同时即使格式化重装系统，也无法彻底清除该病毒。它犹如"鬼影"一般"阴魂不散"，所以称为"鬼影病毒"。

16. "极虎病毒"（2010 年）

该病毒类似 GVOD 播放器的图标。计算机感染极虎之后可能会遭遇的情况：进程中莫名其妙地有 ping.exe 和 rar.exe 进程，并且 CPU 占用很高，风扇转的很响很频繁（笔记本计算机），并且这两个进程无法结束；某些文件会出现 usp10.dll、lpk.dll 文件，杀毒软件和安全类软件会被自动关闭，如瑞星、360 安全卫士等如果没有及时升级到最新版本都有可能被停掉；破坏杀毒软件，感染系统文件，让杀毒软件无从下手。极虎病毒最大的危害是造成系统文件被篡改，无法使用杀毒软件进行清理，一旦清理，系统将无法打开和正常运行，同时基于计算机和网络的账户信息可能会被盗，如网络游戏账户、银行账户、支付账户以及重要的电子邮件账户等。

项目 6　新一代信息技术

 项目分析

本项目主要讲解新一代信息技术的概念及其主要的代表技术。要求理解新一代信息技术及主要代表技术的概念、产生原因和发展历程，了解新一代信息技术各主要代表技术的技术特点、典型应用，了解新一代信息技术与制造业等产业的融合发展方式。

任务 6.1　新一代信息技术概述

【任务目标】本任务要求学生了解新一代信息技术的概念及其主要的代表技术。

1. 新一代信息技术的概念

新一轮科技革命是以信息技术为基础的，高端制造离不开信息技术，正因如此，新一代信息技术成为《中国制造 2025》中最重要的一个领域。《国务院关于加快培育和发展战略性新兴产业的决定》中列了七大国家战略性新兴产业体系，其中包括"新一代信息技术产业"。关

于发展"新一代信息技术产业"的主要内容是"加快建设宽带、泛在、融合、安全的信息网络基础设施，推动新一代移动通信、下一代互联网核心设备和智能终端的研发及产业化，加快推进三网融合，促进物联网、云计算的研发和示范应用。着力发展集成电路、新型显示、高端软件、高端服务器等核心基础产业。提升软件服务、网络增值服务等信息服务能力，加快重要基础设施智能化改造。大力发展数字虚拟等技术，促进文化创意产业发展"。

新一代信息技术是以人工智能、量子信息、移动通信、区块链、物联网、云计算、大数据等为代表的新兴技术。它既是信息技术的纵向升级，也是信息技术之间及其与相关产业的横向融合。

任务 6.2　新一代信息技术主要代表技术

【任务目标】本任务要求学生了解新一代信息技术的主要代表技术的特点以及典型应用。

1. 人工智能

（1）人工智能的由来。人工智能（Artificial Intelligence，AI）又称机器智能，是指由人制造出来的机器所表现出来的智能，即通过普通计算机程序的手段实现的类人智能技术。

1956 年夏天，在美国汉诺斯小镇宁静的达特茅斯学院中，约翰·麦卡锡（John McCarthy）、马文·闵斯基（Marvin Minsky，人工智能与认知学专家）、克劳德·香农（Claude Shannon，信息论的创始人）、艾伦·纽厄尔（Allen Newell，计算机科学家）、赫伯特·西蒙（Herbert Simon，诺贝尔经济学奖得主）等科学家聚在一起共同研究了两个月，目标是"精确、全面地描述人类的学习和其他智能，并制造机器来模拟"。这次达特茅斯会议被公认为人工智能这一学科的起源，1956 年也被称为人工智能元年。

（2）人工智能的定义。1955 年，人工智能的先驱约翰·麦卡锡首次将人工智能一词定义为：人工智能是开发出行为像人一样的智能的机器。

1983 年，在《大英百科全书》中可以找到这样的定义：人工智能是数字计算机或计算机控制的机器人，拥有解决通常与人类更高智能处理能力相关的问题的能力。

1991 年，伊莱恩·里奇在《人工智能》一书中给出的人工智能定义为：人工智能是研究如何让计算机做目前人们擅长的事情。

我国《人工智能标准化白皮书（2018 年）》中也给出了人工智能的定义：人工智能是利用数字计算机或者由数字计算机控制的机器，模拟、延伸和扩展人类的智能，感知环境、获取知识并使用知识获得最佳结果的理论、方法、技术和应用系统。

由人工智能的各种定义可知，人工智能的核心思想在于构造智能的人工系统。人工智能是一项知识工程，利用机器模仿人类完成一系列的动作。

（3）人工智能的发展历程。1997 年，对于人工智能领域来说，是承上启下的一年，这一年 IBM 的"深蓝"超级计算机战胜了国际象棋冠军 Garry Kasparov。尽管它并不能证明人工智能是否可以像人一样思考，但它证明了人工智能在推算方面处理信息比人类更快，这也是真正意义上的人工智能战胜人类。

2016 年 3 月 9 日至 3 月 15 日，AlphaGo 围棋软件挑战世界围棋冠军李世石的围棋人机大战在韩国首尔举行，比赛采用中国围棋规则，最终 AlphaGo 以 4 比 1 的总分取得了胜利。

2017 年 5 月，AlphaGo 在中国乌镇围棋峰会挑战排名世界第一的世界围棋冠军柯洁，并以 3 比 0 获胜。

我国《人工智能标准化白皮书（2018 年）》指出：作为新一轮产业变革的核心驱动力，人工智能在催生新技术、新产品的同时，对传统行业也具备较强的赋能作用，能够引发经济结构的重大变革，实现社会生产力的整体跃升。人工智能将人从枯燥的劳动中解放出来，越来越多的简单性、重复性、危险性任务由人工智能系统完成，在减少人力投入、提高工作效率的同时，还能够比人类做得更快、更准确；人工智能还可以在教育、医疗、养老、环境保护、城市运行、司法服务等领域得到广泛应用，能够极大提高公共服务精准化水平，全面提升人民生活品质；同时，人工智能可帮助人类准确感知、预测、预警基础设施和社会安全运行的重大态势，及时把握群体认知及心理变化，主动作出决策反应，显著提高社会治理能力和水平，同时保障公共安全。

（4）人工智能的关键技术。

1）机器学习。机器学习（Machine Learning）是一门涉及统计学、系统辨识、逼近理论、神经网络、优化理论、计算机科学、脑科学等诸多领域的交叉学科，研究计算机怎样模拟或实现人类的学习行为，以获取新的知识或技能，重新组织已有的知识结构使之不断改善自身的性能，是人工智能技术的核心。基于数据的机器学习是现代智能技术中的重要方法之一，研究从观测数据（样本）出发寻找规律，利用这些规律对未来数据或无法观测的数据进行预测。

2）知识图谱。知识图谱本质上是结构化的语义知识库，是一种由节点和边组成的图数据结构，以符号形式描述物理世界中的概念及其相互关系，其基本组成单位是"实体—关系—实体"三元组，以及实体及其相关"属性—值"对。不同实体之间通过关系相互联结，构成网状的知识结构。在知识图谱中，每个节点都表示现实世界的"实体"，每条边都为实体与实体之间的"关系"。通俗地讲，知识图谱就是把所有不同种类的信息连接在一起而得到的一个关系网络，提供了从"关系"的角度去分析问题的能力。

3）自然语言处理。自然语言处理是计算机科学领域与人工智能领域中的一个重要方向，研究能实现人与计算机之间用自然语言进行有效通信的各种理论和方法，涉及的领域较多，主要包括机器翻译、机器阅读理解和问答系统等。

4）人机交互。人机交互主要研究人和计算机之间的信息交换，主要包括人到计算机和计算机到人的两部分信息交换，是人工智能领域的重要外围技术。人机交互是与认知心理学、人机工程学、多媒体技术、虚拟现实技术等密切相关的综合学科。

2. 量子信息

量子最早出现在光量子理论中，是微观系统中能量的一个力学单位。现代物理将微观世界中所有的微观粒子统称为量子。离散变化的最小单位称为量子，比如光子组成光，光子就是光的量子，在不同语境下量子可能代表不同的事物。

普朗克在 1900 年研究有关黑体辐射问题时提出了量子假说，假说的含义为：对一定频率 v 的电磁辐射，物体只能以量子为最小单位吸收或发射它。即吸收或发射电磁辐射只能以"量子"的方式进行，这种吸收或发射电磁辐射能量的不连续性在经典力学中是无法理解的，这也就是物理量的离散变化。

利用微观粒子状态表示的信息称为量子信息。量子信息是指以量子力学基本原理为基础，通过量子的各种相干特性，研究信息存储、编码、计算和传输等行为的理论体系。

量子信息科学（QIS）基于独特的量子现象，如叠加、纠缠、压缩等，以经典理论无法实现的方式来获取和处理信息，主要应用于量子传感与计量、量子通信、量子模拟及量子计算等方面，它将在传感与测量、通信、仿真、高性能计算等领域拥有广阔的应用前景，并有望在物理、化学、生物与材料科学等基础科学领域带来突破，未来可能颠覆包括人工智能领域在内的众多科学领域。

3. 移动通信

（1）移动通信的定义。移动通信是指通信的一方或双方可以在移动中进行的通信过程，换句话说，至少有一方具有可移动性，可以是移动台与移动台之间的通信，也可以是移动台与固定用户之间的通信。移动通信满足了人们无论在何时何地都能进行通信的愿望，自20世纪80年代以来，移动通信得到了飞速发展。

从20世纪80年代至今，人们亲身经历着通信发展的变迁，人类社会之间的相互连接也越来越依赖于移动通信，使其成为人类信息网络的基础。人们的日常生活方式被移动通信深刻改变，而且移动通信对国民经济发展的推动和社会信息化水平的提高起到了重要的促进作用。如今，4G的商用已经规模化，全球研究人员将焦点聚集在对5G的研究上。

（2）5G移动通信。2016年，在第一届全球5G大会上，MT-2020（5G）推进组发布了《5G网络架构设计》白皮书，该白皮书提出2020年之后，移动通信将迈入5G时代，5G有望规模化商用。2012年11月，面向5G研发的METIS（Mobile and Wireless Communications Enablers for the 2020 Information Society）项目正式启动，开始进行5G的研发，该项目研究组由爱立信、法国电信等通信设备商和运营商、宝马集团以及部分欧洲学术机构共29个成员共同组成，我国"863计划"关于5G重大项目的一期和二期研发课题分别于2013年6月和2014年3月启动。为了满足人类信息社会发展的需求，5G系统应运而生。随着人类信息社会的发展，人们对移动互联网、物联网业务的需求不断增加，这就形成了未来移动通信发展的主动力量。

4. 区块链

（1）区块链的定义。区块链（Blockchain）是近年来最具革命性的新兴技术之一。区块链技术发源于比特币（Bitcoin），其以去中心化方式建立信任等突出特点，对金融等诸多行业来说极具颠覆性，具有非常广阔的应用前景，受到各国政府、金融机构、科技企业、爱好者和媒体的高度关注。

区块链是一种互联网数据库技术，区块链技术是一种去中心化的技术方案，每一个在区块链技术平台上进行算法计算的服务器都是各自独立对等的节点，它们的主要作用是运用加密算法记录区块信息并向其他节点公布对账，以确保区块信息的准确性。当数据块信息被认证通过时，矿工节点生成该区块的哈希值，哈希值就类似于这个数据区块链的"身份证"，当接入下一个数据块时可以验证身份，避免分链现象的产生。其特点是去中心化、公开透明，让每个人均可参与数据库记录。

（2）区块链的应用场景。

1）金融服务。金融服务是区块链第一个应用的领域，并且也是现阶段区块链应用发展最好的领域。比如基于区块链的比特币的发行交易。区块链技术具有数据不可篡改和可追溯性，可以用来构建监管部门所需要的监管工具箱，以利于实施精准、及时和更多维度的监管。同时，基于区块链技术能实现点对点的价值转移，通过资产数字化和重构金融基础设施架构，可达成大幅度提升金融资产交易后清、结算流程效率和降低成本的目标，并可在很大程度上解决支付所面临的现存问题。

2）数字政务。区块链可以让数据跑起来，大大精简办事流程。区块链的分布式技术可以让政府部门集中到一个链上，所有办事流程交付智能合约，办事人只要在一个部门通过身份认证以及电子签章，智能合约就可以自动处理并流转，顺序完成后续所有审批和签章。

3）存证防伪。区块链可以通过哈希时间戳证明某个文件或者数字内容在特定时间的存在，加之其公开、不可篡改、可溯源等特性为司法鉴证、身份证明、产权保护、防伪溯源等提供了完美解决方案。在知识产权领域，通过区块链技术的数字签名和链上存证可以对文字、图片、音频、视频等进行确权，通过智能合约创建执行交易，让创作者重掌定价权，实时保全数据形成证据链。

5. 云计算的定义

（1）云计算的定义。云计算（Cloud Computing）是一种基于因特网的超级计算模式，在远程的数据中心，几万甚至几千万台计算机和服务器连接成一片。因此，云计算甚至可以让用户体验每秒超过 10 万亿次的运算能力，如此强大的运算能力几乎无所不能。用户通过计算机、笔记本、手机等方式接入数据中心，按各自的需求进行存储和运算。这意味着计算能力也可作为一种商品通过互联网进行流通。

（2）云计算的背景。云计算是继 20 世纪 80 年代大型计算机到客户端－服务器的大转变之后的又一种巨变。云计算的出现并非偶然，早在 20 世纪 60 年代，麦卡锡就提出了把计算能力作为一种像水和电一样的公用事业提供给用户的理念，这成为云计算思想的起源。在 20 世纪 80 年代网格计算、90 年代公用计算，21 世纪初虚拟化技术、SOA、SaaS 应用的支持下，云计算作为一种新兴的资源使用和交付模式逐渐为学界和产业界所认知。中国物联网校企联盟评价云计算为"信息时代商业模式上的创新"。继个人计算机变革、互联网变革之后，云计算被看作第三次 IT 浪潮，是中国战略性新兴产业的重要组成部分。它将带来生活、生产方式和商业模式的根本性改变，云计算将成为当前全社会关注的热点。云计算在 IT 市场上的雏形正在逐步形成，它为供应商提供了全新的机遇并催生了传统 IT 产品的转变。

（3）云计算的特点及服务形式。通过使计算分布在大量的分布式计算机上，而非本地计算机或远程服务器中，企业数据中心的运行将与互联网更相似。这使得企业能够将资源切换到需要的应用上，根据需求访问计算机和存储系统。好比是从古老的单台发电机模式转向了电厂集中供电的模式。它意味着计算能力也可以作为一种商品进行流通，就像煤气、水电一样，取用方便，费用低廉。最大的不同在于，它是通过互联网进行传输的。

2012 年值得关注的十个云计算服务是：AppFog（用户可以在上面搭建自己的 Web App）、Bromium（为企业的网络提供保密服务）、Cloudability（可以帮助用户追踪他花在云服务方面的开销）、CloudSigma（它为用户提供了优异的性能和更多控制权）、Kaggle（为高智商人才提供竞赛平台）、Nebula（为 OpenStack 提供了特别优化的硬件）、Parse（移动开发者能在上面创建自己的应用）、ScaleXtreme（一个管理物理服务器、云服务器的云服务）、SolidFire（提供商用的云存储）、Zillabyte（为非专业人员设计的数据分析工具）。

6. 大数据

随着云时代的来临，"大数据"成为时下最火热的 IT 行业词，随之数据仓库、数据安全、数据分析、数据挖掘等围绕大数据的商业价值的利用逐渐成为行业人士争相追捧的利润焦点。大数据（Big Data），或称巨量资料，指的是所涉及的资料量规模巨大到无法通过目前主流软件工具，在合理时间内达到撷取、管理、处理并整理成为帮助企业经营决策的资讯。

大数据有 4 个特点。第一，数据体量巨大（Volume），从 TB 级别，跃升到 PB 级别。第二，数据类型繁多（Variety），包括网络日志、视频、图片、地理位置信息等。第三，价值密度低，商业价值高（Value），以视频为例，连续不间断监控过程中，可能有用的数据仅仅是一两秒。第四，处理速度快（Velocity），数据处理遵循"1 秒定律"，可从各种类型的数据中快速获得高价值的信息。最后这一点和传统的数据挖掘技术有着本质的不同。业界将以上 4 点归纳为 4 个 V。

7. 物联网定义

全球移动通信系统协会（GSMA）统计数据显示，2010－2020 年全球物联网设备数量高速增长，复合增长率达 19%；2020 年全球物联网设备连接数量高达 126 亿个。"万物物联"成为全球网络未来发展的重要方向，据 GSMA 预测，2025 年全球物联网设备（包括蜂窝及非蜂窝）连接数量将达到 246 亿个。万物互联成为全球网络未来发展的重要方向。

近年来，我国政府出台各类政策大力发展物联网行业，不少地方政府也出台物联网专项规划、行动方案和发展意见，从土地使用、基础设施配套、税收优惠、核心技术和应用领域等多个方面为物联网产业的发展提供政策支持。在工业自动控制、环境保护、医疗卫生、公共安全等领域开展了一系列应用试点和示范，并取得了初步进展。

十三五以来，我国物联网市场规模稳步增长，截至 2019 年，我国物联网市场规模已发展到 1.5 万亿元。未来物联网市场上涨空间可观。

任务 6.3　新一代信息技术与制造业等产业的融合发展

【任务目标】 本任务要求学生了解新一代信息技术与制造业等产业的融合发展方式。

新一轮科技革命是以信息技术为基础的，高端制造离不开信息技术，正因如此，新一代信息技术成为《中国制造 2025》中最重要的一个领域。

当前，全球制造业正进入新一轮变革浪潮，大数据、云计算、物联网等新一代信息技术正加速向工业领域融合渗透，工业互联网、工业 4.0、智能制造等战略理念不断涌现。2020 年 6 月 30 日，中央深改委第十四次会议审议通过《关于深化新一代信息技术与制造业融合发展的指导意见》，强调加快推进新一代信息技术和制造业融合发展，要顺应新一轮科技革命和产业变革趋势，以供给侧结构性改革为主线，以智能制造为主攻方向，加快工业互联网创新发展，加快制造业生产方式和企业形态根本性变革，夯实融合发展的基础支撑，健全法律法规，提升制造业数字化、网络化、智能化发展水平。

新一代信息技术与制造业的深度融合，将带来制造模式、生产组织方式和产业形态的深刻变革。事实上，2020 年以来我国积极面对新冠肺炎疫情带来的变局，顺势加快新基建发展进度，培育数据要素市场，力推产业数字化、数字产业化，壮大数字经济新动能，从而开拓全新局面。此次中央深改委审议通过的《关于深化新一代信息技术与制造业融合发展的指导意见》，将进一步加快制造业数字化、网络化、智能化步伐，推动"中国制造"向"中国智造"转型。下一步，应立足制造业主战场，从多个层面加快新一代信息技术与制造业的融合发展，升级打造新时代的新型供给能力。

模块实训

1. 李明同学要组装一台计算机，请你给他写一张配置清单。

2．李明同学买来的新计算机要安装杀毒软件，请你帮他下载安装。

课后习题

一、填空题

1．电子计算机的发展经历了 4 代，分别是_____、_____、_____和_____。这样划分的依据是_____。

2．典型的微型计算机系统总线是由数据总线、_____和_____3 部分组成的。

3．计算机的硬件系统主要由_____、_____、_____、_____和_____构成。

4．在计算机中，一个字节是由_____个二进制位组成的。1KB=_____字节，1MB=_____KB，1TB=_____MB。

5．一般情况下，计算机运算的精度取决于_____。

6．微型计算机的内存是由 RAM（随机存取存储器）和_____组成的，_____中存储的信息断电即消失。

7．安装多种中文输入法后，用户可以按_____进行汉字输入法之间的循环切换。

8．键盘的类型很多，常用的有_____、_____、_____和_____，我们常用的键盘类型是_____。

9．在中文 Windows 中，为了实现全角与半角状态之间的切换，应按的键是_____。

10．$(15)_{10}$=(_____)$_2$=(_____)$_8$=(_____)$_{16}$

11．$(101010101)_2$=(_____)$_8$=(_____)$_{16}$=(_____)$_{BCD}$

12．$(157)_8$=(_____)$_2$=(_____)$_{16D}$

二、选择题

1．一个完整的计算机系统包括（　　）。
    A．主机、键盘和显示器　　　　　　B．系统软件与应用软件
    C．运算器、控制器和存储器　　　　D．硬件系统与软件系统

2．世界上第四代计算机是（　　）计算机。
    A．电子管　　　　　　　　　　　　B．晶体管
    C．集成电路　　　　　　　　　　　D．大规模集成电路

3．操作系统是（　　）的接口。
    A．主机和外设　　　　　　　　　　B．计算机和用户
    C．软件和硬件　　　　　　　　　　D．源程序和目标程序

4．世界上第一台计算机诞生于（　　）。
    A．1941 年　　　　B．1946 年　　　　C．1949 年　　　　D．1950 年

5．计算机主机的组成是（　　）。
    A．运算器和控制器　　　　　　　　B．中央处理器和主存储器
    C．运算器和存储器　　　　　　　　D．运算器和外设

6. 微型计算机中，运算器的主要功能是进行（　　）。

    A．逻辑运算　　　　　　　　　　B．算术运算

    C．算术运算和逻辑运算　　　　　D．复杂方程的求解

7. 64 位微机中的 64 是指该微机（　　）。

    A．能同时处理 64 位十进制数　　B．能同时处理 64 位二进制数

    C．具有 64 根地址总线　　　　　D．运算精度可达小数点后 64 位

8. CPU 可以直接访问的存储器是（　　）。

    A．硬盘　　　　B．内存　　　　C．U 盘　　　　D．软盘

9. 下列各组设备中，全部属于输入设备的一组是（　　）。

    A．键盘、磁盘和打印机　　　　　B．键盘、扫描仪和鼠标

    C．键盘、鼠标和显示器　　　　　D．硬盘、打印机和键盘

10. 既可用于输入又可用于输出的设备有（　　）。

    A．键盘　　　　B．显示器　　　C．鼠标　　　　D．磁盘

11. 下列 4 条叙述中，属于 RAM 特点的是（　　）。

    A．可随机读写数据，且断电后数据不会丢失

    B．可随机读写数据，断电后数据将全部丢失

    C．只能顺序读写数据，断电后数据将部分丢失

    D．只能顺序读写数据，且断电后数据将全部丢失

12. Windows 中用于在各种输入法之间切换的快捷键是（　　）。

    A．Ctrl+Shift　　　　　　　　　B．Alt+Shift

    C．Alt+Space　　　　　　　　　D．Ctrl+Space

13. 插入/改写状态的转换，可以通过按（　　）键来实现。

    A．Ctrl　　　　B．Alt　　　　　C．Insert　　　D．Shift

14. 世界上首次提出存储程序计算机体系结构的是（　　）。

    A．莫奇莱　　　　　　　　　　　B．艾伦·图灵

    C．乔治·布尔　　　　　　　　　D．冯·诺依曼

15. 十进制数向二进制数进行转换时，十进制数 91 相当于二进制数（　　）。

    A．101101　　B．1001101　　C．1011010　　D．1011011

16. 下列 4 个不同数制表示的数中，数值最大的是（　　）

    A．二进制数 11011101　　　　　B．八进制数 334

    C．十进制数 219　　　　　　　　D．十六进制数 DA

17. 微型计算机中普遍使用的字符编码是（　　）。

    A．BCD 码　　　B．拼音码　　　C．补码　　　　D．ASCII 码

18. 执行逻辑加运算（即逻辑或运算）10101010 ∨ 01001010，其结果是（　　）。

    A．11110100　　B．11101010　　C．10001010　　D．11100000

19. 下面是关于计算机病毒的两种论断，经判断（　　）。

    ①计算机病毒也是一种程序，它在某些条件上激活，起干扰破坏作用，并能传染到其他程序中去

    ②计算机病毒只会破坏磁盘上的数据。

A．只有①正确　　　　　　B．只有②正确

C．①和②都正确　　　　　D．①和②都不正确

20．通常所说的"计算机病毒"是指（　　）。

A．细菌感染　　　　　　　B．生物病毒感染

C．被损坏的程序　　　　　D．特制的具有破坏性的程序

21．下列 4 项中，不属于计算机病毒特征的是（　　）。

A．潜伏性　　　B．传染性　　　C．激发性　　　D．免疫性

模块二 Windows 10 操作系统

模块重点

- 认识 Windows 10 操作系统
- Windows 10 的界面及基本操作
- Windows 10 计算机和资源管理器
- Windows 10 的文件及磁盘管理
- Windows 10 的环境设置
- Windows 10 的其他操作

教学目标

- 了解 Windows 10 的发展历史与安装过程
- 掌握 Windows 10 的界面组成和基本操作
- 掌握计算机和资源管理器的使用
- 掌握文件的相关操作和磁盘的管理
- 了解 Windows 10 的环境设置
- 了解 Windows 10 的附件等其他操作

项目 1 Windows 10 简介及系统安装

项目分析

本项目主要介绍 Windows 10 操作系统的发展历史。要求了解 Windows 10 操作系统的功能、安装要求和安装过程。

任务 1.1 Windows 10 的发展

【任务目标】本任务要求学生了解 Windows 操作系统的发展历史。

MS-DOS 是微软公司推出的第一个极其成功的计算机操作系统。随后，微软公司着重发展可视化的操作系统，即 Windows 系列产品。这一系列产品具有一个共同的特点，即拥有视窗式的图形界面，操作简单，易学易用。

MS-DOS 是 Microsoft Disk Operating System 的简称，意即由美国微软公司（Microsoft）提供的磁盘操作系统。在 Windows 95 以前，DOS 是 PC 兼容计算机的最基本配备，而 MS-DOS 则是最普遍使用的 PC 兼容 DOS。

微软公司在 1995 年发布了 Windows 95 操作系统，这是一个具有里程碑意义的个人计算机操作系统，引入了诸如多进程、保护模式、即插即用等特性，使得 Windows 95 在个人计算机上大行其道，并且最终使得微软公司统治了个人计算机操作系统市场。在随后的几年中，微软公司不断对 Windows 产品进行升级，先后推出了 Windows 98、Windows 98 SE 和 Windows ME 等版本。这些版本并没有进行重大改变，但是在更多的新硬件支持、更强的多媒体播放、Internet 连接共享及稳定性、易用性等方面做了很多改进。

Windows 2000 是一款纯 32 位的操作系统。它在 Windows NT 的基础上，包含了 NT 的多数优点和体系结构，并且增加了许多新功能，具有更强的安全性、更高的稳定性和更好的系统性能。接下来微软公司推出 Windows 9X 系列最终版本 Windows ME，这款系统面向家庭计算机使用而设计，提供了大量音乐、视频和家庭网络增强功能，首次出现了系统还原功能，但是由于系统不再包括实模式的 MS-DOS，因此它很不稳定。2001 年，微软公司发布 Windows XP 这个至今仍被广泛使用的操作系统。它提供了新的界面，系统变得更加稳定，完成了 Windows 9X 以及 Windows NT 两种路线的最终统一，而且集成众多软件，是个人操作系统史上的伟大变革。2006 年年末，微软公司发布 Windows Vista，这款操作系统包含许多新的功能或技术，如 DirectX 10、ReadyBoost、BitLocker、SuperFetch、游戏中心、体验指数、家长控制、虚拟文件夹（库）、用户账户控制、增强的语音识别、基于索引的搜索等，相比之前版本提高了安全性。2009 年秋，微软公司发布 Windows 7，这款操作系统继承了 Windows Vista 的优秀特性，针对各种性能进行优化，包含各项新的功能，如 DirectX 11、库、家庭组、操作中心、移动中心等，相比之前版本提升了兼容性。2012 年，微软公司发布 Windows 8，这款操作系统主要面向平板计算机设计，另外兼顾传统计算机，支持各种输入设备，包含应用程序商店，全面整合云技术，提供新的 Internet 体验。

2015 年 7 月 29 日发布的 Windows 10 是微软公司最新发布的 Windows 版本。自 2014 年 10 月 1 日开始公测，Windows 10 经历了 Technical Preview（技术预览版）以及 Insider Preview（内测者预览版），下一代 Windows 将作为 Update 形式出现。Windows 10 发布了 7 个版本，分别面向不同用户和设备。早在 2015 年，微软公司的开发人员和推广者 jerryNixon 就在芝加哥 lgnite 大会上表示："Windows 10 将会是最后一版 Windows 系统，因此我们将一直围绕 Windows 10 展开工作。"

任务 1.2 Windows 10 操作系统的安装

【任务目标】本任务要求学生了解 Windows 10 操作系统的安装。

【任务操作】Windows 10 操作系统的安装。

如果您的计算机具有空白硬盘或当前的操作系统不支持全新安装，则需要使用 Windows 10 光盘启动计算机。大多数的计算机都可以从光盘启动并自动运行 Windows 10 安装向导。

使用光盘安装操作系统的步骤如下：

（1）通过运行当前的操作系统启动计算机，然后将 Windows 10 光盘插入 CD-ROM 驱动器。

（2）如果 Windows 自动检测到光盘，这时将出现 Windows 10 安装向导，如图 2-1 所示。单击"现在安装"并勾选"我接受许可条款"复选框，单击"下一步"按钮，然后选择"自定义：仅安装 Windows（高级）"。

（a）单击"现在安装"

（b）勾选"我接受许可条款"复选框

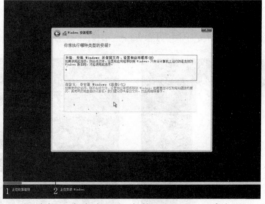

（c）选择"自定义：仅安装 Windows（高级）"

图 2-1　安装向导

（3）分区选择系统安装位置，单击"新建"找到"大小"输入所需容量（单位 MB），单击"应用"按钮，如图 2-2（a）所示。弹出提示框提示是否确认系统自动创建引导分区，单击"确定"按钮，如图 2-2（b）所示。找到新建的主分区，选中并单击"下一步"按钮，将系统安装到新建的磁盘中，如图 2-2（c）所示。

（a）设置主分区大小　　　　　　　　　　（b）自动创建引导分区

图 2-2　分区选择系统安装位置

（c）选择系统安装位置

图 2-2　分区选择系统安装位置（续图）

（4）开始安装。等待安装完成并自动重启，如图 2-3 所示。

（a）开始安装　　　　　　　　　　　　（b）自动重启

图 2-3　系统安装过程

（5）重启后加载小娜"Windows 10 自带的智能 AI"，如图 2-4 所示。

图 2-4　加载智能 AI

（6）如图 2-5 所示，选择"中国"，单击"是"按钮，然后选择"微软拼音"，单击"是"按钮。

|(a)选择"中国"　　　　　　　　　　　　　　(b)选择"微软拼音"|

图 2-5　选择地区和键盘布局

（7）选择第二种键盘布局，单击"跳过"按钮，如图 2-6 所示。

（8）创建本地登录账号输入"账号名称"，如图 2-7 所示。

图 2-6　选择第二种键盘布局

图 2-7　创建本地登录账户

（9）为本地账户输入密码，密码需要输入两次，如图 2-8 所示。

图 2-8　确认密码

（10）为账户创建安全问题（有三个问题），创建完后单击"下一步"按钮，如图 2-9 所示。

图 2-9　创建安全问题

（11）为设备选择隐私设置，单击"接受"按钮，如图 2-10 所示。

图 2-10　选择隐私设置

（12）设置是否同步微软账户在其他计算机的配置信息，此处单击"是"按钮，如图 2-11 所示。

图 2-11　同步微软账户信息

（13）等待配置完成进入桌面，如图 2-12 所示。

图 2-12　等待配置完成

项目 2　Windows 10 的界面及基本操作

 项目分析

本项目主要介绍 Windows 10 的界面组成和基本操作。要求掌握 Windows 10 界面组成、Windows 10 的开始菜单、控制面板、文件的属性和类型。

任务 2.1　Windows 10 的基本界面

【任务目标】本任务要求学生了解 Windows 10 的登录、切换用户和退出，掌握界面组成及相关操作。

【任务操作 1】Windows 10 的登录、切换用户和退出。

1．Windows 10 系统的登录

启动计算机后屏幕上将显示计算机的自检信息，然后系统就会进入 Windows 10 启动状态，这时根据系统的设置分为两种情况。第一种情况是在安装的过程中创建了计算机系统管理员并设置密码，则此处出现登录界面，要求选择用户名并输入对应的密码以进入系统界面（即桌面），否则无法进入系统。正确输入用户名和密码后将会自动进入 Windows 10 的桌面，如图 2-13 所示。

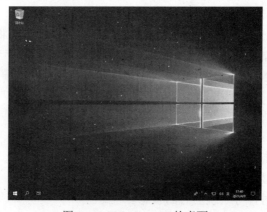

图 2-13　Windows 10 的桌面

　　第二种情况则是自动登录，如果没有创建计算机系统管理员用户或未设置密码，则可直接进入 Windows 10 系统的桌面，用户即可开始进行各项具体操作。

　　2. 退出 Windows 10 系统

　　退出 Windows 10 是指结束 Windows 10 操作系统的运行，操作方法如下所述。单击"微软图标" ⊞，单击 ⏻，然后单击"关机"。单击"微软图标" ⊞，选择"用户头像" ⍩，选择"切换用户"。单击"微软图表" ⊞，单击 ⍩ 并单击"睡眠"则可进入低耗电的等待状态，以后可按任意键或在桌面任意处单击恢复到正常工作状态；单击"微软图标" ⊞，单击 ⍩ 并选择"锁定"，将锁定 Windows 10；单击"微软图标" ⊞，单击 ⏻ 并选择"重启"，则关闭 Windows 10，不过并不切断电源，而是再次启动 Windows 10，如图 2-14 所示。

图 2-14　Windows 10 关闭界面

　　【任务操作 2】桌面与相关操作。

　　"桌面"是指安装好 Windows 10 后，用户启动计算机登录到系统中看到的屏幕界面，它是用户和计算机进行交流的窗口，用户可以在这里放置经常用到的应用程序和文件夹的快捷图标，双击图标就能够快速启动相应的程序或文件。通过桌面，用户可以有效地管理自己的计算机。桌面由背景画面、快捷图标和任务栏组成。

　　快捷图标：将一些常用的应用程序、文件或文件夹的图标放在桌面上，通过双击来启动它。在 Windows 10 的桌面上的快捷图标默认有"回收站"。

　　背景画面：背景画面就好像是办公桌上的桌布，用户可以设置自己喜欢的图片作为背景画面，而且 Windows 10 也提供了许多好看的图片。

　　任务栏：从任务栏出发可以使用 Windows 10 的所有功能。以下将讲解如何使用任务栏。

　　任务栏一般出现在桌面的下方，它由"开始"菜单、"应用程序"栏、"通知"栏和"显示桌面"栏组成，如图 2-15 所示。

图 2-15　任务栏

　　"开始"菜单：单击"开始"按钮可以打开"开始"菜单。

　　"应用程序"栏：显示已经启动的应用程序名称。

　　"通知"栏：显示时钟等系统当时的状态。

　　"显示桌面"栏：显示桌面，在任务栏最右端的空白处。

接下来，介绍对任务栏的基本操作，主要包括移动任务栏、添加子栏、改变任务栏尺寸、隐藏任务栏和新建工具栏。

1．移动任务栏

默认情况下，任务栏是锁定的，即不可以移动。如果要将任务栏移动到屏幕的右侧，应执行如下操作：

（1）右击"任务栏"，在弹出的菜单中取消对"锁定任务栏"的选择。

（2）单击"任务栏"的空白区，并按住鼠标左键不放。

（3）拖动鼠标到屏幕的右侧时，松开鼠标左键，这样就将任务栏移动到屏幕的右侧了。

2．添加工具栏

任务栏中有许多工具栏，是为了提高使用效率而设置的，如"连接"工具栏。要添加工具栏，应执行如下操作：

（1）右击"任务栏"的空白处，打开一个快捷菜单。

（2）在这个菜单中包括一个"工具栏"级联菜单，其中有"地址""链接""Lenovo Vantage 工具栏""桌面"和"新建工具栏"等命令，如图 2-16 所示。

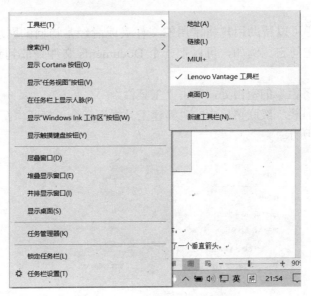

图 2-16 "工具栏"级联菜单

（3）其中"Lenovo Vantage 工具栏"命令前有一个选中符号，表示这个工具栏已经在任务栏中了。单击这个命令可以从任务栏中删除这个工具栏。

（4）单击"链接""地址"或"桌面"命令就能够将相应的工具栏添加到任务栏中。

3．改变任务栏的尺寸

在未锁定任务栏的情况下，可以改变任务栏的尺寸，应执行如下操作：

（1）将鼠标指针移动到任务栏与桌面交界的边缘上，此时鼠标指针的形状变成了一个垂直箭头。

（2）按住鼠标左键，向桌面中心方向拖动鼠标。

（3）当拖动的大小比较合适时，松开鼠标左键，这样任务栏就变成了刚才的大小。改变任务栏尺寸后，可以看到各个任务栏按钮清晰地排列在其中，如图 2-17 所示。

图 2-17　扩大的任务栏

4．隐藏任务栏

要隐藏任务栏，应执行如下操作：

（1）右击"任务栏"中的空白处。

（2）单击"任务栏设置"按钮，弹出设置页面找到"任务栏"，其中"在桌面模式下自动隐藏任务栏"下的按钮是关闭状态，这就表示此时任务栏总能够出现在屏幕上。

（3）单击"在桌面模式下自动隐藏任务栏"下的按钮。

这样当打开其他窗口时，任务栏就会自动隐藏起来。只要将鼠标指针移动到屏幕的底部停留一会，隐藏起来的任务栏就会重新显示出来。

5．新建工具栏

通过新建工具栏可以帮助用户将常用的文件夹或者经常访问的网址显示在任务栏上，而且可以单击直接访问它。例如，可以把一个 Documents 文件夹放到新建工具栏中，操作如下：

（1）右击"任务栏"的空白处，单击"工具栏"。

（2）单击"工具栏"级联菜单中的"新建工具栏"命令，打开"新建工具栏"对话框，如图 2-18 和图 2-19 所示。

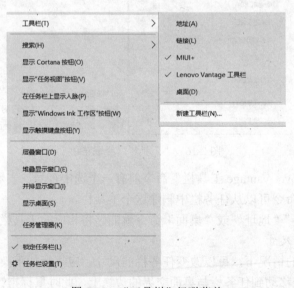

图 2-18　"工具栏"级联菜单

（3）在"文件夹"文本框中直接输入想要添加到"新工具栏"中的文件夹名称或网址。如果不清楚需要添加的文件夹的位置，可以在上面的文件夹列表框中选择。

图 2-19 "新工具栏"对话框

（4）单击"选择文件夹"按钮，这个文件夹就添加到了"新工具栏"中了。

任务 2.2 Windows 10 的基本操作

【任务目标】本任务要求掌握"开始"菜单的使用、控制面板的使用及运行命令的操作方法。

【任务操作 1】开始菜单的使用。

在 Windows 10 中，用户绝大部分的工作都从"开始"菜单开始。在任务栏的左侧有一个"开始"按钮，单击它可以打开"开始"菜单，如图 2-20 所示。"开始"菜单可以显示谁已登录，并可以自动地将使用最频繁的程序添加到菜单顶层，使得用户访问经常使用的程序的过程变得更加迅速，有助于提高工作效率。"最近添加"可以显示最近添加的软件系统自带的软件以及文档。

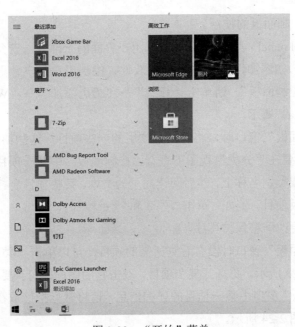

图 2-20 "开始"菜单

用户也可以利用快捷键打开"开始"菜单，只要按下 Ctrl+Esc 组合键即可。

常用的一些应用程序可以通过"开始"菜单来启动。例如，启动"记事本"软件，执行如下操作：单击"开始"→"最近添加"→"Windows 附件"→"记事本"，如图 2-21 所示。

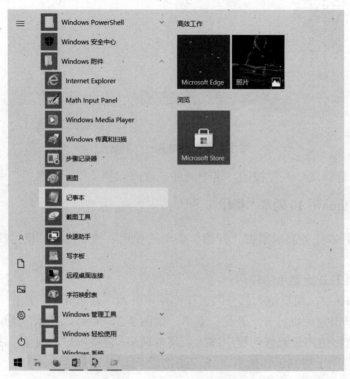

图 2-21　"附件"级联菜单

【任务操作 2】控制面板的使用。

控制面板（control panel）是 Windows 图形用户界面的一部分，它允许用户查看并操作基本的系统设置和控制，如添加硬件、添加/删除软件、控制用户账户、更改辅助功能、设定日期时间等。要打开"控制面板"，请单击"开始"→"最近添加"→"Windows 系统"→"控制面板"，如图 2-22（a）所示。

首次打开"控制面板"窗口时，将看到最常用的一些项目，这些项目按照分类进行组织，如图 2-22（b）所示。要在"分类"视图下查看"控制面板"中某一项目的详细信息，可以将鼠标指针放在该图标或类别名称上，然后阅读显示的文本。某些项目会打开可执行的任务列表和选择的单个控制面板项目。例如：单击"外观和个性化"时，将与单个控制面板项目一起显示一个任务列表，如更改屏幕保护程序。

如果打开"控制面板"窗口时没有看到所需的项目，可以单击"类别"，选择"大图标"或"小图标"，如图 2-23 所示。要打开某个项目，双击它的图标即可。要在"小图标控制面板"视图下查看"控制面板"窗口中某一项目的详细信息，请将鼠标指针放在该图标名称上，然后阅读显示的文本，如图 2-24 所示。

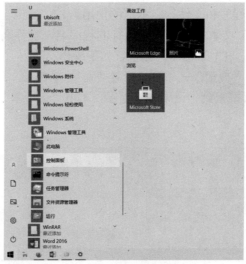

（a）单击"控制面板"

（b）"控制面板"窗口

图 2-22　控制面板

图 2-23　"类别"菜单

图 2-24　"小图标控制面板"视图

【**任务操作3**】"搜索程序和文件"文本框的使用。

在"搜索程序和文件"文本框中输入要运行的程序名、文件名或路径，即可搜索到程序或文件。例如，要运行"记事本"程序，应执行如下操作：

右击"任务栏"，单击"搜索"→"显示隐藏搜索"，单击 🔍，在文本框中输入 Notepad 或 C:\Windows\Notepad，即可搜索到"记事本"程序，单击"记事本"程序即可运行打开，如图 2-25 所示。

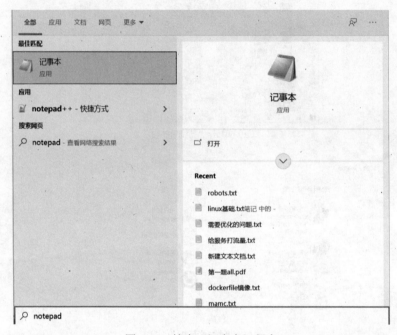

图 2-25　搜索"记事本"程序

使用"运行"命令也可以快速地运行程序或文件。例如，要运行"记事本"程序，应执行如下操作：

（1）单击"开始"→"最近添加"→"Windows 附件"→"运行"，打开"运行"对话框。

（2）在"打开"文本框中输入路径和程序名称 C:\Windows\Notepad，如图 2-26 所示。

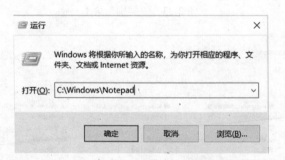

图 2-26　"运行"对话框

【**任务操作4**】窗口的基本操作。

在 Windows 10 中，各种应用程序一般都以窗口的形式显示，一个标准的窗口如图 2-27 所示。

图 2-27　标准窗口

标准窗口一般由以下几个部分组成：

- 控制按钮区：有 3 个窗口控制按钮，分别为"最小化"按钮、"最大化"按钮、"关闭"按钮，每个按钮都有其特殊的功能和作用。

- 搜索栏：将要查找的目标名称输入"搜索栏"文本框中，然后按 Enter 键即可。窗口"搜索栏"的功能和"开始"菜单中的"搜索"框的功能相似，只不过在此处只能搜索当前窗口范围的目标。可以添加搜索筛选器，以便更精确、更快地搜索到所需要的内容。

- 菜单栏：在菜单栏中显示各种菜单名称，单击即可打开菜单。Windows 10 把工具栏融合到菜单栏里了。

- 地址栏：能很清楚地查看当前所选文件的位置，还能输入文件路径并打开，打开软件或者网址作为 FTP 客户端连接 FTP 服务器。

- 导航窗格：导航窗格位于工作区的左边区域。与以往的 Windows 版本不同的是，在 Windows 10 操作系统中导航窗格一般包括快速访问、此电脑和网络 3 部分。单击前面的"箭头"按钮即可以打开列表，还可以打开相应的窗口，方便用户随时准确地查找相应的内容。

- 滚动栏：当窗口太小以至于窗口主体不能显示所有信息的时候，在窗口主体的右侧和底部就会出现滚动栏。单击其上下的小三角形图标，即可实现屏图上下滚动。

- 工作区：用于显示窗口中的操作对象和操作结果。

- 状态栏：显示程序当前的状态，对应不同的程序显示各种不同的信息。

在 Windows 的使用过程中经常会接触到对话框。对话框是一种特殊的窗口，用来进行用户与系统之间的信息交互，一个典型对话框如图 2-28 和图 2-29 所示。

对话框中的元素主要有以下几种：

- 标题栏：位于对话框的最上方，系统默认是白色的，它的左侧是该对话的名称，右侧是对话的"关闭"按钮。

- 选项卡：一般来说，一个对话框由多个选项卡组成，单击"选项卡"名称就能够在不同内容的选项卡之间切换，就像图书馆中查阅书目的卡片一样。

- 复选框：与单选按钮不同的是，在某一选项的一组复选框中，一次可以选择多个或一个都不选，选择后复选框中间会有一个对号表示。
- 标尺：在标尺上有一个滑块，移动滑块就可以在标尺上选择不同的数据或选项。
- 单选按钮：顾名思义，在某一选项的一组单选按钮中一次只能而且必须选择一个，选择后单选按钮中间会有一个绿点。
- 编辑框：编辑框可以分为两类，即文本框和列表框。

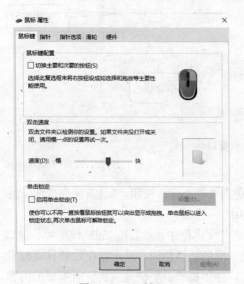

图 2-28　对话框 1

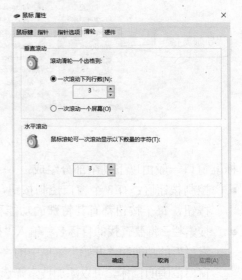

图 2-29　对话框 2

任务 2.3　文件的属性和类型

【任务目标】本任务要求学生掌握文件的属性、类型及命名规则。

【任务操作 1】文件的属性与命名规则。

1. 文件属性

在计算机系统中，文件是最小的数据组织单位，文件可以存放文本、声音、图像、视频和数据等信息，用户使用和创建的文档都可以称为文件。文件一般具有以下属性：

（1）文件中可以存放文本、声音、图像、视频和数据等信息。

（2）文件名的唯一性。同一个磁盘中的同一目录下绝不允许有重复的文件名。

（3）文件具有可转移性。文件可以从一个磁盘复制到另一个磁盘上，或者从一台计算机上通过复制转移到另一台计算机上。

（4）文件在磁盘中要有固定的位置。用户和应用程序要使用文件时，必须要提供文件的路径来告诉用户和应用程序文件的位置。路径一般由存放文件的驱动器名、文件夹名和文件名组成。

2. 文件命名

一个完整的文件名称由文件名和扩展名两部分所组成，文件名与扩展名之间必须以小数点“.”隔开。文件名一般用来表示文件的内容，扩展名用来表示文件的类型。例如，文件 Setup.exe

的文件名为 Setup，这样用户就可以知道该文件与安装有关，扩展名为 exe，这表示这是一个可执行的程序文件。文件命名时应尽量做到既能够清楚地表达文件的内容又比较简短，同时必须遵守以下规则：

（1）文件名最多可使用 256 个字符。

（2）文件名中除开头外都可以有空格。

（3）在文件名中不能包含以下符号：? \ * " < >。

（4）用户在文件名中可以指定文件名的大小写格式，但是不能利用大小写来区别文件名。例如，MyDocument.doc 和 mydocument.doc 被认为是同一个文件名。

3. 不同类型文件及其对应的图标

文件的扩展名用来表示文件的类型，不同类型的文件在 Windows 10 中对应不同的文件图标，如图 2-30 所示。文件的类型是根据它们的不同用途来分类的。下面简单介绍几种常见文件的类型及其对应的图标。

（1）程序文件：程序文件由可执行的代码组成。在 Windows 10 中，以 com、exe 和 bat 为扩展名的文件是程序文件，不同类型的程序文件对应着不同的图标。其中，扩展名为 bat 的程序文件是批处理文件。典型的安装程序文件 setup.exe 的图标如图 2-31 所示。

（2）文本文件：一般情况下，文本文件的扩展名为 txt。文本文件的内容通常由字母和数字组成。值得注意的是，有的文件虽然不是文本文件，但是却可以用文本编辑器打开进行编辑。文本文件的常用图标如图 2-32 所示。

图 2-30　不同文件的图标　　图 2-31　安装程序的图标　　图 2-32　文本文件的图标

（3）图像文件：图像文件有各种不同的格式，比较常见的格式有 bmp、jpg 和 gif 等图片格式。一般地，由 Windows 10 提供的画图应用程序创建的图像文件的格式是位图文件，扩展名是 bmp。常见图像文件的图标如图 2-33 所示。

（4）字体文件：Windows 10 中有各种不同的字体，它们都存放在字体文件中。字体文件存放在 Windows 文件夹下的 Fonts 文件夹中，打开 Fonts 文件夹就会看到各种字体文件。字体文件的图标如图 2-34 所示。

图 2-33　图像文件的图标　　　　图 2-34　字体文件的图标

综上所述，可以发现文件的扩展名可以帮助用户识别文件的类型。用户在创建应用程序和存放数据时，可以根据文件的内容给文件加上适当的扩展名，以帮助用户识别和管理文件。值得注意的是，大多数的文件在存盘时，应用程序都会自动地给文件加上默认的扩展名。当然，用户也可以特意指出文件的扩展名。为了帮助用户更好地辨认文件的类型，表 2-1 中列出了用户经常会遇到的文件扩展名。

表 2-1　Windows 10 中常用的文件扩展名

扩展名	文件类型
avi	影像文件
bak	备份文件
bat	DOS 中的批处理文件
bmp	位图文件
com、exe	可执行的程序文件
dll	动态链接库文件
doc	Word 文字处理文档
drv	设备驱动程序文件
ico	图标文件
inf	安装信息文件
ini	系统配置文件
chm	已编译的 HTML 帮助文件
jpg	一种常用图形文件
mid	MID 文件
mdb	Access 数据库文件
rtf	丰富文本格式文件
scr	屏幕保护程序文件
sys	系统文件
ttf	TrueType 字体文件
txt	文本文件
xls	Excel 电子表格文件
wav	波形文件
htm	用于 WWW（World Wide Web）的超级文本文件

（5）文件夹：文件夹就是将相关文件分门别类地存放在一起的有组织的实体。在现实生活中经常会用到文件夹，把相关的资料存放在一起；在计算机中也可以将相关的文件存放到一个文件夹中。Windows 文件夹如图 2-35 所示。

图 2-35　Windows 文件夹

在计算机中，文件夹也有名称，而且文件夹的命名同样遵守文件命名的规则，但是文件夹没有扩展名。有时候，文件夹中除了包含有各种文件外，还可以包含下一级的文件夹。

案例实训

【实训要求】

（1）搜索计算机上所有扩展名为 doc 的文件。

（2）查找计算机中文件名只有 4 个字符，且第 1 个字符和第 3 个字符为 c 的所有文件。

（3）查找 Windows 附件中的应用程序"写字板"。

【实训步骤】

（1）单击 🔍，弹出搜索框后在"全部"文本框中输入要查找的文件或者文件夹的名称，可输入"*.doc"，然后按 Enter 键。

（2）单击 🔍，弹出搜索框后在"全部"文本框中输入要查找的文件或者文件夹的名称，可输入"c？c？.*"，然后按 Enter 键。

（3）单击 🔍，弹出搜索框后在"全部"文本框中输入要查找的文件或者文件夹的名称，可输入"写字板"，然后按 Enter 键。

项目 3　计算机和资源管理器

 项目分析

本项目主要介绍 Windows 10 中计算机和资源管理器的使用方法。要求熟练掌握计算机和资源管理器的管理与使用方法。

任务 3.1　"计算机"的使用

【任务目标】本任务要求学生熟练掌握"计算机"的窗口组成及相关操作。

【任务操作 1】"计算机"的使用。

计算机中的资源指的是计算机中存储的各种文件和文件夹。资源管理一般包括文件管理和磁盘驱动器的管理，通常使用"计算机"或"资源管理器"来进行资源管理；使用"回收站"来管理被删除的文件。下面首先简单介绍一下"计算机""资源管理器"和"回收站"的使用方法。

"计算机"是一种常用的资源管理应用程序，用户的程序、文档、数据文件等计算机资源都可以用它来进行管理。

1. 窗口组成

单击"桌面"→"此电脑"打开"此电脑"窗口，如图 2-36 所示。

Windows 10 的标准窗口一般由按钮控制区、地址栏、菜单栏、工作区、状态栏等几部分组成。

● 按钮控制区：最右边是 3 个控制按钮，当窗口处于非最大化状态时，控制按钮为"最小化""最大化"和"关闭"按钮；当窗口处于最大化状态时，控制按钮分别为"最小化""还原"和"关闭"按钮。

● 地址栏：显示文件和文件夹所在的路径，通过它还可以访问因特网中的资源。

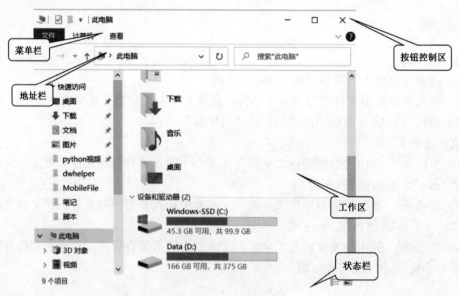

图 2-36 "此电脑"窗口

- 菜单栏：包含"文件""计算机""查看"和"帮助"4 个菜单。单击某一菜单，就可以打开该菜单，再单击所需菜单命令，就可以执行该命令。
- 工作区：用来显示计算机中的资源，也就是当前所打开的文件夹中的内容。
- 状态栏："此电脑"窗口底部是状态栏，用于显示当前选定的文件的数目、大小和所处文件夹的位置。

2. 标准按钮

在"标准按钮"工具栏中列出了部分菜单命令的快捷按钮，各按钮的功能如下：

单击 ← 按钮，将返回上一步操作时的"此电脑"窗口。

单击 → 按钮，将切换到浏览当前磁盘之后的磁盘。若当前的操作没有后续操作，则前进按钮呈灰色，不能执行操作。

单击 ˅ 按钮，将列出在"此电脑"窗口中浏览当前磁盘之前浏览过的磁盘，单击其中一个就可以直接切换到该磁盘的窗口。

值得注意的是，← 和 → 是根据访问的历史顺序来进行切换的，当用户进行了许多操作之后，就很难分辨所要找的文件夹是当前文件夹的前面还是后面，此时用户就可以单击这两个按钮右边的小三角按钮，在列出的选项中选取所要操作的项目。↑按钮和 ← 按钮作用相同。

单击 ˅ 按钮，打开一个下拉菜单，如图 2-37 所示。其中列出了 8 种文件和文件夹的排列方法。

图 2-37 "视图"菜单中的命令选项

3. 常见操作

下面介绍如何使用"计算机"来查看磁盘属性和查看文件。

（1）查看磁盘属性：在 Windows 10 中，用户可以随时查看任何一个磁盘的属性。磁盘的属性包括磁盘的空间大小、已用和可用空间以及磁盘的卷标信息。

用户要查看磁盘的属性应按如下操作：

1）打开"此电脑"窗口。

2）选定要查看的磁盘驱动器图标。

3）右击需要查看的磁盘，单击"属性"命令，打开磁盘"属性"对话框，如图 2-38 所示。下面将分别介绍"常规"和"工具"选项卡中的信息和功能。

"常规"选项卡：在该选项卡中包含了当前驱动器的卷标，用户可以在"卷标"文本框中更改驱动器的卷标。而且，在这个选项卡中还显示出了当前磁盘的类型、文件系统、已用空间和可用空间。对话框中还有一个圆饼图，上面标识出了已用和可用空间的比例。

"工具"选项卡：单击对话框上的"工具"标签就可以打开"工具"选项卡，如图 2-39 所示。由图 2-39 可以看出，该选项卡由"检查""优化"两部分组成，用户利用它们可以对磁盘进行优化操作。

图 2-38　磁盘"属性"对话框

图 2-39　"工具"选项卡

（2）查看文件：用户可以通过工具栏中的"查看"按钮很方便地选择以不同的方式来查看文件和文件夹。下面详细介绍"查看"按钮中的各个命令选项。

● 大图标方式：选择此种方式，系统将使窗口中的所有对象均以大的图标显示，这样显示得更清楚。在此视图中因为图标较大，所以如果窗口中有许多对象，则选择对象要利用滚动条来进行，如图 2-40 所示。

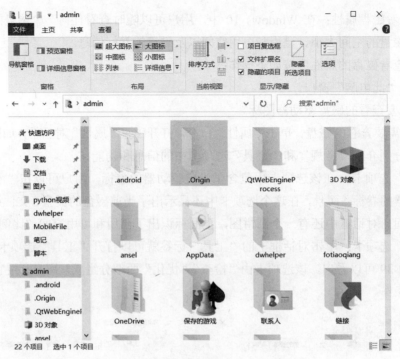

图 2-40　按大图标方式查看文件

● 超大图标：显示的图标比用大图标方式显示的图标大，如图 2-41 所示。

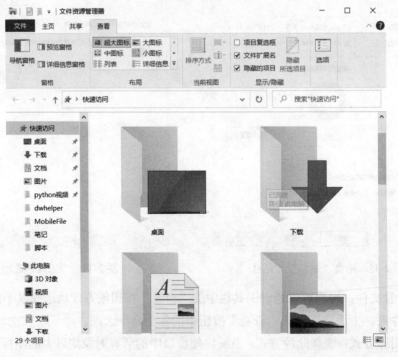

图 2-41　按超大图标方式查看文件

● 小图标：显示的图标比用大图标方式显示的图标小，如图 2-42 所示。

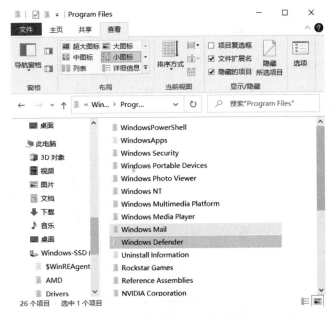

图 2-42　按小图标方式查看文件

- 中等图标：显示效果如图 2-43 所示。

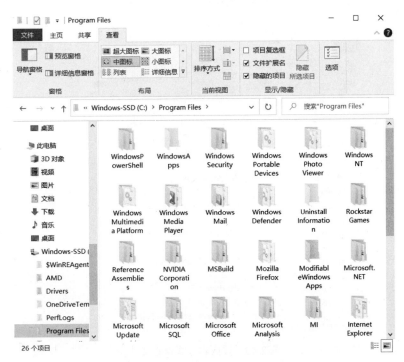

图 2-43　按中等图标方式查看文件

- 平铺方式：平铺方式以图标显示文件和文件夹。这种图标将所选的分类信息显示在文件或文件夹名下面。例如，如果您将文件按类型分类，则 WindowsApps 将出现在图标的后面。如图 2-44 所示。

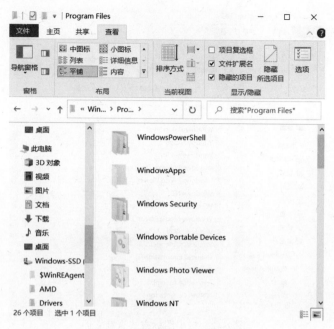

图 2-44　按平铺方式查看文件

- 内容方式：显示效果如图 2-45 所示。

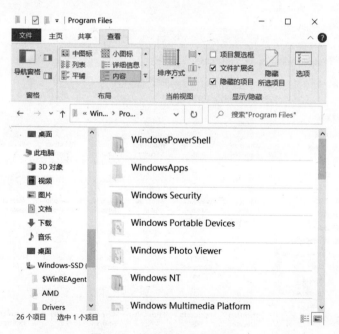

图 2-45　按内容方式查看文件

- 列表方式：显示效果如图 2-46 所示。
- 详细信息方式：在此种显示方式下，对象以小图标的方式显示。同时在窗口中显示每个文件夹和文件的信息，包括文件夹和文件的名称、大小、类型和修改时间等。对于驱动器则显示其类型、大小和可用空间，如图 2-47 所示。

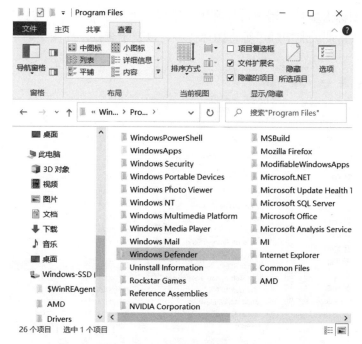

图 2-46　按列表方式查看文件

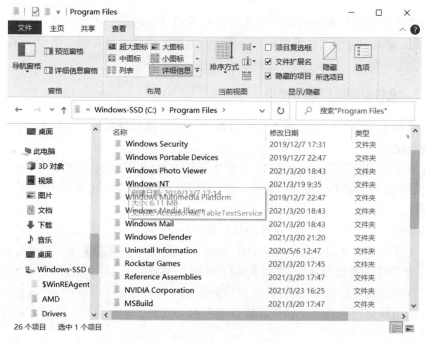

图 2-47　按详细信息方式查看文件

值得注意的是，用户在使用时有时为了便于查看，可以调节列的宽度，具体操作如下：

1）将鼠标指针指向列标题，并移动到列分界线上，直到鼠标指针变成双箭头。

2）按住鼠标左键不放并左右拖动即可调节列的宽度。

当窗口中的图标太多时，用户可以利用"查看"菜单中的"排序方式"命令，按名称、类型、大小、修改日期或递增顺序等将图标排序，以便于查找，如图 2-48 所示。

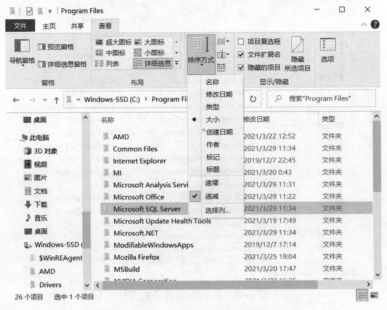

图 2-48 "查看"菜单中的"排列图标"命令

其中的"按组排列"允许您通过文件的任何细节（如名称、大小、类型或更改日期）对文件进行分组。例如，按照文件类型进行分组时，图像文件将显示在同一组中，Microsoft Word 文件将显示在另一组中，Excel 文件也将显示在另一个组中。

任务 3.2 文件资源管理器的使用

【任务目标】本任务要求学熟练掌握打开"文件资源管理器"的方法及"文件资源管理器"的管理与使用。

"文件资源管理器"是 Windows 10 一个重要的文件管理工具。它将计算机中的所有文件图标化，使得对文件的查找、复制、删除、移动等变得更加容易，也使用户更加方便地进行文件的各种操作。

【任务操作 1】打开"文件资源管理器"的方法。

打开"文件资源管理器"的基本方法有两种：一是用快捷键打开"文件资源管理器"，二是利用"开始"菜单来打开"文件资源管理器"。下面将分别进行介绍。

首先介绍用快捷键打开"文件资源管理器"的方法。具体操作如下：

图 2-49 同时按住 ▦+E 打开的窗口

- 用快捷键。如同时按住▦+E，打开如图 2-49 所示窗口。
- 单击"文件资源管理器"命令，打开"文件资源管理器"窗口。

下面介绍使用"开始"菜单打开"文件资源管理器"的方法。具体操作如下：

- 单击"开始"按钮，打开"开始"菜单。
- 找到"最近添加"一栏。
- 找到"Windows 系统"选项，单击"文件资源管理器"命令，打开"文件资源管理器"。

【任务操作 2】了解"文件资源管理器"窗口。

下面将向用户介绍"文件资源管理器"窗口，如图 2-50 所示。

图 2-50　"文件资源管理器"窗口

"文件资源管理器"窗口与"此电脑"窗口基本相似。"文件资源管理器"窗口包括"控制按钮区栏""菜单栏""地址栏""搜索栏""导航窗格""工作区"和"状态栏"等，相关内容已经在"计算机的使用"部分进行了详细介绍，这里就不一一重复了。

【任务操作 3】"文件资源管理器"的基本操作。

"文件资源管理器"是 Windows 10 的"文件管理器"，因此其基本操作是查看文件和选定文件，然后再对选定的文件进行各种操作。"文件资源管理器"的"导航窗格"以树型目录的形式显示文件夹，"工作区"则显示"导航窗格"中选定文件夹中的内容。

如果要选定文件夹，则在"导航窗格"中单击所需文件夹即可，此时"工作区"会显示该文件夹的内容；其中文件夹左边的 ▷ 号表示该文件夹有下一级的文件夹，单击 ▷ 号，则会相应地打开下一级的文件夹；◢ 号则表示已全部打开其中的文件夹，单击 ◢ 号，则会关闭其中所有的文件夹；没有 ▷ 号或 ◢ 号则表示其中不包含任何的下一级文件夹。所以如果要折叠文件夹，可以单击文件夹左侧的 ◢ 号，这样就可以将该文件夹折叠；相反，如果单击文件夹左侧的 ▷ 号，将以阶梯的形式展开其所包含的子文件夹，如图 2-51 所示。如果在选定文件夹时双击文件夹，可同时展开（或折叠）文件夹，并且在"工作区"显示该文件夹内容。

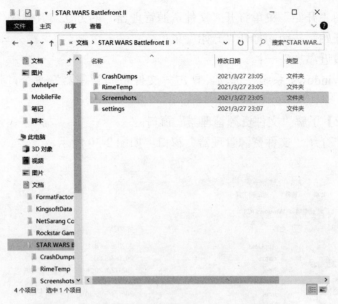

图 2-51 文件夹展开和折叠时的"文件资源管理器"

【任务操作 4】"文件夹选项"对话框的使用。

在"文件夹选项"对话框中，用户可以方便地自定义文件夹的打开视图。要打开"文件夹选项"对话框，应执行如下操作：

单击"文件"→"选项"→"文件夹选项"命令，打开"文件夹选项"对话框，如图 2-52 所示。

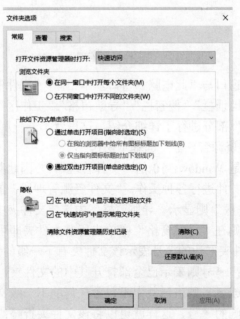

图 2-52 "文件夹选项"对话框

由图 2-52 可以看到，"文件夹选项"对话框包括"常规""查看"和"搜索"3 个选项卡。

下面主要介绍"常规"和"查看"这两个选项卡。

- "常规"选项卡："常规"选项卡是"文件夹选项"对话框的默认界面。在"按如下方式单击项目"选项中，用户选定"通过单击打开项目(指向时选定)"，表示此时用户单击文件就相当于打开这个文件，将鼠标指针指向文件时表示选中它；用户选定"通过双击打开项目(单击时选定)"，表示用户单击文件或文件夹时，选中它，双击时打开它。

- "查看"选项卡：用户单击"查看"标签，"文件夹选项"对话框如图 2-53 所示。在"高级设置"列表框中，用户为了使屏幕的显示更加简洁，可以将一些已知的文件类型隐藏起来，这时可以勾选"隐藏已知文件类型的扩展名"复选框；有时为了安全起见，用户需要将一些重要的文件信息隐藏起来，这时可以勾选"不显示隐藏的文件、文件夹或驱动器"复选框，当用户需要使用它们时，可以勾选"显示隐藏的文件、文件夹和驱动器"复选框；如果要查看所选文件的完整目录，可以勾选"在标题栏中显示完整路径(仅限经典主题)"复选框。如果正在使用网络或忘记了是否打开本地文件夹，该选项特别有用。

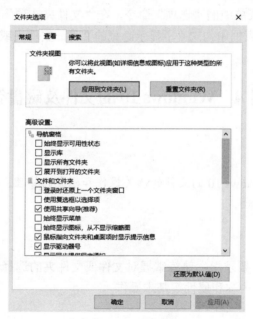

图 2-53　"查看"选项卡

案例实训

【实训要求】

（1）在"文件资源管理器"中完成：在文档中新建一个以自己名字为名的文件夹；设置用"文件资源管理器"查看文件和文件夹时显示已知文件类型的扩展名。

（2）隐藏放在库下的"示例音乐"文件夹。

【实训步骤】

1. 新建文件夹

在文档中新建一个以自己名字为名的文件夹；设置用"文件资源管理器"查看文件和文

件夹时显示已知文件类型的扩展名。

（1）单击"文件资源管理器"窗口左侧窗格中的"文档"图标，使其为当前文件夹。

（2）单击"主页"→"新建文件夹"命令。

（3）输入自己的名字后单击任一空白位置。

（4）单击"文件"菜单中的"选项"命令，打开"文件夹选项"对话框。

（5）选择"查看"选项卡，然后在"高级设置"列表框中取消勾选"隐藏已知文件类型的扩展名"复选框，再单击"确定"按钮。

2．隐藏文件夹

隐藏放在库下的"示例音乐"文件夹。

（1）右击"示例音乐"文件夹。

（2）在快捷菜单中选择"属性"命令。

（3）在"示例音乐"属性对话框选择"常规"选项卡，勾选"隐藏"属性复选框，然后单击"确定"按钮。

（4）单击"文件"菜单中的"选项"命令，在"文件夹选项"对话框中选择"查看"选项卡，在"高级设置"列表框中勾选"不显示隐藏的文件、文件夹或驱动器"复选框，最后单击"确定"按钮即可。

项目 4　Windows 10 的文件及磁盘管理

 项目分析

本项目主要讲解 Windows 10 的文件的相关操作和磁盘的管理。要求熟练掌握各种文件的管理方法和磁盘管理的方法。

任务 4.1　文件管理

【任务目标】本任务要求学生熟练掌握对文件或文件夹的选择、复制、移动、删除、重命名和搜索以及查看文件内容和属性等基本操作。

 知识拓展

在这里对文件的管理都使用"文件资源管理器"，实际上许多操作同样可以使用"此电脑"窗口来完成。

【任务操作】文件及文件夹的管理。

1．选择文件和文件夹

在 Windows 中无论是打开文件、运行程序、删除文件还是复制文件，用户都得先选定文件或文件夹，再进行相应操作。下面将介绍如何选择文件和文件夹。

如果要选择文件或文件夹，应执行如下操作：

（1）启动"文件资源管理器"。

（2）在"文件夹"浏览栏中单击包含要选择对象的文件夹。例如，单击 Program Files 文件

夹，此时"文件资源管理器"右边的"文件夹"浏览栏中显示文件夹的内容，如图 2-54 所示。

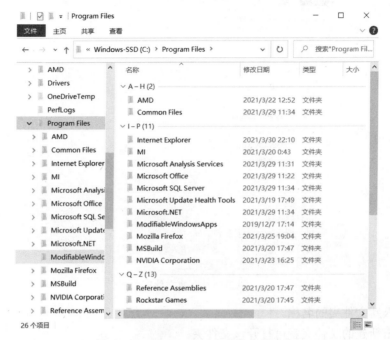

图 2-54　Program Files 文件夹中的内容

（3）执行下述操作之一，选择文件或文件夹。

● 单击"主页"菜单中的"全部选择"命令，可选择当前文件夹中的所有文件。

● 按 End 键，可选定当前文件夹末尾的文件或文件夹。

● 按 Home 键，可选定当前文件夹开头的文件或文件夹。

● 按字母键，可选定第一个以该字符为文件名或文件夹名首字母的文件或文件夹。例如，按 A 键，将选定第一个以字母 A 开头的文件或文件夹。继续按字母键，将选定下一个以该字母为名称的第一个字母的文件或文件夹。

● 如果要选择连续的多个文件，单击第一个文件，再按住 Shift 键，单击最后一个文件即可。

● 如果要选择多个不连续的文件，可按住 Ctrl 键，依次单击要选定的文件。

● 可以用鼠标拖放来选定连续的多个文件，即在要选定的第一个文件的左上角按下鼠标，然后拖动鼠标至最后一个文件的右下角再释放鼠标。

2. 新建文件夹

在 Windows 10 中，可以通过文件夹来管理文件。通过将相互联系的一类文件放置到文件夹中，可以使得文件易于管理，并方便查找。

首先来介绍在"文件资源管理器"中新建文件夹的方法，具体操作如下：

（1）启动"文件资源管理器"，在"文件夹"浏览栏中单击新建文件夹所处的上一级文件夹。例如，单击"我的文档"文件夹，打开该文件夹。

（2）打开"主页"菜单，单击"新建文件夹"命令，建立一个临时名称为"新建文件夹"的新文件夹，如图 2-55 所示。

图 2-55　新建文件夹

（3）输入新文件夹的名称。

（4）单击新建的文件夹就可打开该文件夹。

3．复制文件和文件夹

复制文件或文件夹是用户常用的操作，在 Windows 10 中，这类操作非常直观和简便。复制文件或文件夹有多种方法，可以用鼠标拖放来复制，也可通过菜单或工具栏来进行复制。

（1）首先来介绍用鼠标拖放来进行复制的方法，具体操作如下：

1）打开"文件资源管理器"，在"文件夹"浏览栏中选择要复制的文件，这时被选中的文件反白显示。

2）按住并拖动鼠标，指向要复制到的文件夹，这时这个文件夹会反白并放大显示已经被选中了，释放鼠标完成操作。

这样就完成了文件的复制过程。值得注意的是，当目标文件夹在"文件夹"浏览栏顶部以上或底部以下时，可以将鼠标指针指向顶部或底部文件夹，再往上或往下移动，即可滚动显示其他文件夹，直到显示目标文件夹为止。

在鼠标的拖动过程中，光标的右下角会显示一个加号，这就表示现在执行的是复制操作，如果没有这个加号就表示执行的是移动操作。一般地，在不同的磁盘驱动器之间拖动文件是执行复制操作；而在同一磁盘驱动器之间移动文件是执行移动操作。

（2）其次介绍用"主页"菜单中的命令来复制文件的方法。

1）打开"文件资源管理器"，在"文件夹"浏览栏中选择要复制的文件。

2）单击"主页"菜单中的"复制"命令。

3）选中目标文件夹。

4）单击"主页"菜单中的"粘贴"命令完成复制操作。

（3）用户也可以利用"主页"菜单中的"复制到文件夹"命令复制文件，其操作方法如下：

1）打开"文件资源管理器"，在"文件夹"浏览栏中选择要复制的文件。

2）单击"主页"菜单中的"复制到文件夹"命令，如图2-56所示。

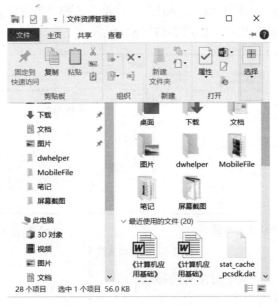

图 2-56 "复制到文件夹"命令

3）用户通过滚动条来选择目标文件夹；也可以单击"新建文件夹"命令来创建要复制到的目标文件夹。

4）单击"确定"按钮，此时会弹出"正在复制"对话框。

4. 移动文件和文件夹

文件和文件夹的移动类似于文件和文件夹的复制。不同的是，执行完复制操作后，不仅在目标文件夹生成一个文件，而且在原来的位置上仍然有这个文件；而执行完移动操作后，仅仅在目标文件夹生成一个文件，原来的位置上就没有这个文件了。

上面曾经提到过，在同一磁盘驱动器里使用鼠标拖动可以进行文件移动操作。除此之外，还可以使用鼠标右键、菜单命令来执行移动文件的操作。

（1）首先介绍使用鼠标右键移动文件的方法，具体操作如下：

1）打开"文件资源管理器"，在"文件夹"浏览栏中选择要移动的文件或文件夹。

2）在选定的文件或文件夹上按住鼠标右键，然后向目标文件夹拖动。

3）当拖动到目标文件夹时，释放鼠标，打开一个快捷菜单。

4）选择"移动到当前位置"命令，此时出现文件和文件夹移动的过程。

（2）其次介绍用菜单命令移动文件和文件夹的方法，具体操作如下：

1）打开"文件资源管理器"，在"文件夹"浏览栏中选择要移动的文件或文件夹。

2）单击"主页"菜单中的"剪切"命令。

3）定位到目标文件夹。

4）单击"主页"菜单中的"粘贴"命令。

（3）用户也可以通过工具栏中的"移动这个文件"来移动文件夹，具体操作如下：

1）打开"文件资源管理器"，在"文件夹"浏览栏中选择要移动的文件或文件夹。

2）单击主页中的"移动到"按钮，弹出菜单栏，选择文件移动的位置，如图2-57所示。

3）除了图 2-57（a）所示菜单栏显示的几个位置，末尾"选择位置"是自定义移动位置。

4）单击"选择位置"，弹出"移动项目"对话框，选择"新建文件夹"或"已有文件"，选择好位置后单击"移动"按钮，如图 2-57（b）所示。

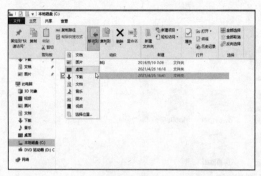

（a）选择文件移动的位置　　　　　　　　（b）自定义移动位置

图 2-57　移动文件夹

执行完上述操作，就完成了对文件的移动。

5. 删除文件和文件夹

如果总是保留不需要的文件和文件夹，硬盘剩余可用的空间也就会越来越少，因此需要将无用的文件和文件夹删除。删除文件分为两个步骤：第一步，将文件或文件夹删除到回收站，如果以后要用到此文件，用户可以将它还原；第二步，将文件从硬盘上彻底删除，也就是从回收站中清除。

首先应将不用的文件移动到回收站，具体操作如下：

（1）打开"文件资源管理器"窗口。

（2）定位到要删除文件或文件夹所处的上一级的文件夹。

（3）右击要删除的文件，打开一个快捷菜单，如图 2-58 所示。

（4）单击"删除"命令，打开一个确认对话框。

（5）单击"是"按钮，将文件送到回收站中。

值得注意的是，从 U 盘中删除的文件不会被送到回收站中，它们将被永远删除；如果用户在选择"删除"命令的同时按下了 Shift 键，删除文件时将跳过回收站直接永远删除文件，此时将打开"确认文件删除"消息框，如图 2-59 所示。再单击"是"按钮，就删除了该文件。

将文件或文件夹移动到回收站后，文件或文件夹并未从硬盘上清除，而只是由原文件夹的位置移动到回收站文件夹中。用户如果确实要删除文件或文件夹，可以再将文件从回收站中删除，即可将文件从硬盘上彻底删除。

图 2-58　右击文件时打开的快捷菜单

6. 重命名文件

用户能够很方便地改变文件或文件夹的名称，具体操作如下：

（1）单击要重命名的文件。

（2）间隔一会儿再单击一下文件名，这时文件名会反白显示，如图 2-60 所示。

图 2-59 "确认文件删除"消息框

图 2-60 重命名文件或文件夹

（3）直接输入要更改成的文件名。

（4）在空白处单击或按 Enter 键，就完成了文件的重命名。

7. 查看文件的属性

无论是文件夹还是文件，都有属性，这些属性包括文件的类型、位置、大小、名称、创建时间、只读、隐藏、存档、系统属性等。这些属性对于文件和文件夹的管理十分重要，因此用户有必要经常查看文件或文件夹的属性。

如果要查看文件夹的属性，应执行如下操作。

打开"文件资源管理器"，右击要查看属性的文件夹，打开一个快捷菜单。单击"属性"命令，打开文件夹的"属性"对话框。图 2-61 显示了"文档"文件的"属性"对话框。

在文件夹的"属性"对话框中，选择"常规"选项卡，可以了解到文件夹多方面的信息，包括文件夹类型、文件夹的位置、文件夹的大小、文件夹内包括的文件夹个数和子文件夹的数目、文件夹的创建时间、文件夹可设置的属性。

这里介绍一下文件夹的可设置属性。文件夹的可设置属性如下：

图 2-61 "属性"对话框

- 只读：在删除和重命名文件夹时，给出特殊的提示，含有此属性的文件夹通常不易被误删。

- 隐藏：将文件夹隐藏起来。除非知道文件夹名称否则无法看到或使用它，可防止别人看到文件夹。

- 存档：一些应用程序的文件夹用来控制哪些文件应该备份。

如果要查看文件的属性，应执行如下操作：

查看文件的属性和查看文件夹的属性的操作基本相同，只不过文件的属性比文件夹的属性多几项而已。如果要查看文件的属性，应执行如下操作：

（1）打开"资源管理器"，右击要查看属性的文件，打开一个快捷菜单。

（2）单击"属性"命令，打开文件的"属性"对话框。图 2-62 显示了一个文件的"属性"对话框。

在文件的"属性"对话框中，可以看到，除了与文件夹一样具有的信息外，文件还有文件的修改时间和访问时间。

任务 4.2　磁盘管理

【任务目标】本任务要求学生熟练掌握磁盘管理中的备份、还原及磁盘清理。

【任务操作】磁盘管理。

备份就是指将重要的信息数据复制到软盘或其他硬盘中以保留备用，当计算机中保存的原文件被破坏时就可以使用备份数据，这样就增强了数据的安全性。备份工具既可以备份整个硬盘，也可以指定需要的文件或文件夹。

图 2-62　文件的"属性"对话框

单击"开始"→"Windows 控制工具"→"控制面板"→"系统和安全"→"备份和还原""备份"命令，即可启动"备份"程序。

1. 备份文件和设置

启动备份工具后，就可以将用户需要的文件进行备份了，具体操作如下：

（1）如果是要新建备份作业，则选中"备份"对话框中的"立即备份"单选按钮。

（2）单击"设置备份"，选中备份保存的磁盘（图 2-63），单击"下一步"按钮，选中"让 Windows 选择"单选按钮，单击"下一步"按钮，如图 2-64 所示。

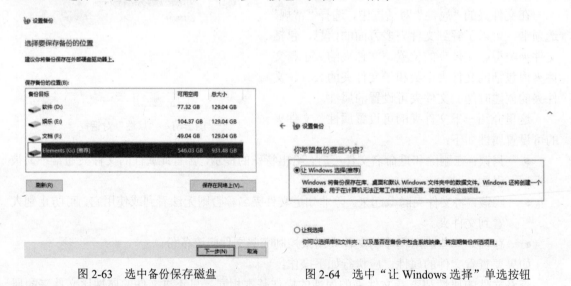

图 2-63　选中备份保存磁盘　　　　图 2-64　选中"让 Windows 选择"单选按钮

单击"更改计划"，在弹出的界面中设置备份的时间和频率，然后依次单击"确定"按钮，保存设置并运行备份，如图 2-65 所示。

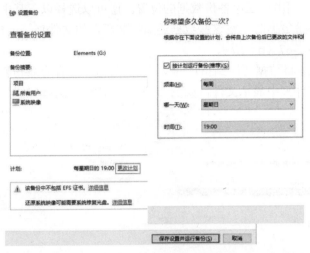

图 2-65　设置备份的时间和频率

2. 还原文件和设置

文件备份完成后，用户就可以把这个已经备份的文件还原到计算机中以便使用。单击"备份和还原"窗口中的"选择其他用来还原文件的备份"选项卡，如图 2-66 所示。

图 2-66　选择"选择其他用来还原文件的备份"

在"选择其他用来还原文件的备份"选项卡可以快速进行还原备份文件的操作，该选项卡包括以下几个主要部分：

（1）找到要还原的数据：单击"选择其他用来还原文件的备份"，弹出"还原选择"列表框。用户可以看到的蓝色复选标记即为备份文件的路径，如图 2-67（a）所示。单击"下一步"按钮跳转到"还原文件"对话框，如图 2-67（b）所示，右侧可以选择浏览文件夹还是文件，这里选择"浏览文件夹"，找到要还原的文件夹，单击"添加文件夹"按钮，回到"还原文件"对话框中单击"下一步"按钮，如图 2-67（c）所示。

（2）还原方向：列出可还原备份数据的位置。您可以选择以下其中一种。

● 原位置：备份数据时，将这些数据还原到其所在的文件夹，选择完成后单击"还原"
按钮，如图 2-67（b）所示。

● 单个文件夹：将数据还原到指派的文件夹。该选项不保存备份数据的目录结构，只是
在指派的文件夹中显示文件，如图 2-67（d）所示，选择完成后单击"还原"按钮。

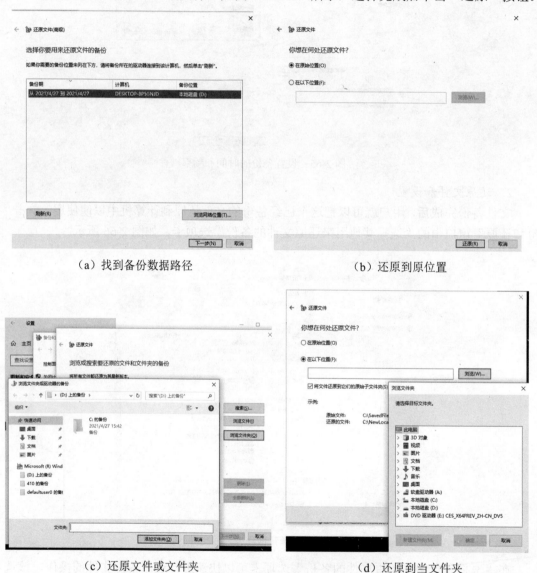

（a）找到备份数据路径　　　　　　　　　　（b）还原到原位置

（c）还原文件或文件夹　　　　　　　　　　（d）还原到当文件夹

图 2-67　还原备份文件

3. 磁盘清理

"磁盘清理"程序帮助释放硬盘驱动器空间。"磁盘清理"程序搜索您的驱动器，然后列
出临时文件、Internet 缓存文件和可以安全删除的不需要的程序文件。可以使用"磁盘清理"
程序部分或全部删除这些文件。单击"开始"→"最近添加"→"Windows 管理工具"→"磁

盘清理"→"磁盘清理"命令，即可启动"磁盘清理"程序。

进行磁盘清理，应执行如下操作：

（1）启动"磁盘清理"程序后，选择需要进行扫描的驱动器，如图 2-68 所示。

图 2-68　"磁盘清理"程序

（2）在"要删除的文件"列表框中选择文件类型：回收站、系统还原、用于内容索引程序的分类文件，如图 2-69 所示。

（3）单击"确定"按钮，即可对该磁盘进行清理。除此之外，"磁盘清理"程序还提供了一些其他高级选项设置，可在"磁盘清理"对话框中选择"其他选项"选项卡，如图 2-70 所示。

图 2-69　"磁盘清理"对话框

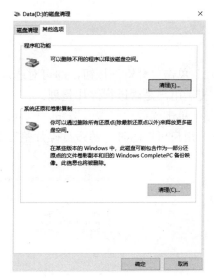

图 2-70　"其他选项"选项卡

单击"程序和功能"中的"清理"按钮，则启动"Windows 组件向导"，进行添加或删除 Windows 安装软件的操作。

单击"系统还原和影卷复制"中的"清理"按钮，则启动"系统还原"，使用该程序可以删除已保存的系统还原点。

4. 硬盘碎片的整理

Windows 10 中的"磁盘碎片整理"程序可以优化程序加载和运行的速度。用户通过使用"磁盘碎片整理"程序重新整理硬盘上的文件和未使用的空间，将使文件存储在一片连续的单元中，并将空闲空间合并，从而可提高硬盘的访问速度。下面就来介绍一下"磁盘碎片整理"程序的操作方法。

首先启动"磁盘碎片整理"程序，请执行如下操作：

单击"开始"→"最近添加"→"磁盘碎片整理优化器"→"磁盘碎片整理优化器"命令，启动"磁盘碎片整理"程序。

整理一个磁盘，应执行如下操作：

（1）启动"磁盘碎片整理"程序后，将出现"优化驱动器"窗口。用户可以在窗口中选择需要进行整理的驱动器，如图 2-71 所示。

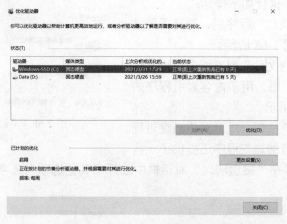

图 2-71　"优化驱动器"窗口

（2）单击"分析"按钮，即可对选定磁盘进行碎片情况分析。完成后，弹出分析报告对话框，提示用户是否进行碎片整理。

（3）单击"碎片整理"按钮，即可开始进行对该磁盘的整理。在对磁盘进行碎片整理的过程中，用户可以随时了解磁盘碎片整理的进程，如图 2-72 所示。

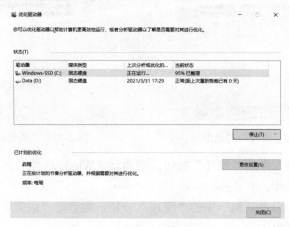

图 2-72　磁盘碎片整理的进程

另外，在对磁盘进行碎片整理时，计算机也可以执行其他任务。但是，计算机运行速度将变慢，而且"磁盘碎片整理"程序也要花费更长时间；如果要临时停止"磁盘碎片整理"程序以便更快地运行其他程序，可以单击"优化驱动器"窗口中的"停止"按钮。在碎片整理过程中，每当其他程序写该磁盘后"磁盘碎片整理"程序都将重新启动；如果"磁盘碎片整理"程序重新启动太频繁，可在整理磁盘碎片时关闭其他程序。

案例实训

【实训要求】

打开"文件资源管理器"，完成如下操作：

（1）在我的文档中新建一个名为 Mybook 的文件夹。

（2）将 Mybook 文件夹改名为 Mydir。

（3）将 C:\winnt\system32 文件夹中的 calc.exe、notepad.exe、mspaint.exe 等文件复制到 Mydir 文件夹中。

（4）将 Mydir 文件夹中的 calc.exe 文件移至 C:盘根目录下。

（5）创建快捷方式：在桌面上建立计算器（Calc）的快捷方式。

【实训步骤】

用"Windows+E"组合键打开"文件资源管理器"，进行以下操作：

（1）新建文件夹名为 Mybook 的文件夹。

1）单击左窗格中"我的文档"图标，使其为当前文件夹。

2）单击"文件"菜单，并指向"新建"菜单项。

3）单击子菜单中的"文件夹"命令。

4）输入 Mybook 后单击任一空白位置。

（2）重命名文件。

1）选定要改名的文件夹 Mybook。

2）单击"文件"菜单，再单击"重命名"命令。

3）输入新名称 Mydir 并按 Enter 键。

3．执行复制文件夹。

1）单击左窗格中的 C:\winnt\system32 文件夹，使其为当前文件夹。

2）按住 Ctrl 键分别单击右窗格中的 calc.exe、notepad.exe、mspaint.exe 等文件。

3）单击工具栏中"复制"按钮。

4）单击左窗格中的 Mydir 文件夹，再单击工具栏中的"粘贴"按钮。

（4）移动文件夹。

1）单击左窗格中的 Mydir 文件夹，使其为当前文件夹。

2）单击右窗格中 calc.exe 文件，按 Ctrl+X 组合键进行剪切。

3）右击 C:盘，单击快捷菜单中的"粘贴"命令。

（5）创建快捷方式。

1）单击左窗格 C:盘根目录。

2）在右窗格中选中计算器应用程序（Calc）。

3）右击"文件"，选择"发送到桌面"子菜单下的"桌面快捷方式"命令。

项目 5　Windows 10 的环境设置

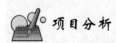

项目分析

本项目主要讲解 Windows 10 的环境设置。要求掌握外观和个性化设置、系统日期与时间设置等内容。

任务 5.1　设置外观和个性化

【任务目标】本任务要求学生掌握如何设置外观和个性化。

【任务操作】学习外观和个性化设置。

设置外观和个性化可改变计算机的显示特性，如桌面墙壁、屏幕保护程序、显示分辨率等。

（1）在"控制面板"中单击"外观和个性化"项，单击"任务栏和导航"跳转到任务栏选择"背景"；或在桌面右击，从快捷菜单中选择"个性化"命令，如图 2-73（a）所示。用于设置桌面的主题一般分为 Aero 主题［风景、自然、场景、鲜花，图 2-73（b）］和基本和高对比度主题［包括 Windows 经典、高对比度 #1、高对比度 #2、高对比黑色和高对比白色，图 2-73（c）］。

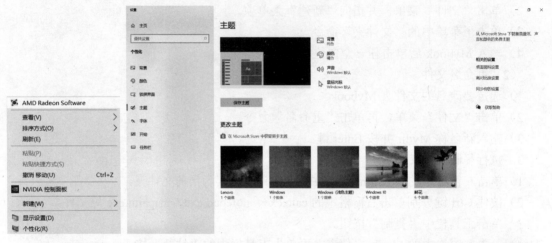

（a）快捷菜单栏　　　　　　　　　　　　　　（b）自带默认主题

（c）高对比度主题

图 2-73　"显示属性"对话框

（2）在"控制面板"中单击"外观和个性化"项，单击"任务栏和导航"跳转到"任务栏"选择"背景"，如图 2-74 所示。选择桌面所用的背景图片（单击某个图片使其成为您的桌面背景，或选择多个图片创建一个幻灯片），以及显示方式（填充、适应、拉伸、平铺、居中），如图 2-75 所示。

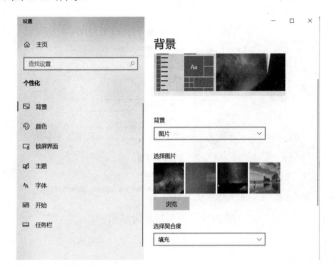
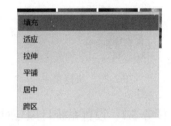

图 2-74　更改桌面背景　　　　　　　　图 2-75　"显示方式"选项

（3）在"控制面板"中单击"外观和个性化"项，单击"任务栏和导航"跳转到"任务栏"选择"锁屏界面"，如图 2-76 所示。用来设置和预览屏幕保护程序，设置监视器的节能特征等。在实际使用中，如果彩色屏幕的内容长时间不变化，可能会造成屏幕的损坏。因此，在一定时间内不对计算机进行操作时，可设置屏幕保护程序自动启动，以动态地画面显示屏幕，以保护屏幕不受损坏。

图 2-76　更改屏幕保护程序

（4）在桌面右击，从快捷菜单中选择"显示设置"命令，如图 2-77 所示，用于设置显示器的分辨率。屏幕分辨率是指显示器能够支持的水平和垂直方向的点阵密度，以及每个点所支持的颜色数。点阵模式有：800×600、824×768、1152×864、1080×1024 和 1600×1200 等，如图 2-78 所示。

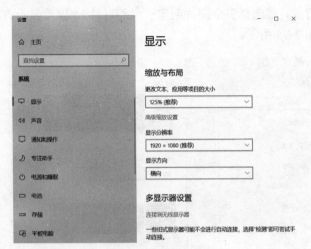

图 2-77　快捷菜单　　　　　　　　　　图 2-78　调整屏幕分辨率

任务 5.2　设置系统日期与时间

【任务目标】本任务要求学生掌握如何设置系统日期与时间。

【任务操作】学习系统日期与时间的设置。

用户可更改存储于计算机 BIOS（基本输入/输出系统）中的日期和时间，如可更改时区，并通过 Internet 时间服务器同步日期和时间。更改日期和时间的步骤如下：

（1）在"控制面板"中，单击"时钟和区域"，双击"日期和时间"图标，或双击"任务栏"中的"日期和时间"图标，弹出"日期和时间"对话框，如图 2-79 所示。

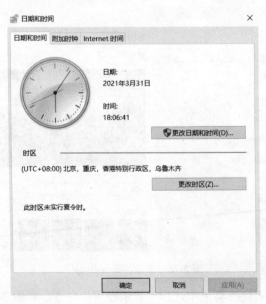

图 2-79　"日期和时间"对话框

（2）单击"更改日期和时间"，如图 2-80 所示。在"日期"列表框中可选择年份、日期和星期；在"时间"选项栏中的"时间"文本框中可输入或调节准确时间。

图 2-80　更改日期和时间

任务 5.3　设置鼠标与键盘

【任务目标】本任务要求学生掌握如何设置鼠标与键盘。

【任务操作】学习设置鼠标与键盘。

1. 设置鼠标

在"控制面板"中单击"鼠标"项，打开"鼠标 属性"对话框，如图 2-81 所示，可以对鼠标键、指针、指针选项等进行设置。

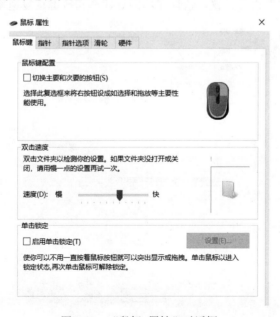

图 2-81　"鼠标 属性"对话框

（1）"鼠标键"选项卡：在"鼠标键配置"中勾选"切换主要和次要的按钮"复选框，可更改左右手按键习惯。另外，还可以设置鼠标双击速度，初学者双击速度设置稍慢，这样可降低鼠标双击的反应灵敏度。

（2）"指针"选项卡：从"方案"下拉列表框中选择一种系统自带的指针方案，如"Windows默认(系统方案)"，然后在"自定义"列表框中选中要选择的指针，如图2-82所示。

图2-82　"指针"选项卡

2. 设置键盘

在"控制面板"中单击"键盘"，打开"键盘 属性"对话框，如图2-83所示，可以对键盘的"速度"和"硬件"进行设置，包括光标闪烁速率和按键重复速率。

图2-83　"键盘 属性"对话框

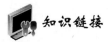**知识链接**

鼠标与键盘是用户操作计算机时使用最频繁的设备，用户可以根据个人喜好来设置鼠标与键盘。

任务 5.4　卸载程序

【任务目标】本任务要求学生掌握如何卸载程序。

【任务操作】学习卸载程序。

在"控制面板"中双击"程序和功能"图标，打开"程序和功能"窗口，如图 2-84 所示。若要卸载程序，请从列表中将其选中，然后单击"卸载""更改"或"修复"。

图 2-84　"程序和功能"窗口

案例实训

【实训要求】

设置屏幕保护：①等待时间为 2 分钟；②锁屏界面设置为幻灯片。

【实训步骤】

（1）右击桌面，选择"个性化"命令，单击"锁屏界面"。

（2）在"图片切换频率"微调框中选择时间为 2 分钟，在"锁屏界面"下拉列表中选择"幻灯片"。

项目 6　Windows 10 的其他操作

 项目分析

本项目主要是介绍了 Windows 10 在附件中提供的一些常用应用程序，如记事本、写字板、画图等。要求了解 Windows 10 的附件使用、网络应用及多媒体工具的使用。

任务 6.1　使用附件

【任务目标】本任务要求学生学习使用附件中的常用小程序。

【任务操作】学习使用附件中的小程序。

1. 画图

"画图"应用程序是 Windows 附件中提供的可以绘制多种格式图片的画图工具。它所处理的图像以文件的形式保存起来，常见的图像文件有 BMP、JPG 和 GIF 等格式。"画图"应用程序所支持的颜色数是由计算机的"显卡"性能所决定的，有 2、16、256、24 位色等多种方式。

"画图"窗口由菜单栏、工具栏、调色板和绘图区 4 部分组成，如图 2-85 所示。

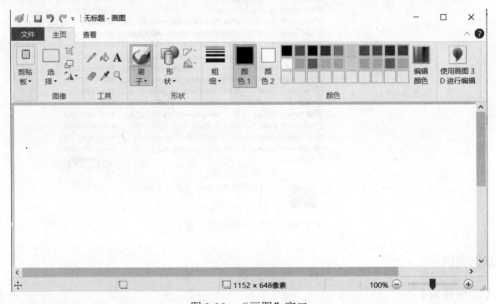

图 2-85　"画图"窗口

在 Windows 中，可以把整个屏幕或活动窗口的图形特征复制到剪贴板。按 ⊞+PrintScreen 键可以复制整个屏幕的图形到剪贴板上；按 Alt+PrintScreen 组合键可以把活动的窗口或对话框中的图形复制到剪贴板上，然后在"画图"窗口中"粘贴"，即可将剪贴板中的图形粘贴到绘图区，保存成图片文件。

2. 记事本

"记事本"是 Windows 附件中提供的用来创建和编辑小型文本文件（以 txt 为扩展名）的

应用程序，文件长度不超过 48 KB。"记事本"保存的 TXT 文件不包含特殊格式代码或控制码，可以被 Windows 的大部分应用程序调用。"记事本"窗口打开的文件可以是记事本文件或其他应用程序保存的文本文件。若创建或编辑对格式有一定要求或大于 48KB 的文件可以使用"写字板"或 Word。

"记事本"窗口如图 2-86 所示，在文本区输入字符时，每输入一行，系统可以实现自动换行，但一般应选择"编辑"→"自动换行"命令。

图 2-86　"记事本"窗口

3. 写字板

"写字板"是 Windows 附件中提供的另一个文本编辑器，适于编辑具有特定格式的短小文档。写字板的功能虽然不如专业的文本处理软件 Microsoft Word，但它编辑和保存的文档可以设置不同的字体和段落格式，还可以插入图形，具备了编辑较复杂文档的基本功能。

任务 6.2　网络应用

【任务目标】本任务要求学生了解网络应用中如何设置 IP 地址、设置资源共享。

【任务操作】学习设置 IP 地址、设置资源共享。

1. 设置 IP 地址

在安装好网卡并连接好网线以后，还要进行有关的软件设置。在 Windows 操作系统中提供了 NetBEUI、TCP/IP、IPX/SPX 兼容协议 3 种通信协议，这 3 种通信协议分别使用于不同的应用环境。一般情况下，局域网只需安装 NetBEUI 协议即可。如需要运行联网游戏，则一般要安装 IPX/SPX 兼容协议；如要实现双机共享 Modem 上网的功能，需要安装 TCP/IP 协议。具体设置步骤如下：

（1）在"任务栏"上找到 📺 ，右击并选择"打开 Internet 设置"命令。

（2）选择"更改适配器选项"→"以太网"命令，打开"以太网 属性"对话框，如图 2-87 所示。

（3）选择"Internet 协议版本 4（TCP/IPv4）"，然后单击"属性"按钮，打开"Internet 协议版本 4（TCP/IP）属性"对话框，如图 2-88 所示。

图 2-87 "以太网 属性"对话框　　图 2-88 "Internet 协议版本 4（TCP/IP）属性"对话框

（4）根据申请信息设置各项，最后单击"确定"按钮即可。

2. 设置资源共享

利用 Windows 10 的网络功能，用户不仅可以使用系统提供的共享文件夹，也可以设置自己的共享文件夹，实现与其他用户的资源共享。

设置用户自己的共享文件夹的操作步骤如下：

（1）选中要共享的文件夹 test，右击，在弹出的快捷菜单中选择"属性"命令。

（2）在文件夹"属性"对话框"共享"选项卡中，单击"共享"按钮，如图 2-89（a）所示，弹出"网络访问"对话框，可设置其他用户的访问权。在搜索框下有所有者和其他用户的访问权限，设置完成后单击"共享"按钮，如图 2-89（b）所示。

（3）"高级共享"是更加自定义化的共享方式，更具体，更安全。单击"高级共享"按钮，在弹出"高级共享"对话框中勾选"共享此文件夹"复选框[图 2-89（c）]，可以设置共享名字、共享用户数量，单击"权限"按钮设置用户的读取或写入，设置完成后单击"确定"按钮返回"高级共享"对话框，再单击"确定"按钮，效果如图 2-89（d）所示。

访问共享文件夹的操作步骤如下：

1）在桌面双击"此电脑"图标，打开"网络"对话框。

2）双击"整个网络"图标，打开"整个网络"窗口。

3）双击 Microsoft Windows Network 图标，会打开该窗口。

4）双击某一工作组，会显示该工作组中的所有计算机。

5）双击所需要的计算机图标，会显示该计算机所有的共享信息。

6）双击所要访问的共享磁盘或文件夹，就可以访问共享文件了。对共享资源的操作，如同本地资源一样。

（a）文件"属性"　　　　　　　　（b）设置共享文件权限

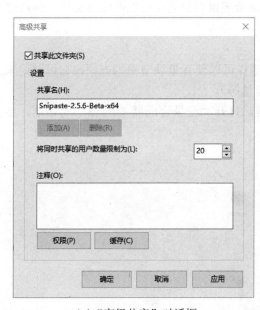

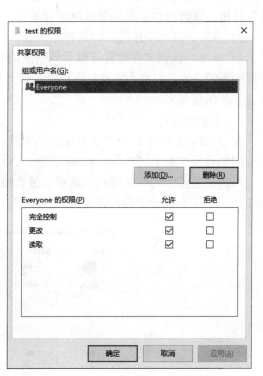

（c）"高级共享"对话框　　　　　　（d）高级共享文件的权限

图 2-89　"设置共享属性"对话框

任务 6.3　多媒体工具

【**任务目标**】本任务要求学生了解多媒体工具的使用方法。

【**任务操作 1**】学习多媒体的使用。

Windows 10 提供了许多多媒体工具，使用户能够在紧张的工作之余进行一些休闲娱乐活动。在这一节中，将重点介绍这些工具的使用方法。

1. 录音机

Windows 10 中的"录音机"程序除了可以录制和播放数字声音外，还能提供声音的修正及混音效果。

打开"录音机"程序的具体操作方法如下：

（1）单击 🔍 →"搜索"→"录音机"命令，就可打开"录音机"程序，如图 2-90 所示。

（2）录制声音。要想顺利地完成录音，必须选择声音来源。下面将介绍使用"麦克风"录制的方式（当然也可以选择线路输入或 CD 音频等方式来录音），具体操作方法如下：

图 2-90　打开"录音机"程序

1）确保麦克风已接到系统的声卡上。

2）在"录音机"窗口中单击控制键上的"麦克风"按钮，这时对着麦克风就可以进行录音了。

3）单击"终止"按钮，即可停止录音。

4）单击…找到文件位置可以看到刚刚的录音文件，录音完毕后，单击"播放"按钮可以听到刚刚的录音，如果不满意，可重新录制。如果希望保存录音，可以像保存文档一样将这个声音文件保存起来。

2. 音量合成器

在 Windows 10 中，自带了音量控制工具，这样可以使音量调节更为方便。它可以用来设置不同的音量（如系统音量、Wave 音量、CD 音量等）。

右击任务栏上的喇叭图标，选择音量合成器，打开"音量合成器-扬声器"对话框，如图 2-91 所示。下面来介绍进行音量控制的步骤。

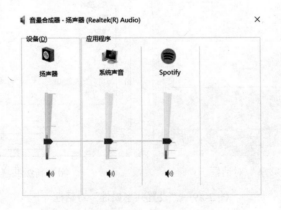

图 2-91　"音量合成器-扬声器"对话框

1）拖动"设备"里"扬声器"下面的蓝色箭头能统一控制音量大小（滑动滚轮效果一样），单击"扬声器"下的蓝色喇叭可以禁用所有声音。

2）拖动"应用程序"下 spotify 的蓝色箭头是单独控制 spotify 的音量，单击"应用程序"下的蓝色喇叭是单独禁用，其他应用同理。

3）单击"扬声器"图标，弹出"扬声器 属性"对话框，可以对扬声器进行测试和切换，如图 2-92（a）所示。

如果插入其他音频设备，则可以右击任务栏上的喇叭图标，选择"声音"，弹出"声音"对话框，单击"播放"标签，选择音频输出设备，如图 2-92（b）所示。

如果需要关闭音量，可在左击任务栏喇叭图标，拖动音量为 0%时，此时就已经处于静音的状态了，如图 2-92（c）所示。

（a）"扬声器 属性"对话框

（b）"声音"对话框

（c）"扬声器"控制

图 2-92　调节音量

案例实训

【实训要求】

（1）利用"显示属性"对话框，取消桌面上显示的"我的文档"和"计算机"图标。

（2）请把这台机器设置为允许其他人从另外的机器上进行远程桌面连接。

（3）为本台计算机的一块网卡设置一个静态 IP 地址（192.168.0.1）。

【实训步骤】

（1）利用"显示属性"对话框，取消桌面上显示的"我的文档"和"计算机"图标。

右击桌面空白处，选择"属性"→"桌面"→"自定义桌面"→"我的文档"（去掉√）→"计算机"（去掉√）→"确定"→"确定"。

（2）请把这台机器设置为允许其他人从另外的机器上进行远程桌面连接。

- 单击任务栏的"搜索"图标，输入"控制面板"。
- 单击"系统和安全"图标，找到"允许远程访问"。
- 单击"允许远程访问"选项，弹出"系统属性"选项卡。
- 选择"允许用户远程连接到这台计算机"。

（3）为本台计算机的一块网卡设置一个静态 IP 地址（192.168.0.1）。

- 单击"网络图标"菜单，右击并选择"打开 Internet 设置"。
- 单击"更改适配器选项"。
- 右击"以太网"图标，选择"属性"。
- 单击"Internet 协议版本 4（TCP/IPv4）"，再单击"属性"按钮。
- 选择"使用下面的 IP 地址"。
- 在 IP 地址栏输入正确的 IP 地址 192.168.0.1，然后单击"确定"按钮。

模块实训

【实训要求】

（1）在 C:盘的根目录下新建一个 student 文件夹。

（2）在 student 文件夹下创建文件夹 test。

（3）在 test 文件夹中新建文件夹，取名为 jpg。

（4）将 student 文件夹中的文件 test 改名为 file。

（5）将 file 文件夹中名为 jpg 的文件改名为 bmp。

（6）将 C:\windows\command 下的 edit.exe 复制到 student 文件夹下。

（7）将 student 文件夹下的 edit.exe 文件复制到桌面。

（8）删除桌面上的文件 edit.exe。

（9）将 student 文件夹下的 edit.exe 设置为只读。

（10）查找 C:盘 windows 文件夹（不含其子文件夹）中首字母为 s 的所有 ini 类型的文件，将其全部复制到 student 文件夹中。

【实训步骤】

（1）新建一个名为 student 的文件夹。

1）双击桌面的"此电脑"，双击打开 C:盘。

2）右击，在快捷菜单中选择"新建"级联菜单下的"文件夹"命令。

3）输入 student 文件名后单击任一空白位置。

（2）在 student 文件夹里新建 test 文件夹。

1）双击 C:盘根目录下的 student 文件夹。

2）右击，在快捷菜单中选择"新建"级联菜单下的"文件夹"命令。

3）输入 test 文件名后单击任一空白位置。

（3）在 test 文件夹下新建 jpg 文件。

1）双击 C:盘根目录下 student 下的 test 文件夹。

2）右击，在快捷菜单中选择"新建"级联菜单下的"文件夹"命令。

3）输入 jpg 文件名后单击任一空白位置。

（4）找到改名对象 test 右击，在快捷菜单中选择"重命名"命令，输入新名 file，按 Enter 键结束。

（5）参考步骤（4）。

（6）复制文件。

1）找到并选中要复制 C:\windows\command 下的 edit.exe。

2）在选中的对象右击，在快捷菜单中选择"复制"命令。

3）找到 student 文件夹下主窗口空白处右击，在快捷菜单中选择"粘贴"命令。

（7）参考步骤（6）。

（8）找到并选中要删除的对象。

右击桌面上的文件 edit.exe，在快捷菜单中选择"删除"命令，出现确认框，单击"是"按钮。

（9）属性对话框。

1）右击 student 文件夹下的 edit.exe，选择"属性"命令，弹出对话框。

2）在"常规"选项卡中的"属性"栏中勾选"只读"复选框。

（10）利用搜索项，进行复制、粘贴。

1）选择"开始"菜单中的"搜索"命令，在"全部或部分文件名"文本框中输入要查找的文件或者文件夹的名称，可输入 s*.ini，然后单击"立即搜索"按钮。

2）将搜索结果栏中的所有选取，右击，选择"复制"命令，再定位到 C:\student，右击，选择"粘贴"命令即可。

（11）回收站属性对话框。

1）在桌面上右击"回收站"，在快捷菜单中选择"属性"，在"回收站属性"对话框的"全局"选项卡中，选中"独立配置驱动器"单选按钮。

2）分别选择"本地磁盘 C""本地磁盘 D"和"本地磁盘 E"选项卡，用鼠标将滑块分别拖动至 10%、15%和 20%处，然后单击"确定"按钮即可。

3）在"回收站属性"对话框中，勾选"删除时不将文件移入回收站，而是彻底删除"复选框，然后单击"确定"按钮即可。

课后习题

一、填空题

1．Windows 10 中捆绑了其著名的 Web 浏览软件_____。

2．Windows 10 的整个屏幕画面称作_____。

3．在 Windows 10 中，连续两次快速按下鼠标左键称_____。

4．Windows 10 启动后的屏幕称为_____。

5．Windows 10 桌面是由各种_____、开始按钮和任务栏等构成的。

6．在 Windows 10 中，用户启动的应用程序名称及所操作的文件名称以按钮的形式出现在_____内。

7．Windows 10 的窗口有_____、文件夹和对话框 3 种。

8．Windows 10 规定，文件名的最大长度不超过_____个字节。

9．在 Windows 10 中，显示在窗口最顶部的称为_____栏。

二、选择题

1．在任务栏上不需要进行添加而系统默认存在的工具栏是（　　）。

  A．地址工具栏   B．链接工具栏

  C．语言工具栏   D．快速启动工具栏

2．在 Windows 10 的"开始"菜单中，系统默认显示的程序快捷方式为（　　）个。

  A．4   B．6   C．7   D．8

3．在（　　）中暂时存放着用户已经删除的文件或文件夹等一些信息。

  A．我的文档 B．计算机 C．网上邻居 D．回收站

4．（多选题）在关闭计算机时，选择（　　）命令可以在不关闭程序的情况下迅速地使用另一个用户登录到系统，选择（　　）命令保存设置，关闭当前登录用户。

  A．注销   B．重新启动 C．切换用户 D．待机

5．如果在自定义系统默认的"开始菜单"时，需要显示"我的文档"菜单项下的所有内容，可以在"自定义「开始」菜单"的"（　　）"选项卡中选中"（　　）"单选按钮。

  A．常规   B．高级   C．显示为菜单 D．显示为链接

6．"附件"中的"画图"程序是可以用来绘制编辑（　　）的程序，在绘图的过程中，如果需要改变前景色的颜色，可以在颜料盒中选择所需要的颜色后（　　）。

  A．位图   B．矢量图   C．右击   D．单击

7．"图标"是指在桌面上排列的小图像，它包含（　　）、（　　）两部分。

  A．图形   B．说明文字 C．按钮   D．菜单

模块三　文字处理软件 Word 2016

模块重点

- Word 2016 文档的基本操作
- Word 2016 表格的运用
- Word 2016 文档的排版
- Word 2016 图文混排
- Word 2016 文档的样式和模板
- Word 2016 的其他功能

教学目标

- 了解 Word 2016 的基本功能
- 掌握 Word 2016 样式和模板的使用
- 掌握 Word 2016 文档的基本操作
- 掌握 Word 2016 表格的运用
- 熟练掌握 Word 2016 文档的排版
- 掌握 Word 2016 图片图形及图文混排

项目 1　创建 Word 文档

项目分析

本项目要求理解 Word 2016 这款软件的作用，了解 Word 2016 的窗口组成，掌握 Word 2016 的启动和退出、Word 文档的创建方法及步骤、文档中不同视图的作用及视图的切换方式。

任务 1.1　Word 2016 的窗口组成

【任务目标】本任务要求学生了解 Word 2016 窗口的组成部分以及各部分的构成和使用方法。

【任务操作 1】Word 2016 的启动和退出。

1. 启动

启动 Word 2016 最常用的方法有以下两种：

方法 1：按 Windows 键，输入 Word，单击搜索到的 Word 2016 应用，如图 3-1 所示。

图 3-1　Word 2016 的启动

方法 2：双击桌面 Word 文档启动。

2．退出

单击 Word 窗口右上角"关闭"按钮可以退出 Word。

知识链接

Word 2016 是 Microsoft Office 2016 系列软件中的一个重要组件，它是功能强大的文字处理软件，主要应用于日常办公和文字处理，使用它能够创建文章、报告、书信、简历等各种文档，同时可以在文档中插入图片等对象对文档进行修饰。在 Office 2003 以前的版本中，命令和功能常常隐藏在复杂的菜单中，而在 Word 2016 中可以在包含命令和功能逻辑组的选项卡中轻松地找到它们。新的用户界面利用显示可用选项的下拉菜单替代了以前的许多对话框，并且提供了描述性的工具提示或示例预览来帮助用户选择正确的选项。

Word 2016 在保留旧版本功能的基础上新增和改进了许多功能，使其更易于学习和使用。

【任务操作 2】认识 Word 2016 窗口的组成。

双击桌面 Word 2016，即可启动 Word 2016 的窗口，其主要内容包括以下数项，如图 3-2 所示。

（1）Backstage 视图。在 Word 2016 中由"文件"按钮取代了 Word 2007 中的 Microsoft Office 按钮。"文件"按钮位于 Word 窗口的左上角，单击将显示 Backstage 视图，其中有"信息""新建""打开""保存""另存为""打印""共享""导出"和"关闭"等常用命令，默认显示其"信息"选项卡，从中可以设置文档权限等操作。

（2）快速访问工具栏。快速访问工具栏位于 Word 窗口顶部"文件"按钮的右侧。这是一个可自定义的工具栏，它包含一组独立于当前所显示的选项卡的命令。单击快速访问工具栏右侧的 按钮，将出现自定义快速访问工具栏下拉菜单，如图 3-3 所示，通过此菜单用户可以在快速访问工具栏中添加或删除表示命令的按钮。

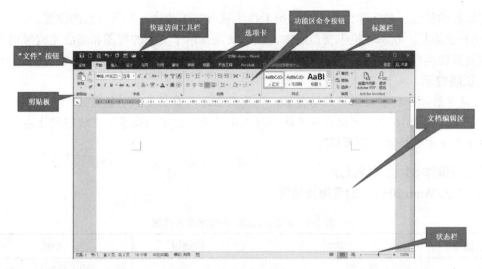

图 3-2　Word 2016 的窗口组成

（3）标题栏。标题栏位于窗口顶端，显示了应用程序名 Microsoft Word 以及 Word 文档名，最左端分别是"文件"按钮和快速访问工具栏，右端依次为 Word 的 3 个控制按钮：最小化按钮、最大化或还原按钮、关闭按钮。

（4）功能区、选项卡和组。功能区是从 Word 2007 开始增加的元素，它将 Word 2003 以前版本中的菜单栏和工具栏合成在一起，以选项卡的形式列出 Word 中的操作命令；每个选项卡由数个组构成，组将执行特定类型任务时可能用到的所有命令放在一起，并在整个任务执行期间一直处于显示状态，以方便使用。

图 3-3　自定义快速访问工具栏

在 Word 2016 中有"开始""插入""布局""引用""邮件""审阅"和"视图"等选项卡，每个选项卡代表一组核心任务，分为若干组。

- "开始"选项卡：此选项卡中包括了很多最常用的命令，如"复制""剪切""粘贴"和"格式刷"等，在该选项卡中还可以进行字体、段落设置等。
- "插入"选项卡：通过该选项卡可以在 Word 文档中插入表格、图片、剪贴画、超链接、页眉页脚、艺术字和各种特殊符号等。
- "布局"选项卡：在该选项卡中可以对 Word 文档设置主题、背景、段落以及页边距、纸张方向、分栏等。
- "邮件"选项卡：通过该选项卡可以完成信封制作、邮件合并等功能。
- "审阅"选项卡：通过该选项卡可以对文档内容进行拼写检查等校对工作，并且还可以添加批注、进行中文简体和繁体的转换等。
- "视图"选项卡：通过该选项卡可以选择文档的不同视图和设置显示比例，另外还可以设置标尺、文档结构图和网格线等的显示与隐藏等。

（5）文档编辑区。文档编辑区位于 Word 窗口的中央，是编辑文本以及其他对象的区域，其中闪烁着的竖线形光标称为插入点，用于指示输入文本或插入其他对象的位置。

（6）状态栏。状态栏位于窗口底部，默认状况显示了文档的视图和缩放比例等内容，其功能主要是切换视图模式、调整文档显示比例等，从而使用户查看文档内容更方便。

✉ 说明提示

1．双击选项卡标签可以隐藏功能区；再次双击即可重新显示功能区。

2．在 Word 2016 中，可以自定义状态栏以满足用户的不同需求。在状态栏上右击，在弹出的快捷菜单中选择所需选项即可。

【任务操作3】快捷键操作。

表 3-1 为 Word 2016 中的常用快捷键。

表 3-1　Word 2016 中的常用快捷键

快捷键	功能	快捷键	功能
Ctrl+A	选取整篇文档	Ctrl+V	插入点插入剪贴板内容
Ctrl+B	加粗文本	Ctrl+W	关闭文档
Ctrl+C	复制所选内容	Ctrl+X	剪切内容放入剪贴板
Ctrl+D	修改选定字符格式	Ctrl+Y	重复上一步操作
Ctrl+E	段落居中	Ctrl+Z	取消上一步操作
Ctrl+H	查找和替换	Ctrl+R	段落右对齐
Ctrl+I	倾斜所选文字	Ctrl+L	段落左对齐
Ctrl+M	调整整段缩进	Ctrl+U	给所选内容添加下划线
Ctrl+N	创建新文档或模板	Ctrl+Enter	在插入点插入一个分页符
Ctrl+O	打开已有的文档或模板	Ctrl+Up	将插入点上移一个段落
Ctrl+P	打印文档	Ctrl+Down	将插入点下移一个段落
Ctrl+Q	删除段落格式	Ctrl+Home	将插入点移到文档开始
Ctrl+S	保存当前活动文档	Ctrl+End	将插入点移到文档结尾
Ctrl+T	设置悬挂式缩进	Ctrl+Alt+I	打印预览

【任务操作4】视图方式的切换。

编辑文本时，需要查看文章的内容、格式、段落等效果。Word 2016 为用户提供了多种查看方式来满足不同的需要。在"视图"选项卡的"视图"组中可以切换不同的视图方式来查看文档，这些视图包括页面视图、阅读版式视图、Web 版式视图、大纲视图和草稿视图等，如图 3-4 所示，下面简要介绍各种视图的特点以及导航窗格的作用。

图 3-4　视图方式

（1）页面视图：页面视图适用于浏览整个文章的总体效果。它可以显示出页面大小、布局，编辑页眉和页脚，查看、调整页边距，处理分栏及图形对象。在页面视图下，文档按照与实际打印效果一样的方式显示。

（2）阅读版式视图：该视图方式适合阅读长篇文章。它隐藏功能区和选项卡，在屏幕的右上角将显示"视图选项"按钮和"关闭"按钮，单击"视图选项"按钮将显示阅读版式视图菜单，从中可以选择显示页数等；单击"关闭"按钮将退出阅读版式视图。在该视图下，按Enter键和Backspace键都可以翻页，使用户很方便地进行阅读。

（3）Web版式视图：使用Web版式视图可以预览具有网页效果的文本。在这种方式下，为了与浏览器的效果保持一致，原来需要换行显示的文本，重新排列后在一行中就全部显示出来。使用Web版式视图可快速预览当前文本在浏览器中的显示效果，便于做进一步的调整。

（4）大纲视图：在该视图中，能查看文档的结构，可以通过拖动标题来移动、复制和重新组织文本，还可以通过折叠文档来查看主要标题，或者展开文档以查看所有标题甚至正文。大纲视图中不显示页边距、页眉和页脚、图片和背景。

（5）草稿视图：在草稿视图中可以输入、编辑和设置文本格式。草稿视图可以显示文本格式，但简化了布局。在草稿视图中，不显示页边距、页眉和页脚、背景、图形对象，因此适合编辑内容、格式简单的文档。

（6）导航窗格：在"视图"选项卡的"显示"组中，勾选"导航窗格"复选框，Word将在窗口左侧显示导航窗格，如图3-5所示。导航窗格代替了以前版本中的文档结构图。

导航窗格上部有3个选项卡，通过它们能够分别浏览文档中的标题、文档中的页面和当前搜索的结果。

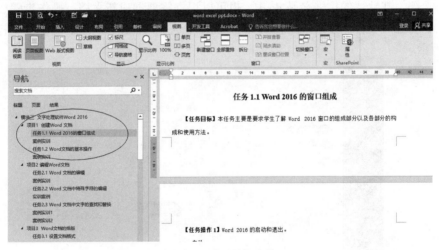

图3-5　显示导航窗格

案例实训

【实训要求】

1．用任何一种方式启动Word 2016。
2．熟悉Word文档的窗口组成。
3．依次打开每一个选项卡，熟悉里面的按钮。
4．自定义快速访问工具栏。
5．切换各种视图方式。

【实训步骤】

用任务1.1讲解的方法依次进行上述操作。

任务 1.2 Word 文档的基本操作

【任务目标】本任务要求学生掌握 Word 2016 文档的创建、保存、打开以及多个文档的切换。

【任务操作 1】Word 2016 文档的创建、保存、打开以及多个文档的切换。

案例实训

【实训要求】

1．创建 Word 文档。

2．保存文档。

3．打开指定的 Word 文档。

4．在多个文档之间切换。

【实训步骤】

1．创建 Word 文档

（1）Word 空白文档的建立。在启动 Word 2016 时，系统会自动创建一个默认名为"文档1"的空白文档，其默认的扩展名是 docx。也可以根据需要创建新文档，操作步骤如下：

步骤 1：单击"文件"按钮，在 Backstage 视图中选择"新建"选项卡，单击"空白文档"，如图 3-6 所示。

图 3-6 "新建"选项卡

⊠说明提示

也可以在中间列表框中选择"根据现有内容新建..."，则可以方便地在现有文档的基础上进行修改，同时保留了原来的版本。

步骤 2：在快捷工具栏内单击"新建空白文档"，如图 3-7 所示。

图 3-7　单击"新建空白文档"

（2）根据模板新建文档。在图 3-6 所示的窗口中选择"样本模板"，将显示如图 3-8 所示的窗口，中间列表框将显示已安装的 Word 文档模板图标，从中选择和用户所需创建文档类型一致的模板，从中选择和用户所需创建文档类型一致的模板，然后双击模板，即可生成所需文档。此时，只需在相关区域输入对应的文档内容，不需要重新创建 Word 文档，大大简化了工作过程。

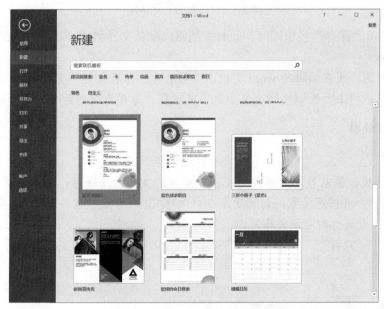

图 3-8　使用模板创建新文档

另外，需要了解的是 Word 属于多文档应用程序，所以可以同时创建多个文档。

⊠ 说明提示

还可以在图 3-6 中选择"报表""小册子""日历"等模板来创建新文档，但这些都是在线才能获取的模板，即用户的计算机连接到网络才可以创建。

2．保存文档

完成一个 Word 文档的创建和编辑后，需要将其存储到磁盘上，以保存工作结果。同时，保存也可以避免由于断电等意外事故造成的数据丢失。保存文档的操作步骤如下：

步骤 1：单击"文件"按钮，在 Backstage 视图中选择"保存"命令，将打开"另存为"对话框，如图 3-9 所示。

步骤 2：通过"另存为"对话框上方的地址栏和中间部分的列表框选择文档的保存位置，并在"文件名"文本框中指定文档的名称。

图 3-9　"另存为"对话框

步骤 3：单击"保存"按钮即可，此时文档将以默认文件格式（docx）来保存。

✉说明提示

要保存已有的、正在编辑的 word 文档，并且名称和保存位置不变，则仍需选择"保存"命令或单击快速访问工具栏■按钮，但此时不再出现"另存为"对话框，而直接将文档保存。

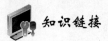知识链接

自动保存

为了防止死机、停电等意外事件造成正在编辑的文档无法保存，可以设置"自动保存"功能，它可以使 Word 按照设置的时间定期自动保存文档。单击"文件"→"选项"→"保存"，在图 3-10 所示位置进行时间设置即可。

图 3-10　自动保存时间设置

3. 打开 D:盘下文件夹为"Word 文档"中的名称为"我的文档"的 Word 文档

若需对已存在的文档进行编辑，则需先打开该文档。操作步骤如下：

步骤 1：单击"文件"按钮，在 Backstage 视图中选择"打开"命令，则会出现"打开"对话框。

步骤 2：在该对话框中间左侧列表框中选择文件所在路径，右部列表框将显示所选文件夹中所有的文件和子文件夹；选定所要打开的文件，然后单击"打开"按钮即可。

✉说明提示

"打开"命令的快捷键是 Ctrl+O。若需打开最近使用过的文档，可单击"文件"按钮，然后选择"最近所用文件"选项卡，将在右侧"最近使用的文档"栏中显示最近打开过的文档，单击需要打开的文档即可。

4. 多个文档的切换

现在共打开了两个文档，如图 3-11 所示。可以用以下方法之一进行切换。

● 单击要切换为活动窗口的任意位置。

● 将鼠标指针指向任务栏上文档窗口对应的最小化按钮，选择相应的文档单击即可。

● 单击"视图"选项卡，选择"切换窗口"下拉菜单中的相应文档名，如图 3-12 所示。

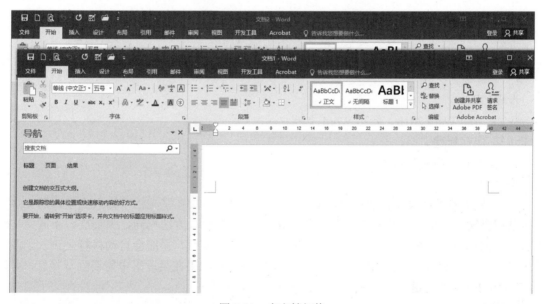

图 3-11　多文档切换

图 3-12　"切换窗口"下拉菜单

✉说明提示

当打开多个文档时，就会产生多个窗口，其中只有一个窗口是当前活动窗口。

项目 2　编辑 Word 文档

 项目分析

本项目主要介绍输入与编辑文档。要求掌握 Word 文字及符号的输入，文本的移动、复制、删除等操作，文字的查找和替换，撤消和恢复操作。

任务 2.1　Word 文档的编辑

【任务目标】本任务要求学生掌握 Word 文档的编辑，包括文字的输入和改写，文本的移动、复制、删除，撤消和恢复等。

【任务操作 1】输入和编辑文档正文。

案例实训

【实训要求】

王强是一位即将毕业的大学生，他需要制作一份简历向用人单位推荐自己。

【实训步骤】

1. 新建简历文件

步骤如下：

（1）启动 Word 2016，新建 Word 文档。

（2）保存新建文档。

2. 输入和编辑简历正文

步骤如下：

（1）输入和修改文字。启动 Word 2016 后，就可以直接在空文档中输入文本。英文字符直接从键盘输入，中文字符的输入方法同 Windows 中的输入方法相同，中英文、不同中文输入法之间的切换不再赘述。当输入到行尾时，不要按 Enter 键，系统会自动换行。输入到段落结尾时，应按 Enter 键，表示段落结束，如图 3-13 所示。如果在某段落中需要强行换行，可以使用 Shift+Enter 快捷键。

 知识链接

"插入"和"改写"是 Word 的两种编辑方式。插入是指将输入的文本添加到插入点所在位置，插入点以后的文本依次往后移动；改写是指输入的文本将替换插入点所在位置的文本。插入和改写这两种编辑方式是可以转换的，其转换方法是按键盘上的 Insert 键或双击状态栏上的"插入"或"改写"标志。通常默认的编辑状态为"插入"。如果要在文档中进行编辑，用户可以使用鼠标或键盘找到文本的修改处，若文本较长，可以使用滚动条将插入点移到编辑区内，将鼠标指针移到插入点位置单击，这时插入点即移到指定位置。

姓名：王强

性别：男

出生年月：1988-8-2

民族：汉

政治面貌：团员

身高：176cm

体重：65kg

学历：大专

毕业学校：山东劳动职业技术学院

专业：计算机软件技术

图 3-13　简历正文

（2）选择和编辑文字。

步骤如下：

1）将鼠标指针移动到"简"字前面，按下鼠标左键，向右拖动鼠标到"历"字的后面松开左键，这两个字就变成蓝底黑字了，表示处于选中状态，如图 3-14 所示。

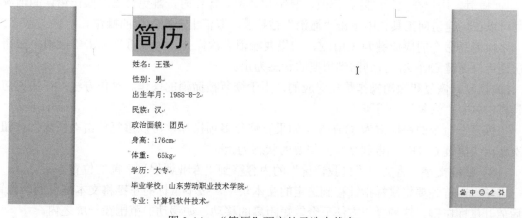

图 3-14　"简历"两字处于选中状态

2）选中"简历"之后，单击"开始"选项卡，单击"字号"下拉列表框旁的下三角按钮，从里面选择"初号"，单击"字体"下拉列表框，选择"黑体"，用同样的办法选中正文文字，将字体设置为"宋体"，字号设置为"小四"。

（3）插入文字，在文中插入"求职意向"。将光标移动到想插入文字的地方，再用键盘直接输入文字即可。

（4）删除文字，删除文中"计算机软件技术"中的"计算机"3 个字。

方法一：先将光标移至"计算机"3 个字后面，按键盘的 Backspace 键，每按 Backspace 一次删除光标前的一个字。

方法二：先将光标移至"计算机"3 个字前面，按键盘的 Delete 键，每按 Delete 键一次删除光标后的一个字。

方法三：先选定"计算机"3 个字，再按 Backspace 键或 Delete 键。

（5）改写文字，将文中"1988-8-2"改为"1988 年 8 月 2 日"。

方法一：先将光标移至"1988-8-2"前面，按下键盘的 Insert 键或双击状态栏中"改写"指示器，状态栏"改写"指示器加亮显示，表示当前"改写模式"启用，然后输入"1988 年 8 月 2 日"，按下键盘的 Insert 键或双击状态栏中"改写"指示器，状态栏"改写"指示器灰色显示，表示启用"插入模式"。

方法二：先删除"1988-8-2"，然后输入"1988 年 8 月 2 日"。

方法三：先选定"1988-8-2"，然后输入"1988 年 8 月 2 日"。

（6）复制文字，将"个人爱好"的内容复制到"专业课程"内容下面的位置。

步骤如下：

1）选定要复制的文本块。

2）单击"剪贴板"工具栏上的"复制"按钮 或右击，在快捷菜单中选择"复制"命令或按组合键 Ctrl+C，此时选定的文本块被放入剪贴板中。

3）将插入点移到新位置，单击"剪贴板"工具栏上的"粘贴"按钮 或右击，在快捷菜单中选择"粘贴"命令或按组合键 Ctrl+V，此时剪贴板中的内容复制到新位置。

（7）撤消和恢复操作。在使用 Word 编辑文档的过程中，如果进行了误操作而想返回原来的状态，可以通过"撤消"或"恢复"功能来实现回归。

1）撤消。用户在执行删除、修改、复制和替换等操作时，难免会出现操作错误的情况，此时可以在快速访问工具栏中单击"撤消"按钮 ，取消上一次对应的操作。

"撤消"命令的快捷键为 Ctrl+Z，如果要撤消多次操作，可以重复单击"撤消"按钮或多次使用快捷键 Ctrl+Z，直到回到想要的状态为止。

2）恢复。恢复和撤消操作是相对应的，用于恢复被撤消的操作。操作方法：在快速访问工具栏中单击"恢复"按钮 。

"恢复"命令的快捷键为 Ctrl+Y。如果要恢复多项操作，可以重复单击"恢复"按钮或多次使用快捷键 Ctrl+Y，直到恢复到想要的状态为止。

（8）移动文字，将文中"自我评价"的内容移到"专业课程"之前的位置。

方法一：首先要将鼠标指针移到选定的文本块中，按下鼠标的左键将文本拖曳到新位置，然后放开鼠标左键。这种操作方法适合较短距离的移动，如移动的范围在一屏之内。

文本远距离移动可以使用"剪切"和"粘贴"命令来完成：

方法二：

1）选定要移动的文本。

2）单击"剪贴板工具栏"上的"剪切"按钮 。

3）将插入点移到要插入的新位置。

4）单击"剪贴板工具栏"上的"粘贴"按钮 。

（9）保存文档，退出 Word 2016 应用程序。

任务 2.2　Word 文档中特殊字符的编辑

【任务目标】本任务要求学生掌握 Word 文档中特殊字符的编辑。

【任务操作 1】插入符号或特殊字符。

用户在处理文档时可能需要输入一些特殊字符，如希腊字母、俄文字母、数字序号等。

这些符号不能直接从键盘输入，用户可以使用"插入"菜单中的"符号"或"特殊符号"命令，又或者使用中文输入法提供的软键盘功能。

案例实训

【实训要求】

输入虚线框内的文字和特殊符号并将其保存为"练习 3-1.docx"。

> ☆Microsoft Office Word 2016 为创建使用其他语言的文档和在多语言设置下使用文档提供了增强的功能。
>
> ⊞根据特定语言的要求，邮件合并会根据收件人的性别选择正确的问候语格式。邮件合并也能根据收件人的地理区域设置地址格式。
>
> ◼增强的排版功能实现了更好的多语言的文本显示。Word 2016 支持更多 Unicode 编码范围并能更好地支持音调符号组合。

✉说明提示

在保存该文件时，在"文件名"文本框中只需要输入"练习 3-1"即可，".docx"是指该文件的保存类型为 Word 文档。

【实训步骤】

（1）新建 Word 文档，保存为"练习 3-1"。

（2）输入文字。

（3）将光标定位到 Microsoft 之前，单击"插入"选项卡，在"符号"组中单击"符号"命令，在下拉列表中选择合适的字符，如果没有要插入的字符，选择"其他符号"命令，弹出"符号"对话框，选择"字体"下拉列表中的项目，将出现不同的符号集；单击要插入的符号或字符，再单击"插入"按钮（或直接双击符号或字符），如图 3-15 所示。

图 3-15　"符号"对话框

（4）以同样的方法在第二段和第三段开头插入符号。

（5）保存文档。

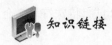 **知识链接**

使用软键盘输入特殊符号

当选择某种中文输入法后，在屏幕右下角会显示该输入法状态栏。这里以"搜狗输入法"为例，说明如何用键盘实现特殊字符的输入。

• 右击输入法状态栏上的"软键盘"按钮，弹出如图 3-16 所示的系统菜单，系统默认设置为"PC 键盘"。

图 3-16　软键盘系统菜单

• 单击"数字序号"，屏幕将显示如图 3-17 所示的键盘，这时就可以进行特殊符号的输入。例如：按"a"表示输入"㈠"，按"A"表示输入"①"。

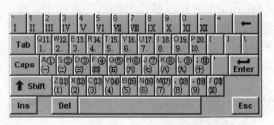

图 3-17　软键盘

• 特殊符号输入完毕后，必须单击"PC 键盘"项返回原状态。此时软键盘还显示在屏幕上，如果不需要显示软键盘，可以再次单击输入法状态栏上的"软键盘"按钮，将软键盘关闭。

任务 2.3　Word 文档中文字的查找和替换

【任务目标】本任务要求学生掌握 Word 文档文字的查找和替换。

【任务操作 1】查找。

在编辑文件时，有些工作不一定都要自己做，换句话说，让计算机自动来做，会方便、快捷、准确得多。例如，在文本中，多次出现"按钮"，现在要将其查找并修改，尽管可以使用滚动条滚动文本，凭眼睛来查找错误，但如果让计算机自动查找，既节省时间又准确得多。Word 2016 提供了许多自动功能，查找和替换就是其中之一。

查找的功能主要用于在当前文档中搜索指定的文本或特殊字符。

案例实训 1

【实训要求】

在下面的文字中查找出"计算机"。

随着软、硬件技术的不断发展，计算机的应用已经渗透到社会的各个领域，文字处理是计算机应用中一个很重要的方面。文字处理软件 Word 2016 中文版是办公自动化套件 Office 2016 中文版的重要组成部分。Office 2016 中文版是 Microsoft 公司最新推出的 Office 系列软件的最新汉化版本，它是基于 32 位操作系统 Windows 95、Windows 98 和 Windows NT 运行的办公自动化集成软件。当前 Office 系列软件已成为办公自动化软件的主流。

Office 2016 中文专业版包括文字处理软件 Word 2016、数据电子表格 Excel 2016、演示文稿制作软件 PowerPoint 2016、数据库软件 Access 2016 等常用组件。

【实训步骤】

（1）设置开始查找的位置，如文档的首部，默认情况下从插入点开始查找。

（2）在"开始"选项卡的"编辑"组中单击"查找"按钮，窗口左侧将显示"导航"窗格。

（3）在"导航"窗格顶部的文本框中输入要查找的内容"计算机"，按 Enter 键即在"导航"窗格上部显示对查找结果的汇总统计，同时在文本编辑区显示找到的第一个匹配项并且以填充颜色来突出显示，单击图 3-18 所示窗格右下角的两个三角箭头将分别显示上一个和下一个匹配项。

图 3-18　"导航"窗格显示查找结果

⌧**说明提示**

此时，Word 自动从当前光标处开始向下搜索文档，查找"计算机"字符串，如果直到文档结尾都没有找到"计算机"字符串，则继续从文档开始处查找，直到当前光标处为止。查找到"计算机"字符串后，光标停在找出的文本位置，并使其置于选中状态，这时在"查找"对话框外单击，就可以对该文本进行编辑了。

【任务操作 2】替换。

在文本编辑过程中，用户常常需要批量修改部分指定内容。利用替换功能可方便快速地解决此问题。

案例实训 2

【实训要求】

新建一个 Word 文档，输入虚线框内的文字和特殊符号，将所有的 Language 查找出来并替换为"语言"，最后保存文档。

❖机器Language和☐程序Language

机器Language是CPU能直接执行的指令代码组成的。这种Language中的"字母"最简单，只有0和1，即便化成为八进制形式，也只有0、1、…、7等八个"字母"。完全靠这八个"字母"写出千变万化的计算机程序是十分困难的。最早的程序是用机器Language写的，这种Language的缺点是：

①Language的"字母"太简单，写出的程序不直观，没有任何助记的作用，编程人员要熟记各种操作的代码，各种量、各种设备的编码，工作烦琐、枯燥、乏味，又易出错。

②由于它不直观，也就很难阅读。这不仅限制了程序的交流，而且使编程人员的再阅读都变得十分困难。

③机器Language是严格依赖于具体型号机器的，程序难于移植。

④用机器 Language 编程序，编程人员必须逐一具体处理存储分配、设备使用等烦琐问题。在机器 Language 范围又使许多现代化软件开发方法失效。

【实训步骤】

（1）设置开始替换的位置。

（2）在"开始"选项卡的"编辑"组中单击"替换"按钮，打开"查找和替换"对话框中的"替换"选项卡，如图 3-19 所示。

图 3-19　"替换"选项卡

（3）在"查找内容"文本框中输入待替换的文字内容 Language，然后在"替换为"文本框中输入新的文本。

（4）如果要替换所有查找到的内容，单击"全部替换"按钮；如果对查找结果有选择地进行替换，单击"查找下一处"按钮，逐个查找替换，如果找到要替换的文本，单击"替换"，否则继续"查找下一处"。

⊠说明提示

（1）"查找"和"替换"命令的快捷键分别为 Ctrl+F 和 Ctrl+H。在查找和替换操作时，单击"更多"按钮，恰当地运用格式控制等参数，将能够实现更多的功能，比如可以将文档中所有红色字体内容改为其他颜色字体。

（2）如果在文本中，确定要将查找的全部字符串进行替换，单击"全部替换"按钮，计算机会将查找到的字符串自动进行替换。但是，有时并不是查找到的字符串都应进行替换。例如，这样一个句子"中国是一个发展中国家，欢迎世界各地的企业家到中国来投资"，现在要将这句话中的"中国"替换成"中华人民共和国"。很明显，应该替换两个地方。如果在替换时，选择了"全部替换"按钮，替换后的结果是"中华人民共和国是一个发展中华人民共和国家，……"，可以看到计算机将"发展中国家"中的"中国"也替换了。所以，在进行文本替换时，如果有类似的情况，就不能使用"全部替换"功能。单击"查找下一处"按钮，如果查找到的字符串需要替换，则单击"替换"按钮进行替换，否则，继续单击"查找下一处"按钮。

如果"替换为"文本框为空，操作后的实际效果是将查找的内容从文档中删除。

若是替换特殊格式的文本，其操作步骤与特殊格式文本的查找类似。

项目 3　Word 文档的排版

项目分析

本项目要求掌握 Word 文档的排版，包括设置字体格式、段落格式、页眉页脚，格式刷的使用，页面设置及文档的打印等。

任务 3.1　设置文档格式

【任务目标】本任务要求学生掌握 Word 文档的字体、段落设置。

【任务操作 1】字体设置。

案例实训 1

【实训要求】

新建 Word 文档，输入下面方框中的文字，将标题设置为"黑体"、"小三"号、居中、加粗、蓝色、添加阴影并设置为空心字；正文设置为"小四"号，字符间距加宽，5 磅。

沉淀生命　沉淀自己

　　麦克失业后，心情糟透了，他找到了镇上的牧师。牧师听完了麦克的诉说，把他带进一个古旧的小屋，屋子里一张桌上放着一杯水。牧师微笑着说："你看这只杯子，它已经放在这儿很久了，几乎每天都有灰尘落在里面，但它依然澄清透明。你知道是为什么吗？"

　　麦克认真思索后，说："灰尘都沉淀到杯子底下了。"牧师赞同地点点头："年轻人，生活中烦心的事很多，就如掉在水中的灰尘，但是我们可以让他沉淀到水底，让水保持清澈透明，使自己心情好受些。如果你不断地震荡，不多的灰尘就会使整杯水都浑浊一片，更令人烦心，影响人们的判断和情绪。"

　　有一年夏天，俞洪敏老师沿着黄河旅行，他用瓶子灌了一瓶黄河水。泥浆翻滚的水被灌到水瓶里十分浑浊。可是一段时间后，他猛然发现瓶子里的水开始变清，浑浊的泥沙沉淀下来，上面的水变得越来越清澈，泥沙全部沉淀只占整个瓶子的五分之一，而其余的五分之四都变成了清清的河水。他通过瓶子，想到了很多，也悟到了很多：生命中幸福与痛苦也是如此，要学会沉淀生命。

【实训步骤】

（1）新建文档，保存为"沉淀生命，沉淀自己"。

（2）输入文字，保存。

（3）选中标题，设置字符格式。

方法一：单击"开始"选项卡，在"字体"组中选择相应的"字形"并在"字体""字号"下拉列表中进行相关设置，如图 3-20 和图 3-21 所示。

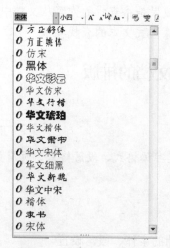

图 3-20 "字体"下拉列表   图 3-21 "字号"下拉列表

方法二：在"开始"选项卡中，单击"字体"组右下角的对话框启动按钮，弹出"字体"对话框，如图 3-22 所示，可以设置文本的字体、字形、字号、下划线、颜色以及各种效果等。

图 3-22 "字体"对话框

（4）单击"开始"选项卡，在"段落"组中单击"居中"按钮，标题居中显示，在"字体"组中单击"字体颜色"按钮 的下拉箭头，选择"蓝色"，单击"加粗"按钮，字体加粗显示（也可在图 3-22 所示的"字体"对话框中进行如上设置）。

（5）打开"字体"对话框，在图 3-22 所示对话框的"效果"中选择"阴影"和"空心"。

（6）选中正文，打开"字体"对话框，在"字号"中选择"小四"，切换到"高级"选项卡，在"间距"下拉列表中选择"加宽"，在"磅值"文本框中输入"5"，如图 3-23 所示。

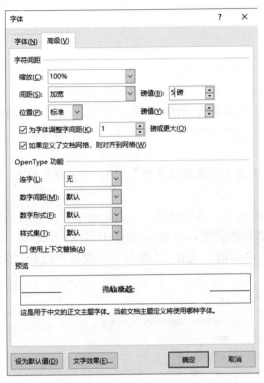

图 3-23　设置字符间距

（7）保存文档，效果如图 3-24 所示。

图 3-24　效果图

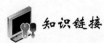知识链接

　　汉字的大小用字号表示，字号从初号、小初号、…，直到八号字，对应的文字越来越小。一般书籍、报刊的正文为五号字。英文的大小用"磅"的数值表示，1 磅等于 1/12 英寸。数

值越小表示的英文字符越小。

【任务操作2】段落设置。

案例实训2

【实训要求】

在案例实训1的基础上进行段落设置：

（1）首行缩进2字符；段前间距0.5行；单倍行距。

（2）第一段正文：中文字体为楷体；倾斜；添加下划线；段落左右各缩进1个字符。

（3）第二段正文：文字分为两栏，含分隔线，栏宽16字符；首字下沉2行，字体楷体，距正文0厘米。

（4）第三段正文：添加"金色双波浪线"边框；"黄色"底纹（均应用于段落）。

【实训步骤】

（1）打开文档"沉淀生命，沉淀自己"文档，选中正文，然后单击"开始"选项卡"段落"组右下角的对话框启动器按 ，将显示如图 3-25 所示的"段落"对话框。在"特殊格式"中选择"首行缩进"，"磅值"选择"2字符"，"段前"选择"0.5行"，"行距"选择"单倍行距"。

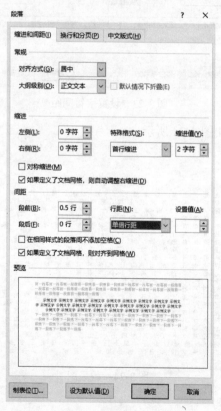

图3-25 "段落"对话框

（2）选中第一段正文，单击"开始"选项卡，在"字体"组中选择相应的字形并在"字体""字号"下拉列表进行相关设置；单击"开始"选项卡"段落"组右下角的对话框启动按钮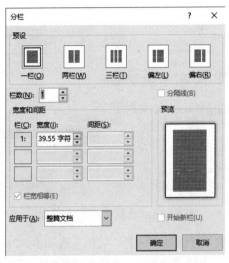，打开"段落"对话框，如图 3-25 所示，在"缩进"中"左侧""右侧"各选择"1 字符"。

（3）选中第二段正文，在"布局"选项卡中，单击"页面设置"组中的"分栏"按钮，在其下拉列表中选择"更多分栏"命令，将显示"分栏"对话框，如图 3-26 所示。选择"两栏"，勾选"分隔线"复选框，栏宽度设为"16 字符"。

图 3-26　"分栏"对话框

（4）单击"插入"选项卡，在"文本"组中单击"首字下沉"按钮，在下拉菜单中选择"首字下沉选项"命令，弹出"首字下沉"对话框，"位置"选择"下沉"，"字体"选择"楷体"，"下沉行数"设为"2"，"距正文"设为"0 厘米"。如图 3-27 所示。

（5）选中第三段正文，单击"段落"组"边框"按钮右侧的下三角按钮，将弹出如图 3-28 所示菜单。在图 3-28 所示菜单中选择菜单命令"边框和底纹"，将打开如图 3-29 所示"边框和底纹"对话框。

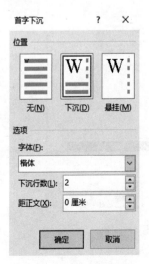

图 3-27　首字下沉设置

图 3-28　"边框"下拉菜单

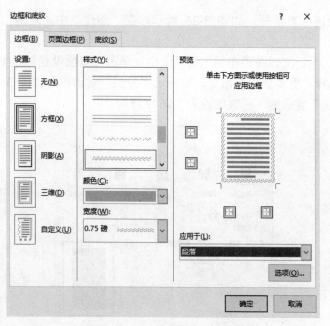

图 3-29 "边框和底纹"对话框

在显示出的"边框和底纹"对话框中选择"边框"选项卡，"样式"选择"双波浪线"，"颜色"选择"金色"，"应用于"选择"段落"；切换到"底纹"选项卡，"颜色"选择"黄色"，"应用于"选择段落，如图 3-30 所示。

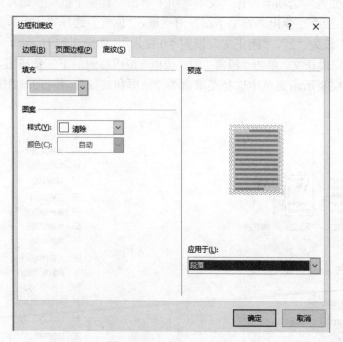

图 3-30 "底纹"选项卡

（6）保存文档，效果如图 3-31 所示。

图 3-31　效果图

知识链接

1. 设置缩进

设置缩进最快速的方法是使用标尺（如果标尺没有显示出来，选择"视图"选项卡 "显示"组中的"标尺"命令），标尺上面有 4 种缩进标记。先选定欲缩进的段，用鼠标拖动相应的缩进标记向左或向右移动到合适位置，即可完成 4 种段落的缩进，如图 3-32 所示。

- 首行缩进：拖动该标记，控制段落中第一行第一个字的起始位置。
- 悬挂缩进：拖动该标记，控制段落中首行以外的其他的起始位置。
- 左缩进：拖动该标记，控制段落左边界缩进的位置。
- 右缩进：拖动该标记，控制段落右边界缩进的位置。

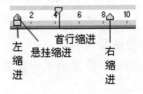

图 3-32　段落缩进

2. 设置段落对齐

在使用 Word 编辑文档时，段落的对齐方式直接影响 Word 文档的版面效果。文档段落的对齐方式包括"水平对齐"和"垂直对齐"两种方式，分别决定了段落在页面水平方向上和垂直方向上的排列方式。

（1）水平对齐方式有 5 种，分别是左对齐、居中对齐、右对齐、两端对齐和分散对齐。可以通过"开始"选项卡"段落"组中的功能按钮快速设置水平对齐方式，简要介绍如下：

- "文本左对齐"按钮：将文字左对齐。
- "居中"按钮：将文字左右居中对齐。
- "文本右对齐"按钮：将文字右对齐。
- "两端对齐"按钮：同时将文字左右两端同时对齐，并根据需要增加字间距。
- "分散对齐"按钮：使段落两端同时对齐，并根据需要增加字符间距。

（2）"垂直对齐"方式的设置。在"布局"选项卡中，单击"页面设置"组右下角的对话框启动按钮，打开"页面设置"对话框，然后在其"版式"选项卡中进行设置，此处不再赘述。

3. 设置换行和分页

Word 2016 会按照预设置的页边距和纸张大小等相关信息将文档自动分页。如果要设置段落分页的形式，可采用下列方法：

（1）将插入点移动到控制换行分页的段落中的任意位置，可选取多个段落。

（2）打开"段落"对话框，选择"换行和分页"选项卡，如图 3-33 所示。

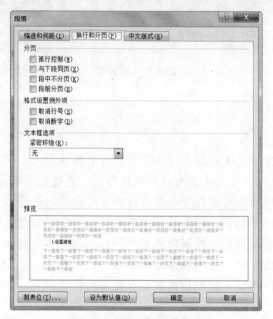

图 3-33 "换行和分页"选项卡

（3）根据需要，用户可勾选相应的复选框。

"孤行控制"：可使文档中不出孤行。段落的第一行单独出现在页面的最后，或段落的最后一行出现在页面的起始，称为孤行。

- "段中不分页"：可使同一段落总处于同一页面中。
- "与下段同页"：可使 Word 不在该段落与下一段落之间添加分页符。
- "段前分页"：可使 Word 在该段落前添加分页符。
- "取消行号"：防止所选段落旁出现行号，但对未设置行号的文档或节无效。
- "取消断字"：取消段落和自动断字功能。

在文档编排中，要求标题和后续段落在同一页上时，使用"与下段同页"选项非常有用，可避免标题出现在一页的底部，而随后的正文出现在下一页的顶部的情况。

【任务操作 3】设置页眉/页脚。

页眉可由文本或图形组成，出现在文档页面的顶端，而页脚则出现在页面的底端。页眉和页脚经常包括页码、章节标题和日期等文档相关信息，可以使文档更加美观并便于阅读。

默认情况下，页眉和页脚均为空白内容，只有在页眉和页脚区域输入文本或插入页码等对象后，用户才能看到页眉或页脚。通常以书名、章标题、页码、日期或公司徽标等作为页眉内容，而以页码作为页脚内容。

案例实训 3

【实训要求】

将案例实训 1 的文档添加上页眉/页脚，页眉显示文字"计算机基础"，并设置其字体为小四号，黑体。页脚添加页码，居中显示。

【实训步骤】

（1）打开文档，在"插入"选项卡的"页眉和页脚"组单击"页眉"按钮，将打开"页眉"面板，如图 3-34 所示。

图 3-34 "页眉"面板

（2）单击"空白"命令，这时将进入页眉编辑状态，并且在功能区显示"页眉和页脚工具/设计"选项卡，如图 3-35 所示。

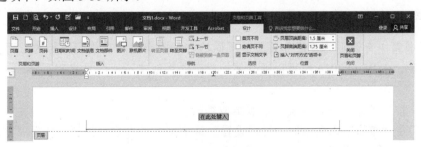

图 3-35 编辑页眉

将光标定位到页眉区域，输入文字"计算机基础"，并设置字体、字号。

（3）在"插入"选项卡的"页眉和页脚"组中单击"页码"按钮，将显示如图 3-36 所示的"插入页码"下拉菜单，选择"设置页码格式"命令，将显示如图 3-37 所示的"页码格式"对话框，在"编号格式"下拉列表中可以选择页码的各种格式，此处选择默认格式，即阿拉伯数字。在"页码格式"对话框的下部选中"起始页码"单选按钮，并在右面的文本框中设置起始页码为"1"，然后单击"确定"按钮。

图 3-36 "插入页码"下拉菜单

图 3-37 "页码格式"对话框

（4）再次单击"页码"按钮，在其下拉菜单中选择"页面底端"菜单项，并从其子菜单所显示样式库中选择页码样式"普通数字 2"，即可完成正文页码的插入，如图 3-38 所示。

图 3-38 插入页码

（5）保存文档。

知识链接

在很多书籍中奇偶页的页眉和页脚是不同的，如在奇数页上使用章标题，而在偶数页上使用书籍名称。在 Word 2016 中可以很方便地为奇偶页创建不同的页眉和页脚。具体操作步骤如下：

步骤 1：按照前述方法进入页眉或页脚的编辑状态。

步骤 2：在"布局"选项卡的"页面设置"组单击对话框启动按钮，打开"页面设置"对话框，并选择"版式"选项卡，如图 3-39 所示。

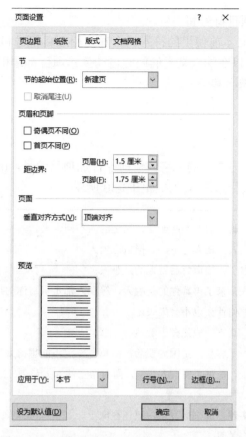

图 3-39 "页面设置"对话框的"版式"选项卡

步骤 3：在"页眉和页脚"区域选中"奇偶页不同"，然后单击"确定"按钮。

步骤 4：在奇数页上插入用于奇数页的页眉或页脚，在偶数页上插入用于偶数页的页眉或页脚，然后单击"设计"选项卡上的"关闭页眉和页脚"按钮，即完成奇偶页页眉或页脚不同的设置。

【任务操作 4】利用格式刷快速设置格式。

Word 中的格式刷具有复制格式的功能，对文档应用设置好的格式时，使用格式刷可以快速复制格式。

利用"剪贴板"组"格式刷"按钮可将一个文本的格式复制到另一个文本处，操作步骤如下：

（1）选定已设置格式的文本或将插入点定位在此文本上。

（2）在"开始"选项卡的"剪贴板"组中单击"格式刷"按钮 。此时将鼠标指针移至 Word 窗口的文档编辑区后，鼠标指针将变成小刷子的形状。

（3）将鼠标指针指向欲改变格式的文本头，按下鼠标左键，拖曳到文本尾，此时欲改变格式的文本呈反相显示，释放鼠标左键即完成字符格式的复制。

若要将格式复制到多处，可双击"格式刷"按钮，然后按操作（3）完成各个文本的格式复制工作；全部完成后，单击"格式刷"按钮，格式复制工作结束。

【任务操作5】设置项目符号和编号。

项目符号和编号是在文本前使用的符号。合理使用项目符号和编号，可使文档的层次结构更加清晰醒目。Word 可以在输入文本的同时自动创建项目符号和编号列表，也可以为已存在的文本和段落添加项目符号和编号。

案例实训 4

【实训要求】

新建 Word 文档，输入方框中的文字，给前 5 行加项目编号，6、7、8 行分别添加项目符号，9、10、11 添加项目编号，最终效果如图 3-40 所示。

成熟的人不问过去；聪明的人不问现在；豁达的人不问未来。

在人之上，要把人当人；在人之下，要把自己当人。

知道看人背后的是君子；知道背后看人的是小人。

你犯错误时，等别人都来了再骂你的是敌人，等别人都走了骂你的是朋友。

人只要能掌握自己，便什么也不会失去。

变老并不等于成熟，真正的成熟在于看透。

简单的生活之所以很不容易，是因为要活得简单，一定不能想得太多。

人们常犯的最大错误，是对陌生人太客气，而对亲密的人太苛刻，把这个坏习惯改过来，天下太平。

我们在梦里走了许多路，醒来后发现自己还在床上。

你的丑和你的脸没有关系。

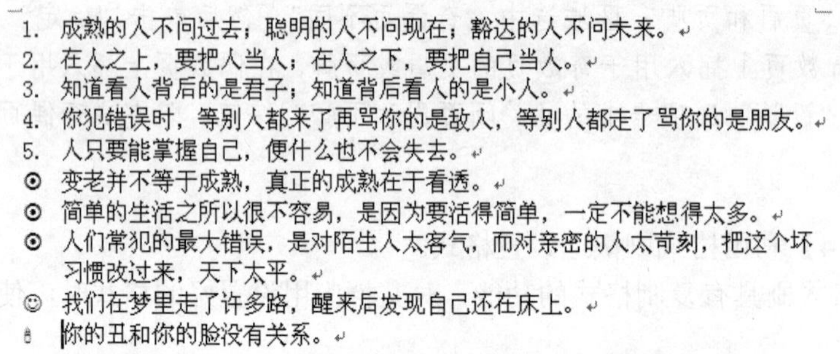

1. 成熟的人不问过去；聪明的人不问现在；豁达的人不问未来。
2. 在人之上，要把人当人；在人之下，要把自己当人。
3. 知道看人背后的是君子；知道背后看人的是小人。
4. 你犯错误时，等别人都来了再骂你的是敌人，等别人都走了骂你的是朋友。
5. 人只要能掌握自己，便什么也不会失去。
- 变老并不等于成熟，真正的成熟在于看透。
- 简单的生活之所以很不容易，是因为要活得简单，一定不能想得太多。
- 人们常犯的最大错误，是对陌生人太客气，而对亲密的人太苛刻，把这个坏习惯改过来，天下太平。
- 我们在梦里走了许多路，醒来后发现自己还在床上。
- 你的丑和你的脸没有关系。

图 3-40　效果图

【实训步骤】

（1）新建文档，输入文字，保存为"项目符号和编号.docx"。

（2）选中前 5 行，在"段落"组中单击"编号"按钮 右侧的三角按钮，将打开"编号库"，如图 3-41 所示，从中选择相应的项目编号即可。

（3）选中 6、7、8 行，在"段落"组中单击"项目符号"按钮 右侧的三角按钮，将打开"项目符号库"，如图 3-42 所示，从中选择相应的项目符号，若没有相应的项目符号，单击下方的"定义新项目符号"，弹出"定义新项目符号"对话框，如图 3-43 所示，单击"符号"按钮，弹出"符号"对话框，如图 3-44 所示，选择相应的符号作为新项目符号。

图 3-41　编号库

图 3-42　项目符号库

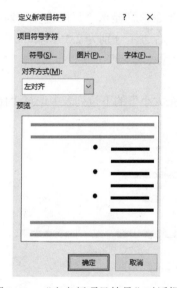

图 3-43　"定义新项目符号"对话框

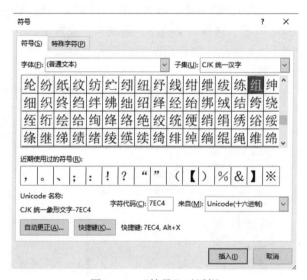

图 3-44　"符号"对话框

（4）以同样方法分别选中第 9 行和第 10 行，添加新定义的项目符号。

（5）保存文档。

【任务操作 6】页面设置。

页面设置是指在完成文档内容的编辑后，对文档的纸张参数进行的设置。在新建文档时，使用的是模板默认的页面格式，主要包括文档的纸型、页边距和页面方向等内容。如果有特殊要求，用户可根据需要来修改这些设置。

案例实训 5

【实训要求】

创建新文档，输入下列文字，进行页面设置：纸张大小设置为 16 开幅面，上、下、左、右页边距分别为 2.5 厘米、2.5 厘米、2.8 厘米、2.8 厘米，纸张方向为纵向。

随着软、硬件技术的不断发展，计算机的应用已经渗透到社会的各个领域，文字处理是计算机应用中一个很重要的方面。文字处理软件 Word 2016 中文版是办公自动化套件 Office 2016 中文版的重要组成部分。Office 2016 中文版是 Microsoft 公司最新推出的 Office 系列软件的最新汉化版本，它是基于 32 位操作系统 Windows 95、Windows 98 和 Windows NT 运行的办公自动化集成软件。当前 Office 系列软件已成为办公自动化软件的主流。

Office 2016 中文专业版包括文字处理软件 Word 2016、数据电子表格 Excel 2016、演示文稿制作软件 PowerPoint 2016、数据库软件 Access 2016、网页制作软件 FrontPage 2016、图形处理软件 PhotoDraw 2016 和信息管理软件 Outlook 2016。

【实训步骤】

（1）启动 Word 2016，新建文档，输入文字，保存为"office 2016 简介"，在"布局"选项卡"页面设置"组中单击"页边距"按钮。

（2）在弹出的下拉菜单中选择"自定义边距(A)…"命令，将显示"页面设置"对话框，如图 3-45 所示。选择"页边距"选项卡，设置上、下、左、右边距分别为 2.5 厘米、2.5 厘米、2.8 厘米、2.8 厘米，将应用范围设置为"整篇文档"。在"纸张方向"一栏中，选择"纵向"（默认选项）。

（3）切换到"纸张"选项卡，如图 3-46 所示，在"纸张大小"的下拉列表中选择"16 开"。

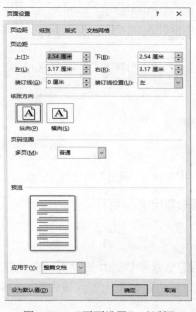

图 3-45　"页面设置"对话框

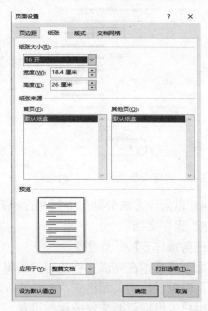

图 3-46　纸张设置

（4）保存文档。

✉ 说明提示

设置纸张大小和方向也可以直接通过"页面设置"组中的"纸张方向"按钮和"纸张大

小"按钮来完成；另外，单击"页面设置"组右下角的对话框启动按钮也可打开"页面设置"对话框。

**知识链接**

有时，将打印出的文档进行装订时会遮挡文字，为了避免这种情况，可以预留出装订线区域，也就是在要装订的文档左侧或顶部添加额外的空间。操作步骤如下：

步骤 1： 在"页边距"选项卡中部"页面范围"区域的"多页"列表框中，选择"普通"。

步骤 2： 在上部"页边距"区域的"装订线位置"列表框中，选择"左"或"上"。

步骤 3： 通过"装订线"列表框右面的微调按钮调整装订线边距的值，也可以直接输入装订线边距的值。

步骤 4： 单击"确定"按钮即可完成装订线的设置。

【任务操作 7】Word 2016 文档的打印。

页面设置完成后，就可以对文档进行打印预览和打印设置了。若要通过打印机打印文档，一要确保打印机已经连接到主机端口上，并已开启电源，且打印纸已装好；二要确保所用打印机的打印驱动程序已经安装好，且该打印机已经是系统默认的打印机。

"打印预览"用于预先查看文档的打印效果，进行打印预览/打印设置的操作方法如下：

步骤 1：单击"文件"按钮，在 Backstage 视图中选择"打印"选项卡，如图 3-47 所示。该窗口分为左右两部分：在左侧部分可以进行相关的打印设置，而右侧部分显示了文档的"打印预览"效果。

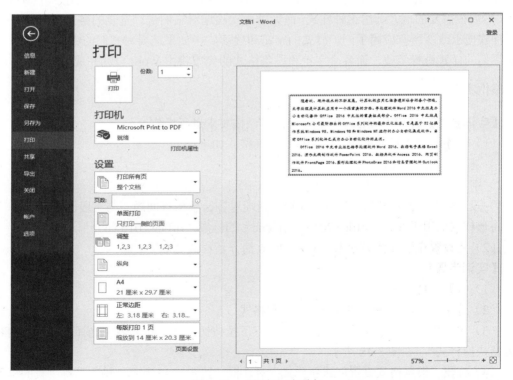

图 3-47 "打印"选项卡

步骤 2：通过左侧部分的"份数"微调按钮，设置打印份数（默认为 1 份）。

步骤 3：单击"设置"项下面的"打印所有页"按钮，在弹出的下拉菜单中设置打印内容（打印所有页、打印当前页或者打印自定义范围），其中打印自定义范围需要输入指定的页码，页码之间用逗号分隔，也可用连字符表示页码的范围，比如在"页数"文本框中输入"1, 3, 5-12"，将打印文档的第 1 页、第 3 页以及第 5 页至第 12 页。

步骤 4：单击"页数"文本框下面的"单面打印"按钮，在弹出的菜单中选择"单面打印"或"双面打印"。

步骤 5：单击窗口左上方的"打印"按钮 即可打印。

项目 4　Word 2016 的样式和模板

 项目分析

本项目要求掌握 Word 2016 的样式、模板的具体内容和具体操作。

任务 4.1　Word 2016 的样式

【任务目标】本任务要求学生掌握 Word 2016 样式的应用。

【任务操作 1】创建样式。

Word 提供了强大的样式功能，极大地方便了 Word 文档的排版操作。样式是指用有意义的名称保存的字符格式和段落格式的集合，这样在编排重复格式时，可以先创建一个该格式的样式，然后在需要的地方套用这种样式，而无须一次次地对它们进行重复的格式化操作；另外，使用样式便于改变所有应用了同一样式的字符和段落——如果需要对它们的格式进行变动，只需对它们的样式进行修改，而各个字符和段落格式的修改将由 Word 自动完成。

案例实训

【实训要求】打开"office 2016 简介.doc"，按要求进行操作。

（1）创建名为"我的标题"的新样式，其格式如下：

1）基准样式：正文样式。

2）字符格式：三号、楷体、加粗。

3）段落格式：段前和段后间距 0.5 行、两端对齐、单倍行间距、与下段同页。

将该样式应用于文档"office 2016 简介.doc"的标题"office 2016 简介"。

（2）将设置完的文档另存为"office 2016 简介新样式.doc"。

【实训步骤】

（1）打开文档。

（2）选中正文，按案例要求设置字体和格式。

（3）单击"开始"选项卡"样式"组对应下拉按钮，在下拉列表中选择"将所选内容保存为新快速样式"，如图 3-48 所示。

（4）弹出"根据格式设置创建新样式"对话框，如图 3-49 所示，输入名称"我的标题"，单击"确定"按钮。

图 3-48 "样式"列表

图 3-49 "根据格式设置创建新建样式"对话框

（5）一个新的段落样式便生成了，在图 3-50 中的列表中就出现了"我的标题"样式。

（6）选择标题，单击"我的标题"样式，标题就应用了这个样式，另存文档。

图 3-50 新建了"我的标题"样式的"样式"列表

 知识链接

修改和删除样式

1. 修改样式

（1）在"样式"列表中选中"我的标题"，右击，在快捷菜单中选择"修改"，弹出"修改样式"对话框，如图 3-51 所示。

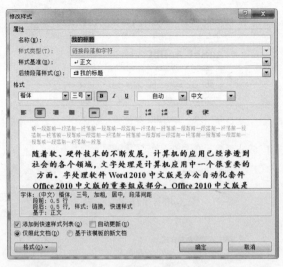

图 3-51　"修改样式"对话框

（2）根据需要修改样式的格式。

2. 删除样式

在样式列表中，右击要删除的样式，在快捷菜单中选择"从快捷样式库中删除"，即可删除该样式。

任务 4.2　Word 2016 的模板

【任务操作 1】Word 2016 的模板。

样式为输入的文档中不同的段落具有相同格式的设置提供了便利，而 Word 的模板主要为生成类似的最终文档提供样板，以提高工作效率。

案例实训

【实训要求】创建新模板。

【实训步骤】

（1）单击"文件"按钮，在 Backstage 视图中选择"新建"选项卡，在该窗口左侧列表框中单击"我的模板"，弹出如图 3-52 所示的对话框。

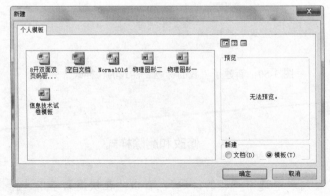

图 3-52　"新建"对话框

（2）选择一种模板。如果要从一个空白模板和默认设置开始工作，就选择"空白文档"模板。

（3）选中右下角"模板"单选按钮，单击"确定"按钮。此时文档标题栏中显示"模板1"，而不是"文档1"。

（4）对当前显示的内容按新模板的要求进行编辑，如插入文本、插入图形、页面设置、建立样式、建立宏和自动图文集词条等。

（5）单击"文件"按钮，在 Backstage 视图中选择"保存"选项卡，出现"另存为"对话框。

（6）选择用来保存模板的文件夹。所选定的文件夹决定了选择"文件"菜单中的"新建"命令时，在哪个选项卡中显示该模板。

（7）在"文件名"文本框中输入新模板名，模板的扩展名为 dotx。

（8）单击"保存"按钮。

 知识链接

将现有文档保存为模板：创建模板最简单的方法是将一份文档作为模板来进行保存，该文档中的字符样式、段落样式、自动图文集词条、宏命令等元素也一同保存在该模板中了。如果要将现有文档保存为模板，可按照下述步骤进行：

（1）打开作为模板保存的文档。

（2）单击"文件"按钮，在 Backstage 视图中选择"另存为"选项卡，出现"另存为"对话框。

（3）从"保存类型"列表框中选择"Word 模板"，如图 3-53 所示。

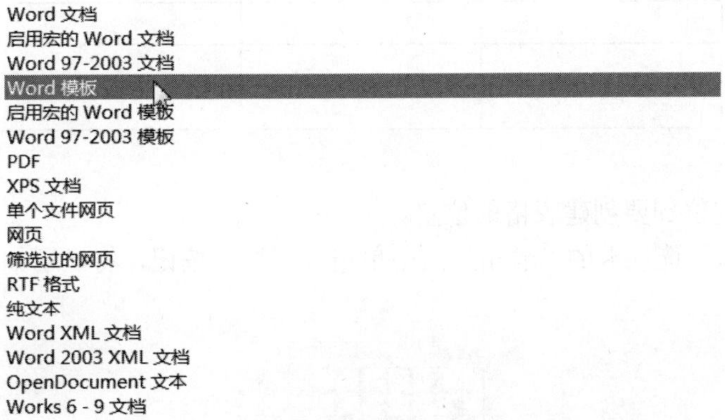

Word 文档
启用宏的 Word 文档
Word 97-2003 文档
Word 模板
启用宏的 Word 模板
Word 97-2003 模板
PDF
XPS 文档
单个文件网页
网页
筛选过的网页
RTF 格式
纯文本
Word XML 文档
Word 2003 XML 文档
OpenDocument 文本
Works 6 - 9 文档

图 3-53　选择保存类型

（4）选择用来保存模板的文件夹。

（5）在"文件名"文本框中输入模板的文件名。

（6）单击"保存"按钮。

项目 5　Word 2016 表格的运用

项目分析

本项目要求掌握 Word 2016 表格的创建和编辑。

任务 5.1　Word 2016 表格的创建与编辑

【任务目标】本任务要求学生掌握 Word 2016 表格的创建和编辑。

【任务操作 1】建立表格。

在编辑文档时，为了更直观、形象地说明某些数据，常常需要制作各种表格，因为表格简洁明了。例如，人们通常使用表格制作通讯录、课程表、成绩表等，既直观又美观。Word 2016 提供了强大的表格功能，可以快速制作出各种表格。

案例实训 1

【实训要求】

新建一个 Word 文档，制作表 3-2，保存为"学生成绩表.docx"。

表 3-2　学生成绩表

【实训步骤】

（1）将光标定位到要创建表格的位置。

（2）在"插入"选项卡的"表格"组中单击"表格"按钮，将显示如图 3-54 所示的"表格"下拉菜单。

图 3-54　"表格"下拉菜单

（3）在示意框中向右下拖拽鼠标指针直到所需的行数、列数为止（此处选择 7 行 5 列），然后释放鼠标左键。此时就可在插入点处建立一个空表。

（4）保存文档。

 **知识链接**

除了用上述方法建立表格外，还可以使用以下两种方法：

方法一：单击"插入表格"命令。

将光标定位到插入表格的位置，在"插入"选项卡的"表格"组中单击"表格"按钮，将显示如图 3-54 所示的"表格"下拉菜单，单击"插入表格"命令，弹出如图 3-55 所示的"插入表格"对话框，输入列数和行数，单击"确定"按钮，即可插入表格。

图 3-55　"插入表格"对话框

方法二：自由绘制表格。

使用 Word 的"绘制表格"功能，可以使用户如同手拿笔和橡皮一样在屏幕上方便自如地绘制复杂的表格。

要绘制表格，在图 3-54 所示的"表格"下拉菜单中单击"绘制表格"命令，这时将鼠标指针移到文档编辑区中会变成铅笔形状，然后用户就可以像用笔在纸上画表格一样随心所欲地绘制出所需要的表格。同时在功能区出现"表格工具"选项卡，如图 3-56 所示。

图 3-56　"表格工具"选项卡

若用户对绘制的表格不满意，可用"绘图边框"组中的"擦除"按钮擦除一些表格线。方法是单击"擦除"按钮，此时鼠标指针在文档编辑区中变成一块橡皮，将橡皮移到需要删除的表格线上，按下鼠标并拖拽即可擦除该表格线。

此外，"表格工具"选项卡还集成了所有编辑表格属性的功能按钮，如线形、粗细、边框颜色、底纹颜色、自动套用格式样式等，用户可根据需要一一进行设置。

【任务操作2】表格的编辑。

案例实训2

【实训要求】

在案例实训1的空表格中输入内容，见表3-3。

表3-3　输入内容的学生成绩表

姓名	语文	英语	高等数学	政治
张天成	69	75	78	80
王晓辉	70	81	90	84
陈程	84	82	90	88
李宜城	85	91	95	86
林飞	90	86	88	92
刘梦	91	100	96	92

【实训步骤】将光标定位到第一个单元格中单击，输如第一个单元格的内容，按 Tab 键，插入点会移到下一个单元格，按组合键 Shift+Tab 会使插入点移到上一个单元格，也可按方向键移动插入点，还可将鼠标指针直接指向所需的单元格后单击，光标就定位到单元格中，输入内容即可。

 知识链接

1. 表格中文本内容的选定

在表格中，每一列的上边界和每一行或每一单元格的左边沿都有一个看不见的选择区域。常用选定表格内容的操作如下：

· 选定单元格：将鼠标指针指向单元格左边沿的选择区域，单击。

· 选定行：将鼠标指针指向表格左边沿的该行选择区，单击可选定此行。

· 选定列：将鼠标指针指向该列上边界的选择区域，单击。

· 选定表格：以选定行或列的方式垂直或水平拖动鼠标。

· 选定块：按住鼠标左键，把鼠标指针从欲选块的左上角单元拖动到欲选块的右下角单元即可。

· 选定整个表格：单击表格左上角的"选定符号"或单击表格任意位置，然后按组合键 Alt+5。

2. 调整表格的行高和列宽

· 利用标尺：将鼠标指针放在表格行或列边框线上，呈现双箭头形，拖动表格边框线可改变行高和列宽。按 Alt 键的同时拖动表格边框线，在标尺上会显示行高和列宽值。

· 利用菜单：选中表格，右击，弹出快捷菜单，选择"表格属性"命令，弹出"表格属性"对话框，切换"行"和"列"选项卡，设置精确的行高和列宽值，如图3-57所示。

图 3-57 设置行高和列宽

案例实训 3

【实训要求】

将案例实训 2 中的表格进行进一步编辑，最终见表 3-4。

表 3-4 编辑后的学生成绩表

成 绩 一 览 表					
科目 姓名	语文	英语	高等数学	政治	平均分
张天成	69	75	78	80	75.50
王晓辉	70	81	90	84	81.25
陈程	84	82	90	88	86.00
李宜城	85	91	95	86	89.25
林飞	90	86	88	92	89.00
刘梦	91	100	96	92	94.75
各科平均分	81.50	85.83	89.50	87.00	

【实训步骤】

（1）将光标定位到第一行的任一单元格中，右击，在快捷菜单中选择"插入"→"在上方插入行"命令，如图 3-58 所示，在表格上方就插入了一个空行。

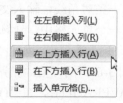

图 3-58 插入行或列命令

（2）以同样的方法将光标定位到最后一行的任一单元格中，右击，在快捷菜单中选择"插入"→"在下方插入行"命令，在表格下方就插入了一个空行。

（3）将光标定位到最后一列的任一单元格中，右击，在快捷菜单中选择"插入"→"在右侧插入列"命令，在表格右方就插入了一个空列。

（4）选中第一行，右击，弹出快捷菜单，选择"合并单元格"命令，输入"成绩一览表"。

（5）在第二行的最后一个单元格内输入"平均分"。在最后一行的第一个单元格内输入"各科平均分"。

（6）选中第一行，右击该区域，在快捷菜单中选择"表格属性"命令，弹出"表格属性"对话框，如图 3-57 所示，切换到"表格"选项卡，单击对话框下方"边框和底纹"按钮，打开"边框和底纹"对话框，切换到"底纹"选项卡进行设置，如图 3-59 所示。

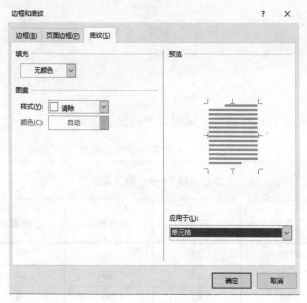

图 3-59　设置底纹

（7）同步骤（6），设置表格最后一行的底纹。

（8）选中第二行，将第二行的下边框设置为双线：右击该区域，在快捷菜单中选择"表格属性"命令，单击对话框下方"边框和底纹"按钮，打开"边框和底纹"对话框，切换到"边框"选项卡，在"线型"中选择"双线"，在"预览"中设置"下边框"，单击"确定"按钮即可。

（9）同步骤（8），设置第一列（除第一行外）的"右边框"为"双线"。

（10）调整第二行的行高，将光标定位到第二行第一个单元格的位置，在"插入"选项卡"表格"组中单击"表格"按钮，选择"绘制表格"命令，这时鼠标指针移到文档编辑区中会变成铅笔形状，然后在单元格中画一条对角线，输入文字，调整位置。

（11）将光标定位到第三行最后一个单元格中，计算平均分：功能区显示表格的"设计"选项卡和"布局"选项卡，切换到"布局"选项卡，如图 3-60 所示。单击"数据"组中的"公式"按钮，弹出"公式"对话框，如图 3-61 所示。在"粘贴函数"下拉列表中选择 AVERAGE，"公式"下的文本框中就会出现"=AVERAGE()"，在"()"中写入参数 LEFT，即将左侧单元格中的数值求平均值，在"编号格式"下拉列表中选择"0.00"，即保留两位小数，单击"确定"按钮即求出平均分。

图 3-60　"布局"选项卡

图 3-61　"公式"对话框

（12）以同样的方法求出其他单元格中的平均分，注意最后一行的"=AVERAGE()"公式的"()"中写入参数 ABOVE，即求上面单元格的平均分。

（13）设置不同单元格的字符格式、对齐方式，保存文档。

 知识链接

（1）在表格中进行计算时，公式中写入的参数是对单元格的引用，除了案例中的方法外，还可以用 a1、a2、a3（分别表示第 1 行第 1 列、第 1 行第 2 列、第 1 行第 3 列）这样的形式引用表格中的单元格。其中的字母表示列，数字表示行。

整行和整列的引用使用只有字母或数字的区域进行表示，如 1:1 表示表格的第 1 行，也可以引用包括特定单元格的区域，如 a1:a3 表示只引用一列中的 3 行。

（2）单元格的对齐方式有 9 种：在单元格中右击，弹出快捷菜单，选择"单元格对齐方式"命令，会出现 9 种方式，如图 3-62 所示。

图 3-62　单元格对齐方式

任务 5.2　文本与表格的相互转换

【任务目标】本任务要求学生掌握 Word 2016 表格与文本的相互转换。
【任务操作 1】表格和文本的相互转换。

案例实训

【实训要求】

打开"学生成绩表.docx"，将表格转换成文本，然后再将文本转换成表格。

【实训步骤】

1. 表格转换成文本

打开"学生成绩表.docx"，选定表格，功能区显示表格的"设计"选项卡和"布局"选项卡，切换到"布局"选项卡，单击"数据"组中"转换为文本"按钮，如图 3-63 所示，弹出"表格转换成文本"对话框，选择一种文本分隔符，单击"确定"按钮即可，如图 3-64 所示。

图 3-63　"转换为文本"按钮　　　　图 3-64　"表格转换成文本"对话框

2. 将文本转换成表格

（1）选定需要转换成表格的文本。

（2）在"插入"选项卡的"表格"组中单击"表格"按钮，在下拉菜单中选择"文本转换成表格"命令，如图 3-65 所示，弹出"将文字转换成表格"对话框，如图 3-66 所示，在该对话框中设定列数和文本的分隔符，单击"确定"按钮，则选定的文本被转换为表格形式。

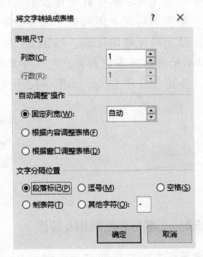

图 3-65　"文本转换成表格"命令　　　　图 3-66　"将文字转换成表格"对话框

项目6　图片图形的应用及图文混排

 项目分析

本项目介绍 Word 2016 中图片图形的应用方法，以及文本与图片如何更好地相互结合，使文档格式更加美观，内容更加丰富充实。

任务6.1　Word 2016图片图形文件的操作

Word 不仅有强大的文字处理功能，同时还可以插入各种形式的图片、艺术字等，创建出图文并茂、美观大方的文档，也可以插入页码、目录、公式等，增强了 Word 的各种处理功能。

插入的图片可以是 Word 程序附带的剪贴画和形状，也可以是计算机中其他文件中的图片。剪贴画是一种矢量图片，包括人物、动植物、建筑、科技等各个领域，精美而实用；但剪贴画毕竟数量和种类有限，用户则可以根据个人喜好选择自己文件中的图片，制作出来的文档更丰富多彩和个性化。

【任务目标】本任务要求学生掌握插入图片的操作、图片格式的设置和图形的绘制。

【任务操作1】插入图片的操作。

案例实训1

【实训要求】

新建 Word 文档，输入边框内的文字，将正文平均分为3栏，在文档第三段后面插入任意一张图片，设置图片环绕方式：四周型；大小：120%。

> 世界上不同的国家，人们都以不同的方式在欢度新年，把对未来的向往、希望和一切美好的愿望都与新年紧密地联系在一起。
>
> 在越南，橘子树被当作新年树。除夕夜晚人们通常都送给朋友们一些半开放的桃花枝；各个家庭都和朋友们一起坐在火炉旁讲故事，抚今追昔，叙旧迎新。在蒙古，严寒老人装扮得像古时牧羊人的模样，他穿着毛蓬蓬的皮外套，头戴一顶狐皮帽，手里拿着一根长鞭子，不时地把鞭子在空中抽得啪啪响。
>
> 在日本却是另一种情形。除夕午夜时分，全国城乡庙宇里的钟都要敲一百零八响，当然、在二十世纪的今天，这钟声是通过广播电台来传送到全国每一个角落里的。按照习惯，随着最后一声钟响，人们就应该去睡觉，以便新年第一天拂晓起床，走上街头去迎接初升太阳的第一道霞光。谁要是睡过了这一时刻，谁就会在新的一年里不吉利。新年前夕，各家各户都要制作各式各样、五颜六色的风筝，以便新年节日里放。
>
> 缅甸的新年正好是一年中最热的季节。按照传统习惯，人们要互相泼水祝福，不论是亲戚、朋友，或者是素不相识的人，谁也不会因全身被泼得透湿而见怪。自古以来印度就保持着一种习俗：新年第一天谁也不许对人生气、发脾气。人们认为：新年的第一天过得和睦与否，关系到全年。

【实训步骤】

（1）新建文档，保存为"世界各国新年风俗.docx"。

（2）输入文字，设置字符和段落格式。

（3）将光标定位到第三段末尾，在"插入"选项卡"插图"组中单击"图片"命令，弹出"插入图片"对话框，如图 3-67 所示，选择图片所在的位置，选中之后，单击"插入"按钮即可。

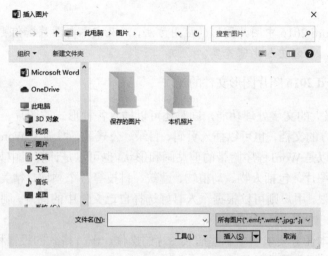

图 3-67　"插入图片"对话框

（4）选中图片，在功能区出现"图片工具"→"格式"选项卡，单击"格式"，出现图片格式工具栏，如图 3-68 所示，单击相应的按钮进行设置。或选中图片，右击，弹出"设置图片格式"对话框，如图 3-69 所示，单击"排列"组"环绕方式"→"四周型"命令，切换到"大小"组，将"缩放"的高度和宽度设为"120%"。

图 3-68　图片格式工具栏

图 3-69　"设置图片格式"对话框

（5）保存文档。

知识链接

剪贴画

案例实训 1 中插入的图片来自文件，Word 提供了大量的现成图形，也称为剪贴画，可以在文档中插入这些图形。使用 Word 2016 中重新设计过的“剪贴库”可以轻松地查找、管理和插入特定的图形。插入剪贴画图形可按以下步骤进行操作：

（1）移动插入点到需要插入剪贴画或图片的位置。

（2）在“插入”选项卡“插图”组中选择“联机图片”命令，弹出“插入图片”对话框，在必应搜索中输入“剪贴画”，也可单击必应搜索，查找其他剪贴画，如图 3-70 所示。

图 3-70　“剪贴画”对话框

（3）选中某剪贴画，单击后插入。

【任务操作 2】绘制图形。

案例实训 2

【实训要求】

绘制自选图形——菱形，填充红色，无边框，加阴影 14；其中插入艺术字，样式 1，楷书，96 号，加粗；艺术字填充黑色，线条为金色。文本框无线条，无填充色。效果如图 3-71 所示。

图 3-71　自绘图形效果图

【实训步骤】

（1）新建文档，保存为"福字.docx"。

（2）在"插入"选项卡"插图"组中选择"形状"命令，出现如图 3-72 所示的下拉列表，在"基本形状"中单击"菱形"，鼠标指针变成十字状，在编辑区按住 Shift 键同时在文档编辑区拖动鼠标左键，菱形就绘制而成了。

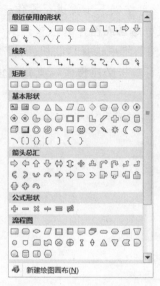

图 3-72　"形状"列表

（3）选中"菱形"，功能区出现"绘图工具"→"格式"选项卡，单击"格式"，出现绘图工具栏，如图 3-73 所示。在"形状样式"组中选择"形状填充"，设置填充颜色为"红色"，"形状轮廓"选择"无轮廓"；在"菱形"上右击，在快捷菜单中选择"设置形状格式"，弹出对话框，如图 3-74 所示，在"透明度"后的文本框中输入"14%"。

图 3-73　绘图工具栏

图 3-74　"设置形状格式"对话框

（4）单击"插入"选项卡"文本"组"文本框"按钮，在下拉列表中选择"绘制文本框"命令，此时鼠标指针变成十字形，在"菱形"上拖动鼠标，画出文本框；将光标定位到文本框，单击"文本"组"艺术字"按钮，在下拉列表中选择"样式 1"，此时文本框显示"请在此处放置你的文字"，如图 3-75 所示，输入"福"字，设置字体为"楷体"，字号为"96""加粗"。

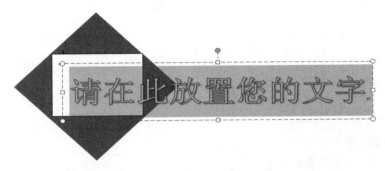

图 3-75　编辑艺术字

（5）选中"福"字，在"绘图工具"格式工具栏"艺术字样式"组中，单击"文本填充"按钮 ，选择"黑色"，单击"文本轮廓"按钮 ，选择"金色"。

（6）选中"文本框"，右击弹出快捷菜单，选择"设置形状格式"命令，弹出"设置形状格式"对话框，同图 3-74 所示，设置"填充"为"无填充"和"线条颜色"为"无线条"。

（7）调整"福"字在菱形中的位置，全部选中各个对象（按 Shift 键），右击，选择"组合"→"组合"命令，如图 3-76 所示，文本框和菱形就成为一体了。或者在格式工具栏"排列"组中单击"组合"按钮 。

图 3-76　"组合"命令

（8）保存文档。

知识链接

1．叠放次序

每次在文档中创建或插入图形时，图形都被置于文字上方的、单独的、透明的层次上，这样文档就可能成为含有多个层的堆栈。通过改变堆栈中层的叠放次序可以指定某个图形位于

其他图形的前面或后面。使用层可以改变图形和文字的相对位置。

如果要重新安排图形层的叠放次序，可按下列操作方法进行：

（1）选定要改变其层次的图形。

（2）单击"绘图工具"→"格式"选项卡，在"排列"组中单击"上移一层"按钮，弹出下拉菜单，如图 3-77 所示。或者单击"下移一层"按钮，弹出下拉菜单，如图 3-78 所示。

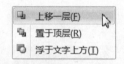

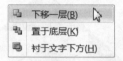

图 3-77　"上移一层"下拉菜单　　　　图 3-78　"下移一层"下拉菜单

（3）选择菜单中的命令。

其中，菜单中命令的功能：

·置于顶层：将所选图形移至顶层。

·置于底层：将所选图形移至底层。

·上移一层：将所选图形上移一层。

·下移一层：将所选图形下移一层。

·浮于文字的上方：将所选图形移至文字层上方。

·衬于文字的下方：将所选图形移至文字层下方。

2．翻转和旋转图形

为了能使用户随心所欲地放置图形，Word 允许用户以任意角度旋转图形或者垂直或水平翻转图形。使用"绘图工具"→"格式"选项卡"排列"组中的"旋转"按钮 可以特定的方式翻转或旋转图形。

如果要使用这些命令，可按以下操作进行：

（1）选定一个或多个要翻转或旋转的图形。

（2）单击"绘图工具"→"格式"选项卡"排列"组中的"旋转"按钮，弹出下拉菜单，如图 3-79 所示。

（3）在下拉菜单中选择"垂直翻转"或"水平翻转"命令翻转对象，或选择"向左旋转 90°"或"向右旋转 90°"命令以 90°为单位旋转对象。

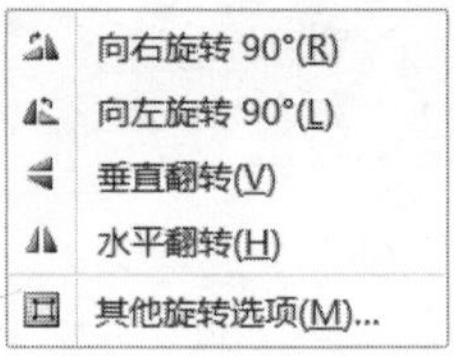

图 3-79　"旋转"下拉菜单

3．图形自由旋转

（1）选定图形。

（2）选中的图形的方向控制柄变成旋转点（即图形对象上的绿色圆圈）；将鼠标指针指向旋转点，拖动鼠标根据需要进行任意角度的旋转。

（3）在对象外单击退出自由旋转模式。

4．在文本框之间创建链接

创建报纸、时事通讯或杂志样式的版式时，相互链接的文本框将为用户在控制文字出现位置和方式上提供很大的自由度。链接文本框时，所有文本框将彼此相连成链状。如果要链接两个文本框，可以按以下步骤操作：

（1）首先在文档中建立两个文本框。

（2）选定第一个文本框，单击"绘图工具"→"格式"选项卡"文本"组中的"创建链接"按钮 ，鼠标指针变成一个直立的杯子形状。将鼠标指针指向要链接的文本框（该文本框必须为空）并单击，则两个文本框之间建立了链接。

（3）在第一个文本框中输入所需的文字。如果该文本框已满，超出的文字将自动转入下一个文本框。

任务6.2　插入公式

【任务目标】本任务要求学生掌握如何插入数学公式。

【任务操作1】插入公式。

在撰写和整理理工科方面的文档时，经常需要编辑各种公式。Word 2016 提供的公式编辑器能以直观的操作方法帮助用户编辑各种公式。

案例实训

【实训要求】

新建文档，插入公式：$X = \dfrac{1}{2T} \displaystyle\int_{-T}^{T} x^2(t)\mathrm{d}t$ 。

【实训步骤】

（1）新建文档，将光标定位到要插入公式的位置。

（2）在"插入"选项卡的"符号"组中单击"公式"按钮，将显示如图 3-80 所示的"公式"下拉菜单。

内置

二次公式

$$x = \frac{-b \pm \sqrt{b^2 - 4ac}}{2a}$$

二次公式

$$x = \frac{-b \pm \sqrt{b^2 - 4ac}}{2a}$$

二项式定理

$$(x + a)^n = \sum_{k=0}^{n} \binom{n}{k} x^k a^{n-k}$$

Office.com 中的其他公式(M)

π　插入新公式(I)

将所选内容保存到公式库(S)...

图 3-80　"公式"下拉菜单

（3）选择相应的公式选项，即可进行公式的插入和编辑；如果下拉菜单中没有所需公式类型，则应选择"插入新公式"命令，此时将在功能区显示"公式工具"→"设计"选项卡（图3-81），并且在插入点显示"在此处键入公式"。

图 3-81　"公式工具"→"设计"选项卡

（4）在选项卡中选择相应的公式符号或模板进行编辑即可。

（5）保存文档。

任务 6.3　图文混排

【任务目标】本任务要求学生掌握图文混排。

【任务操作 1】图文混排。

案例实训

【实训要求】

（1）新建文档，输入文字，保存为"中国印.doc"。

（2）插入艺术字标题，标题文字为"北京奥运会会徽"，选择"渐变填充　蓝色　强调文字颜色 1"样式，并设字体为楷体、字号 36，加粗，对艺术字居中。

（3）设置正文文字格式为宋体、小四，首行缩进 2 字符，并对正文分偏右两栏，栏间距为 6 字符。

（4）在正文插入图片，高度与宽度为原来的 60%，环绕方式为"紧密型"。

（5）插入一个"竖排文本框"，内容为"更快、更高、更强"，文字设为宋体、四号、阳文，颜色为橙色；将文本框设为"无填充色"，线条颜色为深红色，线型为双实线，3 磅；文本框左右内部边距设为 0，环绕方式为"四周型"，将文本框移至两栏之间。

（6）插入一个"横卷形"自选图形；添加文字"中国印·舞动的北京"，字体为楷体、加粗、小三号；图形填充色为茶色，环绕方式为"紧密型"，调至合适位置。图文混排效果如图 3-82 所示。

图 3-82　图文混排效果图

【实训步骤】

（1）新建文档，输入文字，保存为"中国印.docx"。

（2）在"插入"选项卡的"文本"组中单击"艺术字"按钮，将显示如图 3-83 所示艺术字填充和颜色样式窗格，选择"渐变填充 蓝色 强调文字颜色 1"样式。输入文字"北京奥运会会徽"，设置字体为楷体、36 号，加粗。选中艺术字，单击工具栏中的"居中"按钮。

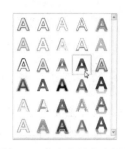

图 3-83 艺术字填充和颜色样式窗格

（3）选中正文，设置字体格式：宋体、小四。段落格式：首行缩进 2 个字符。分栏：偏右两栏，栏间距 6 个字符。

（4）将光标定位到正文任一地方，插入图片，选中图片，设置图片格式：高度、宽度设为 60%，环绕方式设为"紧密型"。

（5）单击"绘图工具"→"格式"选项卡"文本"组中的"文本框"按钮，在下拉菜单中选择"绘制竖排文本框"，输入文字"更快、更高、更强"，设置字体为宋体、四号、阳文，颜色为橙色。设置文本框格式：选中"文本框"，右击，弹出快捷菜单，选择"设置形状格式"，弹出"设置形状格式"对话框，设置"填充"为"无填充"，"线条颜色"为"深红色"，"线型"为"宽度"3 磅，"复合类型"为双实线。"文本框"设置内边距左右为 0。

（6）选中文本框，右击，选择"其他布局选项"命令，弹出"布局"对话框，如图 3-84 所示，切换到"文字环绕"选项卡，选择"紧密型"。

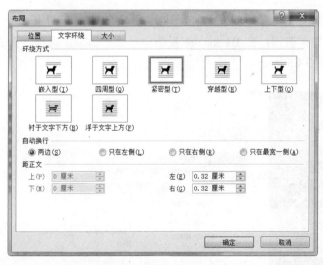

图 3-84 "布局"对话框

（7）在"插入"选项卡"插图"组中选择"形状"命令，在下拉列表中选择"星与旗帜"中的"横卷形"，鼠标指针变成十字状，在相应位置拖动鼠标画出形状。在图形上右击，选择"添加文字"命令，输入"中国印·舞动的北京"，设置字体格式：楷体、加粗、小三号。选中图形，设置图形格式：在"绘图工具"→"格式"选项卡"形状样式"组中单击"形状填充"按钮，选择橙色；右击图形，选择"其他布局选项"命令，弹出"布局"对话框，如图 3-84 所示，切换到"文字环绕"选项卡，选择"紧密型"，调整位置。

（8）保存文档。

项目7　Word 2016 的其他功能

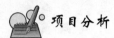 项目分析

本项目主要讲解 Word 2016 中的批注、修订标记、拼写检查等常用高级功能，使用这些功能可以大大地提高文档的处理效率，减少编辑文档的工作量。

任务 7.1　锁定和解锁文档

【任务目标】本任务要求学生了解锁定和解锁文档、批注、修订标记、拼写检查等常用高级功能。

【任务操作 1】锁定和解锁文档。

案例实训

【实训要求】

打开文档"中国印.doc"，复制文档，另存为"中国印 1.doc"。对"中国印 1.doc"进行锁定，之后进行解锁。

【实训步骤】

（1）打开"中国印.doc"，复制文档，另存为"中国印 1.doc"。

（2）单击"文件"按钮，在 Backstage 视图中单击"信息"选项，在右侧窗口会出现"保护文档"按钮，如图 3-85 所示。

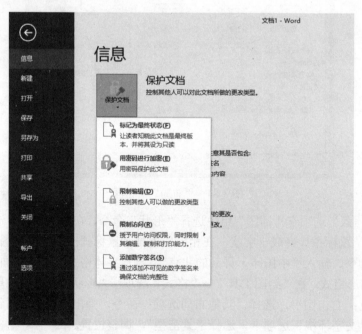

图 3-85　"保护文档"按钮

（3）单击"保护文档"下面的下三角按钮，在下拉列表中单击"用密码进行加密"命令，弹出"加密文档"对话框，如图 3-86 所示。在"密码"文本框输入自定义密码，单击"确定"按钮，弹出"确认密码"对话框，再次输入密码，单击"确定"按钮。

（4）保存文档，关闭。

（5）再次打开"中国印 1.doc"，会弹出"密码"对话框，如图 3-87 所示，输入打开文件时的密码，单击"确定"按钮，才能打开文件。

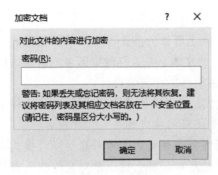
图 3-86　输入密码

图 3-87　打开文档时输入密码

（6）文档解锁：单击"保护文档"下面的下三角按钮，在下拉列表中单击"用密码进行加密"命令，弹出"加密文档"对话框，清空密码即可。

任务 7.2　批注

【任务目标】本任务要求学生了解批注、修订标记等常用高级功能。

【任务操作 1】插入、显示及修改批注。

案例实训

【实训要求】

打开"office 2016 简介.doc"，复制文档，另存为"office 2016 简介批注.doc"，给文章插入批注。

【实训步骤】

（1）打开"office 2016 简介.doc"，复制文档，另存为"office 2016 简介批注.doc"。

（2）将光标定位于加批注的字或词组后面或选中加批注的字或词组，切换到"审阅"选项卡，在"批注"组中单击"新建批注"按钮，如图 3-88 所示。

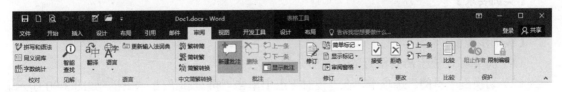
图 3-88　新建批注

（3）此时文档中显示批注编辑的状态，输入相应批注即可。如给 Microsoft 加批注"微软"，如图 3-89 所示。

∴自动化套件 Office2016 中文版的重要组成部分。

ce2016 中文版是 Microsoft 公司最新推出 Office 系列软

admin 几秒以前
微软

图 3-89　给文字加批注

（4）在批注标记中右击，选择"删除批注"命令，即可删除批注。

 知识链接

使用修改标记修改文档：

Word 的修订标记功能就是模拟审阅稿件时在稿件上所作的修改操作，用特殊格式（如使用带下划线、删除线的字体）自动记载或显示修改过的文本，并且存储审阅者的名字，修改日期和时间，可以让评阅者查看自文档的上一版本之后所作的任何修改。

为了便于沟通交流，Word 可以启动审阅修订模式。启动审阅修订模式后，Word 将记录显示出所有用户对该文件的修改。那么该如何启用或关闭修订模式呢？

（1）进入"审阅"选项卡，单击"修订"按钮（蓝色标记内）即可启动修订模式。

（2）如"修订"按钮变亮，则表示修订模式已经启动。那么接下来对文件的所有修改都会有标记。

（3）对于修订文档的显示方式也分为几种（红色标记内）。

"原始状态"——只显示原文（不含任何标记）。

"最终状态"——只显示修订后的内容（不含任何标记）。

"最终：显示标记"——显示修订后的内容（有修订标记，并在右侧显示出对原文的操作，如删除、格式调整等）。

"原始：显示标记"——显示原文的内容（有修订标记，并在右侧显示出修订操作，如添加的内容等）。

（4）如想退出"修订模式"，那么再单击一次"修订"按钮，让其背景变成白色就可以了。

任务 7.3　拼写检查

【任务目标】本任务要求学生了解拼写检查。

【任务操作 1】进行拼写检查。

案例实训

【实训要求】

对"office 2016 简介.doc"进行拼写检查。

【实训步骤】

（1）将光标定位于需要检查的文字部分的开头。

（2）切换到"审阅"选项卡，在"校对"组中单击"拼写和语法"按钮，如图 3-90 所示。这时，Word 将自动对光标后的内容进行检查校对。在检查的过程中，如果 Word 发现一个在它的标准词典中没有的词时，将会出现一个"核对"对话框（假设 Microsoft 写成了 Micrsoft），如图 3-91 所示。

| 图 3-90　"拼写和语法"按钮 | 图 3-91　"核对"对话框 |

在"建议"列表中选择正确的单词，单击"更改"按钮，则完成了拼写检查。

⊠ **说明提示**

对话框上方的"不在词典中"文本框显示了上下文中的错误，而"建议"列表则提供了一个或几个解决方案。用户可以编辑"不在词典中"框中的文本，或选择列表中建议的单词，然后单击右边"更改"按钮进行更正。在用户完成一处修改之后，Word 将继续检查文档，并显示它发现的下一个问题。如果对一些并非拼写错误，而是 Word 标准词典中没有的那些词，可以选择"忽略"按钮。

 知识链接

给一篇论文添加目录的具体步骤如下：

如果要插入目录，请选择"引用"选项卡，指向"目录"组的"目录"按钮，选择目录格式"自动目录"。出现索引和目录的对话框，选择"目录"选项卡，倘若直接按下"确定"按钮，则会以黑体字提示"错误！未找到目录项"。

目录项即文档中用来显示成为目录内容的一段或一行文本。因此，要想自动显示目录，必须先定义目录项。目录项的定义很简单，单击"视图"→"大纲"切换至大纲模式，大纲模式下文档各段落的级别显示得很清楚，选定文章标题，将之定义为"1 级"，接着依次选定需要设置为目录项的文字，将之逐一定义为"2 级"。当然，若有必要，可继续定义"3 级"目录项。

定义完毕，单击"视图"→"页面"返回页面模式，将光标插入文档中欲创建目录处，再次执行"插入"→"引用"→"索引和目录"，出现索引和目录的对话框，选择"目录"选项卡，上面只定义了两个级别的目录项，因此将"显示级别"中的数字改为"2"。"显示页码"与"页码右对齐"这两项推荐选择，前者的作用是自动显示目录项所在的页面，后者的作用是为了显示美观。"制表符前导符"即目录项与右对齐的页码之间区域的显示符号，可下拉选择；此外，有多种目录显示格式可供选择，下拉"格式"就可以看到了。

最后单击"确定"按钮，目录就这样生成了，包括页码都自动显示出来了。按住 Ctrl 键，单击某目录项，当前页面自动跳转至该目录项所在的页码。

模块实训

案例实训 1

【实训要求】

新建 Word 文档，输入方框中的文字，并按要求进行以下设置，最终效果如图 3-92 所示。

缪斯的左右手（节选）

　　诗和散文，同为表情达意的文体，但诗凭籍想象，较具情感的价值，散文依据常识，较具实用功能。诗为专任，心无旁骛；散文乃兼差，不但要做公文、新闻、书信、广告等等杂务的工具，还要用来叙事、说理、抒情。诗像是情人，可以专门谈情，散文像是妻子，当然可以谈情说爱，但是家务太重太杂了，实在难以分身，而且距离太近了，不够刺激。于是，有人说，散文乃走路，诗乃跳舞；散文乃喝水，诗乃饮酒；散文乃对话，诗乃独白；散文乃说话，诗乃唱歌；散文乃国语，诗乃方言；散文乃门，诗乃窗。其间的对比，永远说不完。

　　诗和散文这两个体裁正是相邻的两个天体，彼此之间必有影响。散文犹如地球，诗犹如月亮，月球被地球吸引，绕地球旋转，成为卫星，但地球也不能把月球吸得更近，力的平衡便长此维持；另一方面，月球对地球的引力，也形成了海潮。

　　正如柯立基所说，诗和散文并不是截然相反的东西，散文是一切文体之根；小说、戏剧、批评、甚至哲学、历史等等，都脱离不了散文。诗是一切文体之花，意象和音调之美，能赋一切文体以气韵；它是音乐、绘画、舞蹈、雕塑等等艺术达到高潮时，呼之欲出的那种感觉。散文乃一切作家的身份证，诗是一切艺术的入场券。

（1）页面设置：将文档的纸张大小设置为 16 开幅面，上、下、左、右页边距分别为 2.5 厘米、2.5 厘米、2.8 厘米、2.8 厘米，纸张方向为纵向。

（2）段落设置：全部段落首行缩进 2 个字符；段前间距 1 行；段后间距 1.5 行；1.5 倍行距。

（3）标题字体设置：字体为"隶书"，3 号字，加粗，红色，设置为阳文；字符间距加宽 1.5 磅。

（4）第一段正文：中文字体为仿宋；倾斜；添加下划线（波浪线）；段落左右各缩进 2 个字符。

（5）第二段正文：中文字体为黑体；添加"蓝色的三线"边框；"浅绿色"底纹（均应用于段落）。

（6）第三段正文：文字分为偏右两栏，含分隔线，栏宽 20 字符；首字下沉 2 个字符，字体楷体，距正文 0 厘米。

（7）将文档存为"缪斯的左右手.doc"。

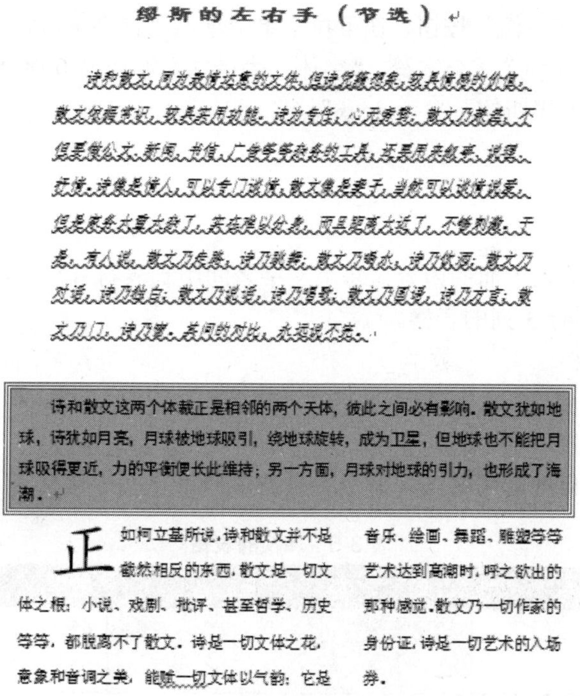

图 3-92　效果图

【实训步骤】

（1）新建文档，输入文字。

（2）选择"布局"选项卡，单击"页边距"下拉箭头，选择最下方的"自定义边距"菜单，弹出"页面设置"对话框，将上、下、左、右边距分别设为 2.5 厘米、2.5 厘米、2.8 厘米、2.8 厘米，"方向"为"纵向"；切换到"纸张"选项卡，"纸张大小"选择"16 开"。

（3）选中正文，右击，在快捷菜单中选择"段落"，弹出"段落"对话框，"特殊格式"选择"首行缩进"2 个字符，"段前间距"1 行，"段后间距"1.5 行，"行距"选择 1.5 倍行距。

（4）选中标题，右击，在快捷菜单中选择"字体"，"字体"选择"隶书"，"字号"选择"3 号"，"字形"选择"加粗"，"颜色"选择"红色"，"效果"勾选"阳文"，切换到"字符间距"选项卡，"间距"选择"加宽"，"磅值"选择"1.5 磅"。

（5）选中第一段正文，右击，选择"字体"，设置"字体"为仿宋；"字形"为倾斜；"下划线线型"为波浪线；单击"确定"按钮。右击，选择"段落"，"缩进"设置左右各缩进 2 个字符。

（6）选中第二段正文，右击，选择"字体"，设置"字体"为黑体，单击"确定"按钮；单击"段落"组"下框线"按钮右侧的下三角按钮，在弹出的菜单中选择"边框和底纹"，弹出"边框和底纹"对话框，在"边框"选项卡中设置："线型"选择"三线"边框，"颜色"选择"蓝色"；切换到"底纹"选项卡，"颜色"设为"浅绿色"，应用于段落。

（7）选中第三段正文，在"布局"选项卡中单击"页面设置"组中的"分栏"按钮，在其下拉列表中单击"更多分栏"命令，将显示"分栏"对话框。"预设"选择"偏右"，"栏数"选择两栏，勾选分隔线，"栏宽"选择 20 字符，单击"确定"按钮；选择"插入"选项卡，在

"文本"组中单击"首字下沉"按钮，在下拉菜单中单击"首字下沉选项"命令，弹出"首字下沉"对话框，选择"下沉"2 个字符，"字体"为楷体，距正文 0 厘米。

（8）文档保存为"缪斯的左右手.docx"。

案例实训 2

【实训要求】

（1）在 Word 中输入下面的内容，每个文字之间用制表符分割。利用表格中的"转换"菜单将其转换成一个 3 行 3 列的表格。

姓名　　　　语文　　　　数学
王晓佳　　　88　　　　　65
赵京宁　　　72　　　　　90

（2）采用"表格自动套用格式"命令生成表 3-5。

表 3-5　转换的表格

姓名	语文	数学
王晓佳	**88**	65
赵京宁	**72**	90
求各科平均分	80	77.5

【实训步骤】

（1）新建 Word 文档，输入文字，文字之间用 Tab 键分隔。

（2）选中文字，选择"插入"选项卡，在"表格"组中单击下拉箭头，选择"文本转换成表格"命令，上述文字即转换成 3 行 3 列的表格。

（3）将光标定位到最后一行任一单元格内，右击"插入"→"在下方插入行"，插入一行，输入"求各科平均分"。

（4）将光标定位到第四行第二列，选择"布局"选项卡，在"数据"组中选择"公式"，弹出"公式"对话框，计算"平均分"，同样计算数学"平均分"。

（5）选中表格，选择"设计"选项卡，在"表格样式"组中选择合适的样式即可。

（6）保存文档。

案例实训 3

【实训要求】

（1）将正文第一段设为两栏格式。

（2）设置页眉和页脚，在页眉右侧插入页码，格式为"壹，贰，叁…"。

（3）将标题设置为艺术字，样式为艺术字库中的第三行二列，环绕方式为上下型。

（4）将正文字体设为蓝色。

（5）为正文 2、3、4 段分别添加项目符号"☺""☺""☹"（Wingdings），并将项目符号字体设为四号。

（6）为正文最后一段添加"灰色 50%"底纹。

（7）在适当位置插入图片，设置高度为 5.4cm，宽度为 5cm。

（8）环绕方式为紧密型，环绕位置为左边。

（9）将正文中所有"病毒"二字的字体设置为红色，加下划线（波浪线）。

（10）保存文件。

效果如图 3-93 所示。

图 3-93　效果图

【实训步骤】

（1）新建文档，输入文字。

（2）选中正文第一段，在"布局"选项卡中单击"页面设置"组中的"分栏"按钮，在其下拉列表中选择"两栏"命令。

（3）选择"插入"选项卡，在"页眉和页脚"组中单击"页码"下拉箭头，选择"页码顶端""普通数字 1"；选中页码，单击"页码"下拉箭头，选择"设置页码格式"命令，弹出"页码格式"对话框，在"编码格式"中选择"壹，贰，叁…"，单击"确定"按钮；切换到"开始"选项卡，在"段落"组中单击"右对齐"按钮，页码即位于页眉右侧。

（4）选中标题，选择"插入"选项卡，在"文本"组中选择"艺术字"下拉箭头，选择合适的样式。设置艺术字格式："环绕方式"上下型。

（5）选中正文，选择"开始"选项卡，在"字体"组中单击工具栏中的"字体颜色"按钮，选择"蓝色"。

（6）选中正文第二段，单击"插入"选项卡中的"符号"命令，在下拉菜单中选择"其他符号"，在弹出的对话框中，单击"字体"按钮，选择 Wingdings 内合适的符号作为项目符号。以同样方法给第三段和第四段添加自定义项目符号。选中项目符号，设置字号为"四号"。

（7）选中正文最后一段，在"段落"组中的工具栏上单击"边框"按钮旁的下三角按钮，选择"边框和底纹"，单击"底纹"，在"填充"中选择"灰色50%"。

（8）将光标定位到适当位置，切换到"插入"选项卡，在"插图"组中单击"图片"按钮，选择合适的图片，插入图片后，选中图片，右击，设置图片格式：在"大小"选项卡中设置高度和宽度，在"版式"选项卡中设置环绕方式为"紧密型"，单击"版式"选项卡右下角的"高级"按钮，弹出"高级版式"设置，切换到"文字环绕"选项卡，选择"环绕文字""只在左侧"，单击"确定"按钮。

（9）选中正文中第一个"病毒"，设置字体为红色，加下划线（波浪线），切换到"开始"选项卡，在"剪贴板"组中双击"格式刷"按钮，依次把正文中其他"病毒"刷一遍，最后单击"格式刷"按钮。

（10）保存文档。

课后习题

一、选择题

1. 中文 Word 编辑软件的运行环境是（　　）。

　　A. WPS　　　　　　B. DOS　　　　　　C. Windows　　　　　　D. 高级语言

2. 在 Word 的编辑状态打开一个文档，并对其做了修改，进行"关闭"文档操作后（　　）。

　　A. 文档将被关闭，但修改后的内容不能保存

　　B. 文档不能被关闭，并提示出错

　　C. 文档将被关闭，并自动保存修改后的内容

　　D. 将弹出对话框，并询问是否保存对文档的修改

3. 在 Word 编辑状态下，要调整左右边界，利用（　　）更直接、快捷。

　　A. 格式栏　　　　　B. 工具栏　　　　　C. 菜单　　　　　　　D. 标尺

4. 在 Word 中，文本框（　　）。

　　A. 不可与文字叠放　　　　　　　　　B. 文字环绕方式多于两种

　　C. 随着框内文本内容的增多而增大　　D. 文字环绕方式只有两种

5. 在 Word 编辑状态下，当前输入的文字显示在（　　）。

　　A. 当前行尾部　　　　　　　　　　　B. 插入点

　　C. 文件尾部　　　　　　　　　　　　D. 鼠标光标处

6. 在 Word 的默认状态下，有时会在某些英文文字下方出现红色的波浪线，这表示（　　）。

　　A. 语法错误　　　　　　　　　　　　B. 该文字本身自带下划线

　　C. Word 字典中没有该单词　　　　　D. 该处有附注

7. 关于 Word 中的"插入表格"命令，下列说法中错误的是（　　）。

　　A. 只能是 2 行 3 列　　　　　　　　B. 可以自动套用格式

　　C. 行列数可调　　　　　　　　　　　D. 能调整行、列宽

8. 在 Word 的编辑状态，　按钮表示的含义是（　　）。

　　A. 居中对齐　　　B. 右对齐　　　C. 左对齐　　　　　D. 分散对齐

9．在 Word 的编辑状态，关于拆分表格，正确的说法是（　　）。

  A．可以自己设定拆分的行列数 B．只能将表格拆分为左右两部分

  C．只能将表格拆分为上下两部分 D．只能将表格拆分为列

10．Word 中的"格式刷"可用于复制文本或段落的格式，若要将选中的文本或段落格式重复应用多次，应（　　）。

  A．单击"格式刷"   B．双击"格式刷"

  C．右击"格式刷"   D．拖动"格式刷"

11．在 Word 的表格操作中，计算求和的函数是（　　）。

  A．Total   B．Sum   C．Count   D．Average

12．如果用户想保存一个正在编辑的文档，但希望以不同文件名存储，可用（　　）命令。

  A．保存   B．另存为   C．比较   D．限制编辑

13．下面有关 Word 2016 表格功能的说法不正确的是（　　）。

  A．可以通过表格工具将表格转换成文本

  B．表格的单元格中可以插入表格

  C．表格中可以插入图片

  D．不能设置表格的边框线

14．在 Word 中，如果在输入的文字或标点下面出现红色波浪线，表示（　　），可用"审阅"功能区中的"拼写和语法"来检查。

  A．拼写和语法错误   B．句法错误

  C．系统错误   D．其他错误

15．在 Word 2016 中，可以通过（　　）功能区对不同版本的文档进行比较和合并。

  A．布局 B．引用   C．审阅   D．视图

16．在 Word 2016 中，可以通过（　　）功能区对所选内容添加批注。

  A．插入 B．布局   C．引用   D．审阅

17．在 Word 2016 中，默认保存后的文档格式扩展名为（　　）。

  A．*.dos B．*.docx C．*.html   D．*.txt

二、操作题

1．以下素材按要求排版。

实施科教兴国战略，强化现代化建设人才支撑

中国共产党第二十次全国代表大会上的报告（节选）

  教育、科技、人才是全面建设社会主义现代化国家的基础性、战略性支撑。必须坚持科技是第一生产力、人才是第一资源、创新是第一动力，深入实施科教兴国战略、人才强国战略、创新驱动发展战略，开辟发展新领域新赛道，不断塑造发展新动能新优势。

  我们要坚持教育优先发展、科技自立自强、人才引领驱动，加快建设教育强国、科技强国、人才强国，坚持为党育人、为国育才，全面提高人才自主培养质量，着力造就拔尖创新人才，聚天下英才而用之。

（1）将标题字体设置为"华文行楷"，字形设置为"常规"，字号设置为"小初"，选定

"效果"为"空心字"且居中显示。

（2）将"中国共产党第二十次全国代表大会上的报告（节选）"的字体设置为"隶书"、字号设置为"小三"，文字右对齐加双曲线边框，线型宽度应用系统默认值显示。

（3）将正文行距设置为25磅。

（4）设置第一段（"教"）首字下沉。

（5）将第一段（除首字）字体设置为"宋体"，字号设置为"五号"。

（6）将第二段字体设置为"方正舒体"，字号设置为"四号"，加双横线下划线。

2．将以下素材按要求排版。

（1）将正文字体设置为"隶书"，字号设置为"小四"。

（2）将正文内容分成"偏左"的两栏。设置首字下沉，将首字字体设置为"华文行楷"，下沉行数为"3"。

（3）插入一幅剪贴画，将环绕方式设置为"紧密型"。

Modem（调制解调器）是普通用户上网的必备硬件，网友们爱称它为"猫"，是计算机数字世界与电话机模拟世界联系的桥梁。Modem可以连接Internet、登录BBS、对点直接通信，还可以传输数据、发送传真、电话答录、语音数据同传等。Modem有外置Modem和内置Modem之分。外置Modem为大多数装机用户首选，只要用一根RS-232Cable线和计算机的串口连接就能使用。

3．制作如图3-94所示的课程表。

（1）新建Word文档，保存文件为"课程表.doc"。

（2）表格内的字体为方正姚体4号。星期一行文字为红色。

（3）英语两格填充灰色-5%，样式10%。

（4）表格外边线使用3磅外细内粗样式。

时间\课程\星期	星期一	星期二	星期三	星期四	星期五
上午	数学	英语	地理	数学	语文
上午	化学	语文	政治	化学	英语
下午	音乐	美术	体育	物理	历史

图 3-94　课程表

模块四　表格处理软件 Excel 2016

- 工作表的创建、编辑
- 工作表的格式化
- Excel 公式及常用函数的使用
- Excel 图表的制作
- Excel 中数据的分析与处理

- 了解 Excel 的特点、应用
- 掌握工作表的基本操作
- 掌握 Excel 公式及常用函数的使用
- 学会使用 Excel 制作图表
- 掌握 Excel 中数据排序、筛选、分类汇总的方法

项目 1　Excel 2016 基础知识与操作

项目分析

本项目要求了解 Excel 2016 的基础知识，掌握 Excel 2016 的常用基本操作，包括工作簿的新建、打开和保存，工作表的创建、编辑与打印等。

任务 1.1　Excel 2016 的应用

【任务目标】本任务要求学生了解 Excel 2016 的主要用途。

Excel 2016 主要用于电子表格处理，可以高效地完成各种表格和图表的设计，进行复杂的数据计算和分析，广泛应用于财务、行政、经济、统计、金融、审计等多个领域，大大提高了数据处理的效率。

总体来说，Excel 2016 主要有以下几方面的用途：

（1）数据记录与整理。Excel 2016 最基本的功能便是记录和整理数据，从而制作出各式各样的表格，如员工信息表、员工考勤记录表、学生成绩统计表、办公费用收支表、通讯录、销售记录表以及生产记录表等电子表格。

（2）数据计算。Excel 2016 提供了众多功能强大的公式和函数用来对表格中的数据进行复杂的计算，极大地提高了工作效率，如计算企业每位员工每月的实发工资、统计学校各班每位同学的总成绩和名次等。

（3）数据图表化。在 Excel 2016 中还可以利用电子表格中的数据快速创建各种类型的图表，通过图表可以直观形象地反映工作表中各项数据之间的关系，对数据信息进行比较和分析。

（4）数据管理与分析。利用 Excel 2016 提供的排序、筛选、分类汇总、数据透视表、切片器等功能可以灵活地进行数据处理与分析，对于有大量数据的企业来说，既可以利用 Excel 2016 管理数据，也可以利用其数据分析的结果来进行决策。

任务 1.2　Excel 2016 工作界面

【任务目标】本任务要求学生了解 Excel 2016 工作界面的组成部分以及各部分的构成和作用。

Excel 2016 的工作界面如图 4-1 所示，主要由以下几部分组成。

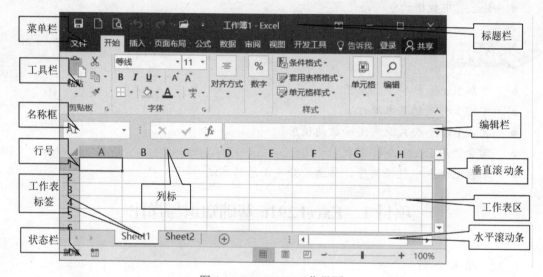

图 4-1　Excel 2016 工作界面

（1）标题栏：位于窗口最上方，用于显示当前被编辑的工作簿名称。图 4-1 中显示的工作簿名称是"工作簿 1"。

（2）菜单栏：位于标题栏下方，给出了包含各类操作命令的 9 个菜单项。

（3）工具栏：工具栏中的每个小按钮都对应一种操作。例如，单击"复制"按钮，便可复制所选内容，并将其放入剪贴板；单击"粘贴"按钮，则粘贴剪贴板上的内容。

（4）名称框：用于显示当前单元格的位置，也可以在此处输入单元格的标识进行单元格的定位。

（5）编辑栏：用于输入或编辑当前单元格中的数据和公式。

（6）行号、列标：用于定位单元格。一个工作表共有 1048576 行，16384 列。行号用数字 1，2，3，…，1048576 来表示，列标用英文字母 A，B，C，…，Z，AA，AB，…，XFD来表示。例如，A3 代表 A 列第 3 行所在的单元格；A1:C5 表示从 A1 单元格到 C5 单元格之间的矩形单元格区域。

（7）工作表区：位于窗口中间，由单元格组成，用来记录数据的区域。

（8）状态栏：位于窗口最下方，用于显示当前所编辑工作表的主要属性及信息。

（9）工作表标签：用于显示工作表的名称，单击工作表标签将激活相应的工作表。当前工作表以白底显示，其他工作表以灰底显示。一个工作簿里默认有 3 个工作表，分别是 Sheet1、Sheet2 和 Sheet3，显示在工作表标签中。在实际工作中，可以根据需要添加更多的工作表，也可以修改它们的名称。

（10）水平、垂直滚动条：用来在水平、垂直方向改变工作表的可见区域。

任务 1.3　Excel 2016 的重要概念

【任务目标】本任务要求学生掌握 Excel 2016 中的一些常用术语和重要概念。

（1）工作簿。工作簿是存储 Excel 数据的文件，其默认扩展名是 xlsx，其中可以包含一个或多个工作表。启动 Excel 2016 时，会自动创建并打开一个名为"工作簿 1"的空白工作簿。

（2）工作表。工作表是工作簿的重要组成部分，包含按行和列排列的单元格，也称电子表格。若工作簿是一本账簿，则一张工作表就像账簿中的一页。工作表可以容纳字符、数字、公式、图表等多种类型的信息。

（3）单元格。单元格是组成工作表的基本单位。在 Excel 中数据的操作都是在单元格中完成的。单元格在工作表中按行和列组织，每一列的列标由 A、B、C 等字母表示，每一行的行号由 1、2、3 等数字表示。由"列标行号"形式表示单元格名称，也叫单元格地址，如 A1、D3 等。

（4）工作簿、工作表及单元格的关系。在 Excel 2016 中工作簿包含工作表，工作表又包含单元格。在默认情况下，一个新建的工作簿包含 3 张工作表，用户可以在其中添加更多的工作表，一个工作簿可容纳的工作表数量取决于 Excel 2016 可以使用的内存大小，32 位的 Excel 2016 可以使用 2GB 内存。

Excel 2016 中一个工作表能容纳的单元格的数量比 Excel 2003 有了巨大提升。在 Excel 2016 中一个工作表的大小为 16384 列×1048576 行，超出该范围的数据将会丢失。

任务 1.4　工作簿的基本操作

【任务目标】本任务要求学生掌握工作簿的新建、打开以及保存等常用操作。

【任务操作 1】新建工作簿。

在 Excel 2016 中，既可以新建空白工作簿，也可以利用 Excel 2016 提供的模板来新建工作簿。

1. 新建空白工作簿

空白工作簿就是其工作表中没有任何数据资料的工作簿。

单击"文件"菜单命令，在左侧命令列表中选择"新建"命令，在中间的"特色"窗格中单击"空白工作簿"，如图 4-2 所示。上述操作将会创建一个新的空白工作簿。

2. 根据模板新建工作簿

用户可以使用 Excel 2016 提供的模板创建各种用途的工作簿。例如，季节性照片日历、基本个人预算、学年日历等，这些工作簿包含了特定的格式和内容，用户只需稍加编辑即可快速创建一张工作簿，非常方便。

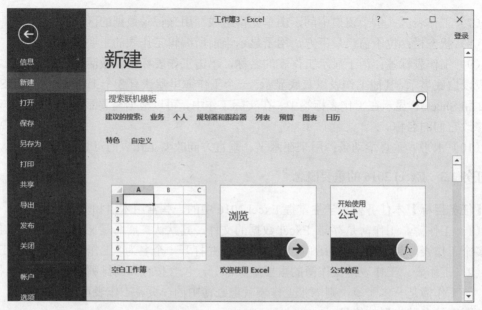

图 4-2　新建空白工作簿

根据模板新建工作簿时，只需在图 4-3 中间的"特色"窗格中单击，再在下方出现的模板中选择需要的模板，如图 4-3 所示，最后，直接单击该模板即可。

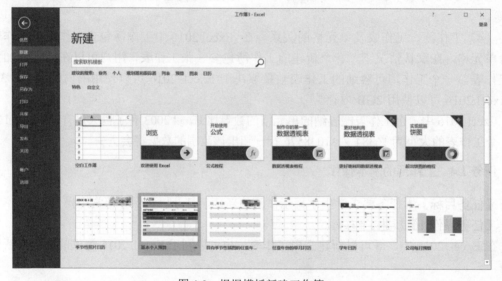

图 4-3　根据模板新建工作簿

【任务操作 2】打开已有工作簿。

在 Excel 2016 中，单击"文件"→"打开"命令，或者按 Ctrl+O 组合键，都将出现"打开"对话框，从中选择要打开的文件路径再选择文件后，单击"打开"按钮就可以了。

【任务操作 3】保存工作簿。

（1）第一次新建的工作簿存盘时，可以单击"文件"→"保存"命令，或者单击工具栏中的"保存"按钮，或者按下 Ctrl+S 组合键，系统将打开"另存为"对话框。在"另存为"

对话框左侧选择合适的保存路径，然后在"文件名"文本框内输入工作簿名称，单击"保存"按钮。这样，就完成了保存当前工作簿的操作。

（2）若编辑一个已存在的文件，可直接按上述方法使用"保存"命令，将按原文件名保存在默认的位置。若想保存到其他的文件夹或以其他的文件名存盘，可单击"文件"→"另存为"，系统将打开"另存为"对话框，让用户为其重新命名。

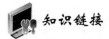 知识链接

启动 Excel 2016 后，系统会自动新建一个空白的 Excel 文件，默认名称为工作簿 1（当再次新建时，其默认的文件名为工作簿 2、工作簿 3、…），扩展名为 xlsx。

任务 1.5　创建与编辑工作表

【任务目标】本任务要求学生掌握创建与编辑工作表的常用操作，如增加、删除、重命名、移动、复制、隐藏和保护工作表等操作。

【任务操作 1】增加工作表。

新建一个工作簿后，系统默认有 3 个工作表，若想再增加工作表，操作步骤如下：

选定当前工作表，将鼠标指针指向该工作表标签，并右击，在弹出的快捷菜单中选择"插入"命令，将弹出"插入"对话框，如图 4-4 所示。在其中选择需要的模板后，单击"确定"按钮，即可根据所选模板在选定工作表前新建一个工作表。

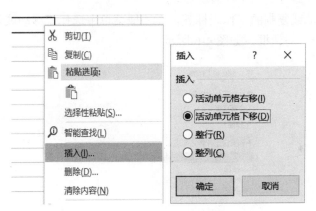

图 4-4　"插入"命令和"插入"对话框

【任务操作 2】删除工作表。

方法 1：选定要删除的工作表，在"开始"菜单下方的"单元格"一栏中单击"删除"，在出现的列表中单击"删除工作表"，工作表将被删除，同时和它相邻的后面的工作表成为当前工作表。

方法 2：在要删除的工作表的标签上右击，在弹出的快捷菜单中选择"删除"命令也可删除工作表。

【任务操作 3】重命名工作表。

方法 1：双击要更改名称的工作表标签。这时可以看到工作表标签以高亮度显示，即处于编辑状态，在其中输入新的名称并按 Enter 键即可，如图 4-5 所示。

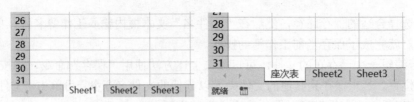

图 4-5　重命名工作表

方法 2：在要重命名的工作表标签上右击，在弹出的快捷菜单中选择"重命名"命令，这时可以看到工作表标签以高亮度显示，在其中输入新的名称并按 Enter 键即可。

方法 3：在"开始"菜单下方的"单元格"一栏中单击"格式"，在出现的列表中单击"重命名工作表"，此时选定的工作表标签呈高亮度显示，在其中输入新的工作表名称并按 Enter 键即可。

【任务操作 4】移动和复制工作表。

工作表可以在工作簿内或工作簿之间进行移动和复制。

方法 1：采用鼠标拖动法移动、复制工作表。操作步骤如下：

（1）选择要移动或复制的工作表标签。

（2）若要移动，拖动所选标签到所需位置；若要复制，则在按住 Ctrl 键的同时，拖动所选标签到所需位置。拖动时，会出现一个黑三角符号来表示移动的位置。

方法 2：采用菜单法移动、复制工作表。操作步骤如下：

（1）选择要移动或复制的工作表标签。

（2）右击要移动或复制的工作表标签，在快捷菜单中选择"移动或复制…"命令，打开"移动或复制工作表"对话框，如图 4-6 所示。

图 4-6　"移动或复制工作表"对话框

（3）在"工作簿"下拉列表中，可以将所选工作表移动或复制到已打开的其他工作簿中；在"下列选定工作表之前"列表中，可以选择要移动或复制到的新位置。

（4）勾选"建立副本"复选框为复制操作，否则为移动操作。

（5）单击"确定"按钮，完成操作。

【任务操作 5】隐藏或显示工作表。

1. 隐藏工作表

在 Excel 中，可以有选择地隐藏工作簿的一个或多个工作表，一旦工作表被隐藏，其内容将无法显示，除非撤消对该工作表的隐藏设置。隐藏工作表的操作步骤如下：

（1）选定需要隐藏的工作表。

（2）右击，在快捷菜单中选择"隐藏"命令即可。

2. 显示工作表

显示工作表的操作步骤如下：

（1）在任一工作表标签处右击，在快捷菜单中选择"取消隐藏"命令，将弹出"取消隐藏"对话框。

（2）选择要取消隐藏的工作表，再单击"确定"按钮即可。

【任务操作6】保护工作表。

保护工作表功能可以对工作表上的各元素（如含有公式的单元格）进行保护，以禁止所有用户访问，也可允许个别用户对指定的区域进行访问。

保护工作表的操作步骤如下：

（1）右击要保护的工作表标签，在快捷菜单中选择"保护工作表…"命令，将弹出"保护工作表"对话框，如图 4-7 所示。

（2）在"保护工作表"对话框的"允许此工作表的所有用户进行"列表框中，勾选相应的复选框。

（3）为了更好地保护工作表，可以在"保护工作表"对话框中的"取消工作表保护时使用的密码"文本框中输入设置的密码。这样只有知道密码才能取消工作表的保护，真正起到保护的作用。

（4）单击"确定"按钮，在随后打开的"确认密码"对话框中重新输入密码，如图 4-8 所示，单击"确定"按钮，这样就完成了对工作表的保护。

图 4-7　"保护工作表"对话框

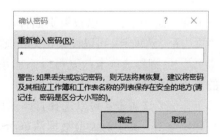

图 4-8　"确认密码"对话框

如果想撤消对工作表的保护，右击要撤消保护的工作表标签，在快捷菜单中选择"撤消工作表保护…"命令，弹出"撤消工作表保护"对话框，输入原密码，单击"确定"按钮，即取消对工作表的保护。

任务 1.6　打印工作表

【任务目标】本任务要求学生掌握如何实现工作表的规范打印。

【任务操作1】打印选定区域。

打印时，如果仅需要打印工作表中的部分内容，操作方法如下：选定要打印的区域，然后单击"文件"→"打印"→"设置"→"打印选定区域"即可。

如果想取消工作表中的全部打印区域，单击"文件"→"打印"→"忽略打印区域"即可。

【任务操作2】页面设置。

单击"文件"→"打印"→"页面设置"，可打开"页面设置"对话框，如图 4-9 所示，其中包括 4 个选项卡。

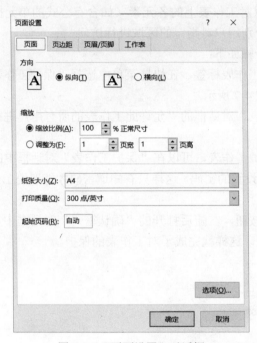

图 4-9　"页面设置"对话框

- "页面"选项卡：可以设置页面打印方向和页面的大小。
- "页边距"选项卡：可以设置正文和页面边缘之间及页眉、页脚和页面边缘之间的距离。
- "页眉/页脚"选项卡：既可以添加系统默认的页眉和页脚，也可以添加用户自定义的页眉和页脚。
- "工作表"选项卡：可以选择打印区域、打印内容的行标题和列标题、打印的内容及打印顺序等。其中对大型数据清单而言，打印标题是一个非常有用的选项，选定了作为标题的行列后，若打印出的数据清单有几页构成，则所有页中都将有标题行和标题列的内容。

【任务操作3】打印。

用户对打印预览中显示的效果满意后就可进行打印输出了，此时只需单击左上角的"打印"按钮,如图 4-10 所示。

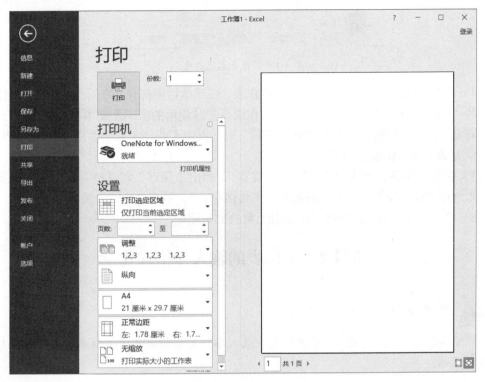

图 4-10 打印操作

案例实训

【实训要求】

在 D 盘下新建一个名为"销售信息表"的工作簿,在工作簿中创建 4 张工作表,名称分别为"一季度""二季度""三季度"和"四季度"。并对"一季度"工作表进行保护,密码为"1234"。

【实训步骤】

(1)启动 Excel 2016:单击"开始"→"程序"→Microsoft Office→Microsoft Office Excel 2016。

(2)插入工作表:将鼠标指针指向 Sheet1 工作表标签并右击,在弹出的快捷菜单中选择"插入"命令,将弹出"插入"对话框,在其中选择"工作表"后,单击"确定"按钮,即在 Sheet1 的前面插入了一张新的工作表 Sheet4,如图 4-11 所示。

图 4-11 插入 Sheet4 工作表

(3)重命名工作表:右击 Sheet4,在快捷菜单中选择"重命名"命令,在 Sheet4 标签名处输入"一季度"。采用同样的方法,将 Sheet1、Sheet2 和 Sheet3 分别改名为"二季度""三季度"和"四季度"，如图 4-12 所示。

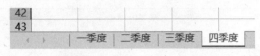

图 4-12　重命名工作表

（4）设置密码保护：选中"一季度"工作表，在菜单栏中选择"审阅"→"保护工作表"，在弹出的"保护工作表"对话框的"取消工作表保护时使用的密码"文本框中输入"1234"，单击"确定"按钮，在随后打开的"确认密码"对话框中重新输入密码"1234"，单击"确定"按钮，就完成了对工作表的保护。

（5）保存工作簿：单击"文件"→"保存"，弹出"保存"对话框，在"保存位置"后选择"本地磁盘(D:)"，"文件名"后输入"销售信息表"，单击"确定"按钮。

（6）退出 Excel 2016：单击工作簿右上角的 ⊠ 按钮。

项目 2　工作表的输入与格式化

 项目分析

本项目要求掌握向 Excel 2016 工作表中录入各种类型数据的方法以及对工作表进行格式化的各种操作。

任务 2.1　在工作表中录入数据

【任务目标】本任务要求学生掌握在工作表中录入各种类型数据的方法。

【任务操作 1】字符型数据的输入。

（1）新建一张工作表。

（2）单击 A1 单元格，在其中输入"工号"。也可在编辑栏中输入。

（3）按 Enter 键结束输入。也可按 Tab 键或单击其他单元格结束输入。

（4）在 B1:G1 单元格区域内输入表 4-1 中表的列标题内容，如图 4-13 所示。

表 4-1　员工基本信息表

工号	姓名	年龄	籍贯	部门	工作时间	工资
1001	陈明华	29	北京市	销售部	2011/9/10	￥2,300.00
1002	张雪	28	天津市	销售部	2008/6/12	￥2,601.30
1003	孙才	26	北京市	销售部	2009/12/1	￥2,400.50
1004	李明	23	北京市	销售部	2011/9/10	￥2,020.00
1005	吴楠	27	天津市	技术部	2010/9/12	￥3,140.00
1006	米小米	25	北京市	技术部	2009/8/15	￥3,602.00
1007	王亮	32	天津市	技术部	2009/9/10	￥3,701.50
1008	赵一航	23	北京市	技术部	2012/7/13	￥3,206.80

	A	B	C	D	E	F	G
1	工号	姓名	年龄	籍贯	部门	工作时间	工资
2							
3							

图 4-13　字符数据的输入

✉说明提示

若一个单元格中输入的文本过长，Excel 2016 允许其覆盖右边相邻的无数据的单元格；若相邻的单元格中有数据，则过长的文本将被截断，选定该单元格，在编辑栏中可以看到该单元格中输入的全部文本内容。如果要在一个单元格中输入多行数据，则在单元格输入了第一行数据后，按键盘上的 Alt+Enter 组合键，就可以在单元格内换行。

【任务操作 2】数值型数据的输入。

（1）单击 C2 单元格，在其中输入"29"。继续在 C3:C9 单元格区域内输入表 4-1 中"年龄"列的内容。

（2）若单元格中数据前有诸如人民币符号、美元符号等其他符号，用户可以预先进行设置，以使 Excel 能够自动添加相应的符号。

（3）选择要设置货币格式的单元格区域 G2:G9，在"开始"菜单下方的"单元格"一栏中单击"格式"，在出现的列表中单击"设置单元格格式"，打开"设置单元格格式"对话框，如图 4-14 所示。选择"数字"选项卡，在"分类"中选择"货币"，在"小数位数"后填 2，在"货币符号"后选择"￥"，单击"确定"按钮。

图 4-14　"设置单元格格式"对话框

（4）在 G2:G9 区域单元格中输入表 4-1"工资"列中的数字，数字前面会自动添加"￥"，如图 4-15 所示。

	工号	姓名	年龄	籍贯	部门	工作时间	工资
1	工号	姓名	年龄	籍贯	部门	工作时间	工资
2			29				¥2,300.00
3			28				¥2,601.30
4			26				¥2,400.50
5			23				¥2,020.00
6			27				¥3,140.00
7			25				¥3,602.00
8			32				¥3,701.50
9			23				¥3,206.80

图 4-15　数值型数据的输入

【任务操作 3】数字文本的输入。

对于学号、电话号码、邮政编码等由数字组成的文本，输入时应先输入单引号，再输入数字，以区分是"数字字符串"而非"数字"数据。Excel 2016 会自动在该单元格左上角加上绿色三角标记，说明该单元格中的数据为文本。

单击 A2 单元格，在其中输入工号"'1001"，如图 4-16 所示。

	工号	姓名	年龄	籍贯	部门	工作时间	工资
1	工号	姓名	年龄	籍贯	部门	工作时间	工资
2	1001		29				¥2,300.00
3			28				¥2,601.30
4			26				¥2,400.50
5			23				¥2,020.00
6			27				¥3,140.00
7			25				¥3,602.00
8			32				¥3,701.50
9			23				¥3,206.80

图 4-16　数字文本的输入

【任务操作 4】日期和时间的输入。

在 Excel 2016 中，当在单元格中输入系统可识别的时间和日期型数据时，单元格的格式就会自动转换为相应的"时间"或者"日期"格式，而不需要专门设置。单元格中日期和时间对齐方式默认为右对齐。如果系统不能识别输入的日期或时间格式，则输入的内容将被视为文本（此时在单元格中左对齐）。当输入日期时，应使用"/"或"-"作为年、月、日的分隔符号，如输入"2011/9/10"，表示 2011 年 9 月 10 日。当输入时间时，应使用":"来分隔时、分、秒，如输入"20:32:30"。当同时需要输入日期和时间时，它们之间需用空格分开，如"2011/9/10 20:32:30"。

在输入时间时，如果按 12 小时制输入时间，需在时间后空一格，再输入字母 a 或 p，分别表示上午或下午。如果只输入时间数字，Excel 将按上午处理。例如，输入 10:40 p，按 Enter 键后的结果是 22:40:00。

如果要输入当前的系统日期，按"Ctrl+;（分号）"组合键；如果要输入当前的系统时间，按"Ctrl + Shift +;（分号）"组合键即可。

本任务中输入"工作时间"列的数据。单击 F2 单元格，输入"2011/9/10"，按 Enter 键结束。用同样的方法，输入其他员工的工作时间，如图 4-17 所示。

	A	B	C	D	E	F	G
1	工号	姓名	年龄	籍贯	部门	工作时间	工资
2	1001		29			2011/9/10	¥2,300.00
3			28			2008/6/12	¥2,601.30
4			26			2009/12/1	¥2,400.50
5			23			2011/9/10	¥2,020.00
6			27			2010/9/12	¥3,140.00
7			25			2009/8/15	¥3,602.00
8			32			2009/9/10	¥3,701.50
9			23			2012/7/13	¥3,206.80

图 4-17 输入"工作时间"列的值

【任务操作 5】 数据的自动填充。

1. 重复数据的快速填充

本任务中，员工信息表"部门"列的数据多为重复数据"销售部"和"技术部"。输入时，首先在 E2 单元格中输入"销售部"，然后按 Enter 键，将鼠标指针放在 E2 单元格右下角的小方块标志（称为填充柄）上，当光标变为"＋"（实心的十字形）时，按住鼠标左键不放，拖动鼠标到 E5 单元格时松开鼠标，则 E2:E5 之间的单元格就填充了相同的数据"销售部"，如图 4-18 所示。

	A	B	C	D	E			A	B	C	D	E
1	工号	姓名	年龄	籍贯	部门		1	工号	姓名	年龄	籍贯	部门
2	1001		29		销售部		2	1001		29		销售部
3			28				3			28		销售部
4			26				4			26		销售部
5			23				5			23		销售部
6			27				6			27		
7			25				7			25		
8			32				8			32		
9			23				9			23		

图 4-18 填充重复数据

采用同样的方法填充 E6:E9 单元格区域中的内容为"技术部"。

不仅可以向下拖动得到相同的一列数据，向右拖动填充也可以得到相同的一行数据。如果选择的是多行多列，同时向右或者向下拖动，则会同时得到多行多列的相同数据。

2. 有序数字自动填充

有序数字的自动填充方法与重复数据相同。Excel 2016 会自动判断要重复填充的数据是否为能递增的数据。若是，则将以步长为 1 的等差序列规律来填充所选单元格区域。本任务中，员工信息表"工号"列的数据是一个有序序列。输入时，将鼠标指针放在 A2 单元格右下角的填充柄上，当光标变为"＋"时，按住鼠标左键并拖动到 A9 单元格时松开鼠标，则拖动时经过的单元格均被填充了有序数据，如图 4-19 所示。如果不需要递增只是重复填充，可在拖动鼠标的同时按住 Ctrl 键。

	A	B	C	D	E	F	G
1	工号	姓名	年龄	籍贯	部门	工作时间	工资
2	1001		29		销售部	2011/9/10	¥2,300.00
3	1002		28		销售部	2008/6/12	¥2,601.30
4	1003		26		销售部	2009/12/1	¥2,400.50
5	1004		23		销售部	2011/9/10	¥2,020.00
6	1005		27		技术部	2010/9/12	¥3,140.00
7	1006		25		技术部	2009/8/15	¥3,602.00
8	1007		32		技术部	2009/9/10	¥3,701.50
9	1008		23		技术部	2012/7/13	¥3,206.80

图 4-19 "工号"列数据自动填充

✉**说明提示**

除了数字外，像日期、时间、星期、月份、季度、包含数字的文本序列等有规律的数据，都可以使用自动填充使数据的输入快捷、方便。

3．创建自定义填充序列

Excel 2016 中，还可以自定义填充序列，更方便地帮助用户快速地输入一些没有规律而需要经常输入的数据。例如，员工"姓名"列的数据在工作簿的多张工作表中都要出现，因此，可以将员工姓名名单自定义为一个序列，实现多次自动填充。具体操作步骤如下：

（1）在菜单栏中，单击"文件"→"选项"，弹出"Excel 选项"对话框，如图 4-20 所示。

图 4-20　"Excel 选项"对话框

（2）在左侧选中"高级"，将右侧滚动条向下滚动，找到"编辑自定义列表"按钮并单击，弹出"自定义序列"对话框，如图 4-21 所示。

（3）在"自定义序列"对话框"输入序列"列表框中输入要定义的序列"陈明华 张雪 孙才 李明 吴楠 米小米 王亮 赵一航"后，单击"添加"按钮，将其添加到左侧的"自定义序列"列表框中。单击"确定"按钮，退出对话框。

（4）单击 B2 单元格输入"陈明华"后按 Enter 键，将鼠标指针放在 B2 单元格右下角的填充柄上，当光标变为"＋"时，按住鼠标左键并拖动到 B9 单元格时松开鼠标，则拖动时经过的单元格中填充了自定义序列中的员工姓名，如图 4-22 所示。

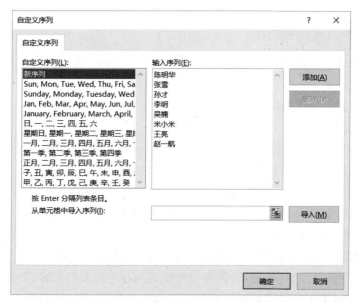

图 4-21　"自定义序列"对话框

	A	B	C	D	E	F	G
1	工号	姓名	年龄	籍贯	部门	工作时间	工资
2	1001	陈明华	29		销售部	2011/9/10	¥2,300.00
3	1002	张雪	28		销售部	2008/6/12	¥2,601.30
4	1003	孙才	26		销售部	2009/12/1	¥2,400.50
5	1004	李明	23		销售部	2011/9/10	¥2,020.00
6	1005	吴楠	27		技术部	2010/9/12	¥3,140.00
7	1006	米小米	25		技术部	2009/8/15	¥3,602.00
8	1007	王亮	32		技术部	2009/9/10	¥3,701.50
9	1008	赵一航	23		技术部	2012/7/13	¥3,206.80

图 4-22　自定义序列的填充

【任务操作6】为选中单元格区域集体输入数据。

在 Excel 2016 中，可以为选中的一块单元格区域，可以是连续的区域，也可以是不连续区域，录入相同数据。

本任务中，"籍贯"列的数据多为相同数据，可采用此方法。按住 Ctrl 键，同时单击"D2""D4""D5""D7""D9"这 5 个单元格，输入"北京市"，然后按住 Ctrl 键的同时按 Enter 键，即可实现在这 5 个单元格中同时输入"北京市"，如图 4-23 所示。采用同样的方法，在"D3""D6""D8"3 个单元格中输入"天津市"。

	A	B	C	D	E	F	G
1	工号	姓名	年龄	籍贯	部门	工作时间	工资
2	1001	陈明华	29	北京市	销售部	2011/9/10	¥2,300.00
3	1002	张雪	28		销售部	2008/6/12	¥2,601.30
4	1003	孙才	26	北京市	销售部	2009/12/1	¥2,400.50
5	1004	李明	23	北京市	销售部	2011/9/10	¥2,020.00
6	1005	吴楠	27		技术部	2010/9/12	¥3,140.00
7	1006	米小米	25	北京市	技术部	2009/8/15	¥3,602.00
8	1007	王亮	32		技术部	2009/9/10	¥3,701.50
9	1008	赵一航	23	北京市	技术部	2012/7/13	¥3,206.80

图 4-23　为选中单元格区域集体输入数据

任务 2.2　单元格的基本操作

【任务目标】本任务要求学生掌握单元格的选定、复制、移动、插入、删除、合并以及添加批注等常用操作。

【任务操作 1】单元格的选定。

1. 利用鼠标选择单元格

（1）选择连续的单元格的方法：将鼠标指针置于要选择范围的第一个单元格上。按住鼠标左键不放，拖动鼠标经过要选择的其余单元格，然后松开鼠标；或者单击第一个单元格，在按住 Shift 键的同时单击最后一个单元格，即可选中二者之间的所有单元格。

（2）选择不连续的单元格的方法：按住 Ctrl 键的同时，单击要选择的单元格。

（3）要选取整列，只要将鼠标指针移到该列的列标处，当鼠标指针变成向下的箭头形状时，单击就可以选取该列，单击并按住鼠标左键左右拖动就可以选取多列。同样，要选取整行，只要将鼠标指针移到该行的行号处,当鼠标指针变成向右的箭头形状时,单击就可以选取该行，单击并按住鼠标左键上下拖动就可以选取多行，如图 4-24 所示。

（4）单击表格行与列的交界处，可以选中整个工作表，如图 4-25 所示。

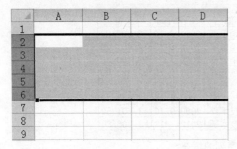
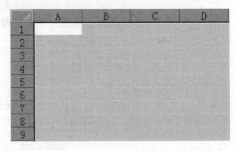

图 4-24　选中多行　　　　　　　　　　图 4-25　选中整个工作表

2. 利用"名称框"选择

将光标定在"名称框"中，输入需要选择的单元格名称，按下 Enter 键，即可选中相应的单元格或区域。例如，在"名称框"中分别输入 A:D、2:10、A1:B20,E1:E50，确认后，即可分别选中 A 列至 D 列、第 2 行至第 10 行、A1 至 B20 和 E1 至 E50 的单元格区域。

3. 利用"定位"对话框选择

通过"定位"对话框选择有两种形式。

（1）按 Ctrl+G 组合键，或按 F5 键，打开"定位"对话框，如图 4-26 所示。然后在"引用位置"文本框中输入需要选择的单元格名称，再单击"确定"按钮，即可选中相应的单元格或区域。

（2）在"定位"对话框中单击"定位条件"按钮，或者在"开始"菜单下方的"编辑"一栏中单击"查找和选择"，在出现的列表中单击"定位条件"，即可打开"定位条件"对话框，如图 4-27 所示。选中相应的项目后，单击"确定"按钮，即可同时选中符合相应项目的单元格或区域。例如，选中"公式"单选按钮，并单击"确定"按钮后，就可以选中所有包含了"公式"的单元格或区域。

图 4-26 "定位"对话框

图 4-27 "定位条件"对话框

【任务操作 2】复制和移动单元格。

1. 复制并粘贴单元格

（1）选中需要复制的单元格或区域，单击"开始"菜单下的"复制"命令，或按 Ctrl+C 组合键，即可完成复制操作。

（2）选中粘贴区域左上角的单元格，单击"开始"菜单下的"粘贴"命令，或按 Ctrl+V 组合键，即可完成粘贴操作。

2. 复制并粘贴单元格中特定的内容

（1）选中需要复制的单元或格区域，单击"开始"菜单下的"复制"命令，或按 Ctrl+C 组合键。

（2）选中粘贴区域左上角的单元格，单击"开始"→"粘贴"→"选择性粘贴"，打开 "选择性粘贴"对话框，如图 4-28 所示。

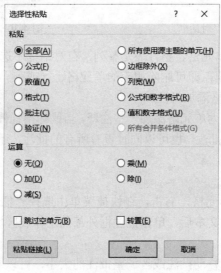

图 4-28 "选择性粘贴"对话框

（3）选择所需的选项后，单击"确定"按钮，即可粘贴单元格中特定的内容。

3. 移动单元格内容

要移动单元格中的内容，可以使用剪切功能，剪切后再粘贴就是移动。具体操作步骤如下：

（1）选中要移动内容的单元格，单击"开始"菜单下的"剪切"命令，或按 Ctrl+X 组合键。

（2）单击"开始"菜单下的"粘贴"命令，或按 Ctrl+V 组合键，即可将单元格中内容移动到新的位置。

【任务操作3】 插入和删除单元格。

1. 插入单元格、行或列

（1）在需要插入空单元格、行或列的位置选定一个单元格，右击，在快捷菜单中选择"插入"命令，打开"插入"对话框，如图 4-29 所示。

（2）如果要插入一个单元格，则选中"活动单元格右移"或"活动单元格下移"单选按钮；如果选中"整行"单选按钮，则在选中单元格的上方插入新的一行；如果选中"整列"单选按钮，则在选中单元格的左边插入新的一列。

（3）单击"确定"按钮完成操作。

2. 删除单元格

（1）选中需要删除的单元格或单元格区域，右击，在快捷菜单中选择"删除"命令，打开"删除"对话框，如图 4-30 所示。

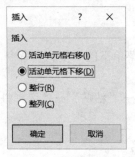

图 4-29　"插入"对话框　　　　　　　　图 4-30　"删除"对话框

（2）根据要删除的是单元格、整行还是整列，在对话框中选中相应的单选按钮。

（3）单击"确定"按钮，即可删除相应的单元格、行或列。

【任务操作4】 为单元格添加批注。

为单元格添加批注就是为单元格添加一些注释，当鼠标指针停留在带批注的 Excel 单元格上时，可以查看其中的每条批注，也可以同时查看所有的批注，还可以打印批注，以及打印带批注的工作表。

1. 添加批注

选中需要添加批注的单元格，右击，在快捷菜单中选择"插入批注"命令，在弹出的批注框中输入批注文本。输入文本后，单击批注框外部的工作表区域即可，如图 4-31 所示。

2. 编辑批注

如果需要修改、编辑、移动批注或者调整批注的大小，可以右击需要编辑批注的单元格，在快捷菜单中选择"编辑批注"命令。

	A	B	C	D	E
1	学号	姓名	英语	数学	计算机
2	13001	刘涛	90	74	86
3	13002			76	80
4	13003	休学			
5	13004			90	95
6	13005	李慧娟	78	83	77
7	13006	刘娜	85	60	75

图 4-31　添加批注

如果要修改批注外框的大小，可以用鼠标拖动批注边框上的尺寸调整柄。

如果要编辑批注，只需在批注框中重新输入即可。

如果要移动批注，只需拖动批注框的边框。

如果想要对批注做更多的设置，可以使用"设置批注格式"对话框。例如，要为批注修改默认背景色，方法如下：选中批注边框，右击，在快捷菜单中选择"设置批注格式"命令，打开"设置批注格式"对话框，如图 4-32 所示。

选择"颜色与线条"选项卡，在"颜色"下拉列表中选择一种背景颜色后，单击"确定"按钮，即可看到批注的背景色发生了变化，如图 4-33 所示。修改了此设置之后，以前输入的批注背景色并不会改变。

图 4-32　"设置批注格式"对话框

	A	B	C	D	E
1	学号	姓名	英语	数学	计算机
2	13001	刘涛	90	74	86
3	13002			76	80
4	13003	休学			
5	13004			90	95
6	13005	李慧娟	78	83	77
7	13006	刘娜	85	60	75

图 4-33　修改背景色后的批注

任务 2.3　工作表的格式化

【任务目标】本任务要求学生掌握对工作表进行格式化的常用方法。

【任务操作 1】设置单元格的边框和底纹。

1. 隐藏网格线

默认情况下，每个单元格都由围绕单元格的灰色网格线来标识，也可以将这些网格线隐藏起来，方法：在菜单栏中单击"视图"，在下方的"显示"一栏中取消勾选"网格线"复选框，则在工作区窗口中就看不到网格线了。

2. 设置单元格边框

用户可自行设置工作表中各单元格的边框线条粗细及颜色，方法如下：

选定要添加边框的单元格区域，在"开始"菜单下方的"单元格"一栏中单击"格式"→"设置单元格格式"，或右击，在快捷菜单中选择"设置单元格格式"命令，都会弹出"设置单元格格式"对话框，选择"边框"选项卡，如图 4-34 所示。可以在此添加或删除单元格的边框，并可选择不同的边框线型及边框颜色。

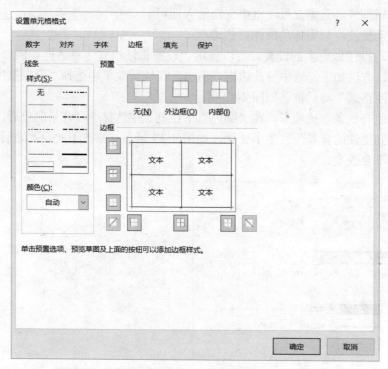

图 4-34　"设置单元格格式"对话框的"边框"选项卡

3. 给单元格添加底纹

在 Excel 2016 中还可以设置单元格的背景，即底纹，以进一步修饰单元格及整个表格，突出重要数据。有两种方法：

方法 1：使用格式工具栏添加底纹。

选定要添加底纹的单元格区域，在"开始"菜单下方的"字体"一栏中单击"填充颜色"下拉按钮 ，在弹出的调色板中选择合适的颜色即可。

方法 2：使用菜单命令添加底纹。

选定要添加底纹的单元格区域，在"开始"菜单下方的"单元格"一栏中单击"格式"→"设置单元格格式"，弹出"设置单元格格式"对话框，选择"填充"选项卡，如图 4-35 所示。在"背景色"选项区中选择合适的底纹颜色，在"图案样式"和"图案颜色"下拉列表框中选择底纹使用的图案样式及颜色，在"示例"选项区中可以预览所选底纹图案颜色的效果。选择完成后，单击"确定"按钮。

图 4-35 "设置单元格格式"对话框的"填充"选项卡

【任务操作 2】单元格内容的字体设置。

选定要设置字体的单元格或单元格区域，右击，在快捷菜单中选择"设置单元格格式"，弹出"设置单元格格式"对话框，在对话框中选择"字体"选项卡，如图 4-36 所示。在"字体"选项卡中根据需要设置单元格文本的字体、字形、字号、颜色，以及是否带下划线、删除线等特殊效果。设置完成后，单击"确定"按钮即可。

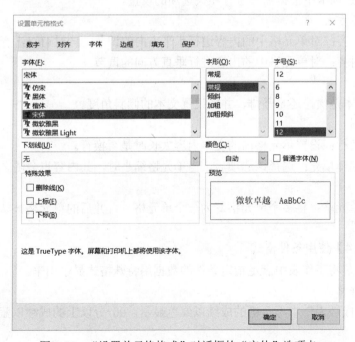

图 4-36 "设置单元格格式"对话框的"字体"选项卡

【**任务操作3**】单元格的对齐格式设置。

选定要设置对齐格式的单元格或单元格区域，右击，在快捷菜单中选择"设置单元格格式"，弹出"设置单元格格式"对话框，在对话框中选择"对齐"选项卡，如图4-37所示。

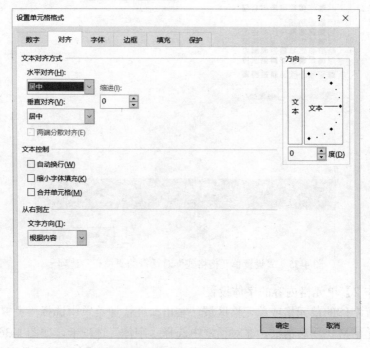

图4-37 "设置单元格格式"对话框的"对齐"选项卡

在"对齐"选项卡中根据需要进行相关选项的设置。

1. 文本对齐方式

（1）水平对齐：对单元格中的内容进行水平方向的调节，同时可以进行缩进的设定。

（2）垂直对齐：对单元格中的内容进行垂直方向的调节。

2. 方向

可以设置文本是横排还是竖排，并能设置文本的倾斜角度。

3. 文本控制

（1）自动换行：设置单元格内的文本内容太长时是否换行。

（2）缩小字体填充：选择该选项后，当单元格缩小时，其内容也会随之缩小，内容始终全部可见。

（3）合并单元格：将多个单元格变为一个单元格，合并后的单元格被认为是一个独立的单元格。

【**任务操作4**】使用条件格式。

条件格式就是将工作表中满足指定条件的数据用特殊格式显示出来。

1. 设置条件格式

例如，对"成绩表"中不及格的成绩以红色显示，90分以上的成绩以蓝色显示。操作步骤如下：

（1）选定各个成绩所在的单元格区域，如图4-38所示。

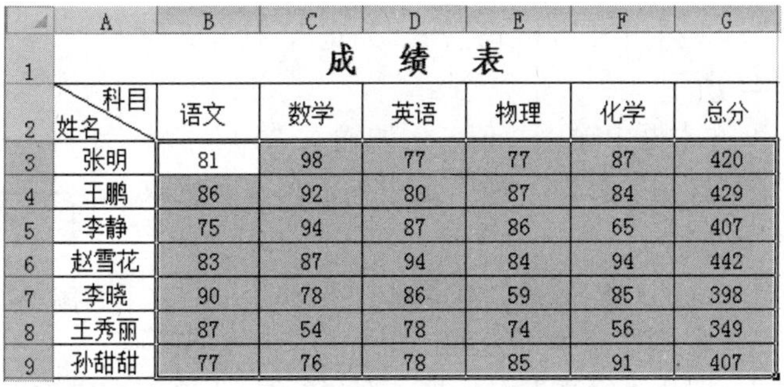

成绩表

科目 姓名	语文	数学	英语	物理	化学	总分
张明	81	98	77	77	87	420
王鹏	86	92	80	87	84	429
李静	75	94	87	86	65	407
赵雪花	83	87	94	84	94	442
李晓	90	78	86	59	85	398
王秀丽	87	54	78	74	56	349
孙甜甜	77	76	78	85	91	407

图 4-38　选中"成绩表"中的成绩数据

（2）在"开始"菜单下方的"样式"一栏中单击"条件格式"→"突出显示单元格规则"→"大于"，弹出"大于"对话框，如图 4-39 所示。

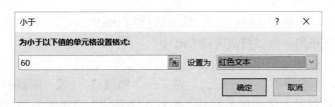

图 4-39　"大于"对话框

（3）在"为大于以下值的单元格设置格式："后的文本框中输入 90，在"设置为"后的下拉列表中选择"自定义格式..."，弹出"设置单元格格式"对话框。在"字体"选项卡中选择"颜色"为蓝色，单击"确定"按钮，返回"大于"对话框，单击"确定"按钮返回工作表。

（4）再单击"条件格式"→"突出显示单元格规则"→"小于"，弹出"小于"对话框，如图 4-40 所示。

（5）在"为小于以下值的单元格设置格式："后的文本框中输入 60，在"设置为"后的下拉列表中选择"红色文本"，单击"确定"按钮返回工作表。

图 4-40　"小于"对话框

2. 删除条件格式

对于已经存在的条件格式，可以对其进行删除，操作步骤如下：

（1）选定要删除条件格式的单元格区域。

（2）在"开始"菜单下方的"样式"一栏中单击"条件格式"→"清除规则"→"清除所选单元格的规则"即可。

【任务操作 5】调整单元格的列宽、行高。

1. 使用对话框调整列宽与行高

（1）选中要调整列宽的列中任意一个或多个单元格（可一次选择多列），然后在"开始"

菜单下方的"单元格"一栏中单击"格式"→"列宽"，打开"列宽"对话框，如图 4-41 所示。

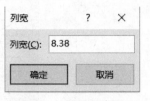

（2）在"列宽："文本框中输入数值，例如输入"10"。

（3）单击"确定"按钮，此时，所有选中列的列宽将更改为"10"。

图 4-41　"列宽"对话框

（4）选中要调整行高的行中任意一个或多个单元格（可一次选择多行），然后在"开始"菜单下方的"单元格"一栏中单击"格式"→"行高"，打开"行高"对话框，在"行高："文本框中输入要设置的行高数值，单击"确定"按钮，此时，所有选中行的行高将更改为指定值。

2. 使用鼠标调整列宽与行高

如果要调整列的宽度，将鼠标指针移到要调整宽度的列的右边框，当鼠标指针变成✛形状时，按下鼠标左键并拖动就可以改变列宽，随着鼠标的移动，有一条虚线指示此时列的右框线所在的位置，并且指针的右上角也显示出此时的列宽。

调整行高的方法与调整列宽相似。

3. 调整最适合的列宽与行高

如果要调整最适合的列宽，将鼠标指针移到要调整宽度的列的右边框，当鼠标指针变成✛形状时，双击，列宽就会自动调整到最合适的值。

行的操作与列的操作类似。

4. 批量调整列宽与行高

对于相邻的多列，在其列标号处用鼠标拖动的方式选中各列，将鼠标指针移至选中区域内任何一列的列标号边缘，当鼠标指针变成✛形状时，双击，则选中的所有列的宽度将调成最合适的尺寸，以和每列中输入最多内容的单元格相匹配。

对于不相邻的多列，可按 Ctrl 键依次选中各列再进行调整操作。

行的操作与列的操作类似。

【任务操作 6】隐藏行与列。

要快速隐藏活动单元格所在的行，可以按快捷键 Ctrl+9（不是小键盘上的数字键，下同）；要隐藏活动单元格所在列，可以按快捷键 Ctrl+0。

隐藏行或列时，先选定需要隐藏的工作表的行或列，然后在"开始"菜单下方的"单元格"一栏中单击"格式"→"隐藏和取消隐藏"→"隐藏行"（或"隐藏列"）即可。

当要显示隐藏的行时，单击任一列号，然后在"开始"菜单下方的"单元格"一栏中单击"格式"→"隐藏和取消隐藏"→"取消隐藏行"即可恢复显示隐藏的行；当要显示隐藏的列时，单击任一行号，然后在"开始"菜单下方的"单元格"一栏中单击"格式"→"隐藏和取消隐藏"→"取消隐藏列"即可恢复显示隐藏的列。

案例实训

【实训要求】

在 Excel 2016 中设计一张如图 4-42 所示的"个人简历"表格，要求打印到 A4 纸上时完整美观。

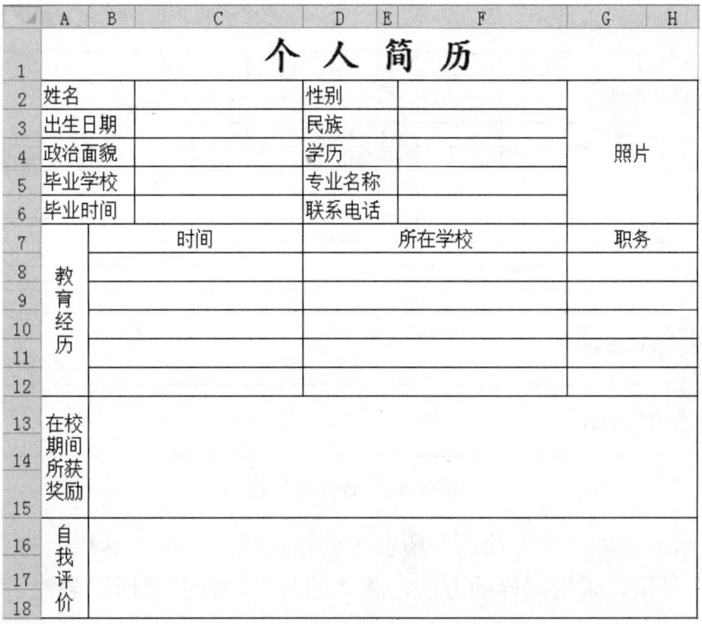

图 4-42　“个人简历”工作表

【实训步骤】

（1）录入数据：按照“个人简历”工作表的要求对表中内容进行初步设计，将表中数据录入到工作表中，如图 4-43 所示。

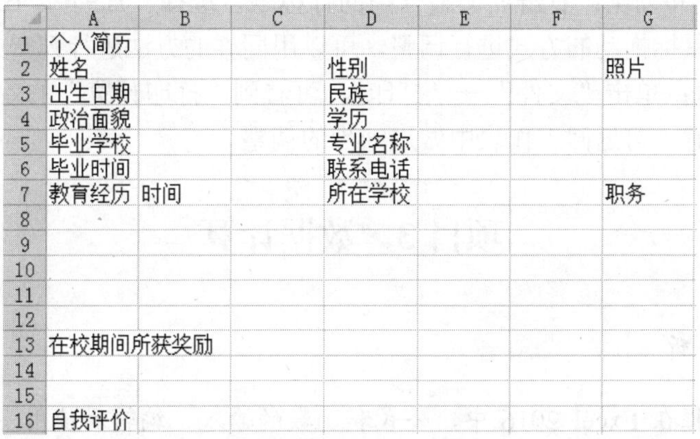

	A	B	C	D	E	F	G
1	个人简历						
2	姓名			性别			照片
3	出生日期			民族			
4	政治面貌			学历			
5	毕业学校			专业名称			
6	毕业时间			联系电话			
7	教育经历	时间		所在学校			职务
8							
9							
10							
11							
12							
13	在校期间所获奖励						
14							
15							
16	自我评价						

图 4-43　录入数据

（2）为表格加边框：选中要加边框的单元格区域 A2:H18，右击，在弹出的菜单中选择“设置单元格格式”，打开“设置单元格格式”对话框，在“边框”选项卡中选择“外边框”和“内部”选项，单击“确定”按钮。

（3）合并单元格：选中区域 A1:H1，按快捷键 Ctrl+1，弹出“设置单元格格式”对话框，在“对齐”选项卡下勾选“合并单元格”复选框。采用同样的方式完成 A2:B2、A3:B3、A4:B4、A5:B5、A6:B6、A7:A12、A13:A15、A16:A18 等单元格区域的合并。合并单元格后的工作表如图 4-44 所示。

	A	B	C	D	E	F	G	H
1	个人简历							
2	姓名			性别				
3	出生日期			民族				
4	政治面貌			学历			照片	
5	毕业学校			专业名称				
6	毕业时间			联系电话				
7		时间		所在学校			职务	
8								
9	教育经历							
10								
11								
12								
13	在校期间							
14								
15								
16	自我评价							
17								
18								

图 4-44　合并单元格

（4）居中显示：选中"个人简历"所在单元格区域，单击工具栏上的"居中"按钮，将"个人简历"居中显示。采用同样的方法，将"照片""时间""所在学校""职务"等内容居中显示。

（5）设置字体：选中"个人简历"，在工具栏中设置字体为"楷体、24 号字、加粗"。

（6）调整文字方向：选中"教育经历"单元格区域，在编辑栏中移动鼠标到"教"和"育"之间，按 Alt+Enter 组合键，可将文字换行显示。采用同样的方法，将"教育经历""在校期间所获奖励""自我评价"等文字换行显示。

（7）调整行高和列宽：右击要调整行高的行标题，选择"行高"，在弹出的文本框中输入新的行高，或用鼠标拖动的方式进行调整。可以用同样的方法进行列宽的调整。

（8）打印预览：单击"文件"→"打印"，可看到"打印预览"的效果。如果对当前表格的打印效果不满意，可返回工作表中做进一步的调整。

项目 3　数据计算

 项目分析

本项目要求掌握在 Excel 2016 中，公式和函数的输入、编辑和使用，相对引用、绝对引用和混合引用的相关知识。

任务 3.1　公式的应用

【任务目标】本任务要求学生了解 Excel 2016 的公式并掌握在工作表中如何使用公式。

【任务操作 1】认识 Excel 2016 中的公式。

在 Excel 2016 中，每个单元格可以存储不同的数值类型，如数值、文字、日期和时间等。除此之外还可以存储公式，实现各种数据的计算并获得所需要的信息。

公式是通过已知的数值来计算出新数值的等式，以等号（=）开头，由常量、运算符、函

数、引用 4 元素中的部分或全部组成。例如，"=(30 + A1)* SUM(D1:D4)" 是一个公式，就包含了上述元素，详细解释见表 4-2。

表 4-2 公式解释

公式元素	解　释	公式元素	解　释
=	一个公式的开始	+,*,()	运算符
30	常量	SUM()	函数
A1	单元格的引用	D1:D4	单元格区域的引用

【任务操作 2】Excel 2016 公式中的运算符。

Excel 2016 中的运算符主要有以下 4 种。

1. 算术运算符

算术运算符用于完成基本的算术运算，如加、减、乘、除等。

2. 比较运算符

比较运算符用于比较两个数值的大小关系，其运算结果为逻辑值 true 或 false，即正确或错误。

3. 文本运算符

文本运算符只有一个 "&"，使用该运算符可以连接文本。其含义是将两个文本值连接起来产生一个文本值，如"计算机"&"技术"的结果是 "计算机技术"。

4. 引用运算符

引用运算符用于单元格或单元格区域的引用，主要包括冒号、逗号和空格。

表 4-3 列出了 Excel 2016 公式中的所有运算符。

表 4-3 Excel 2016 公式中的所有运算符

运算符类型	运算符	含义	示例
算术运算符	+	加	2+3
	-	减	6-2
	*	乘	3*5
	/	除	12/4
	%	百分比	15%
	^	乘幂	3^2（3 的 2 次方）
比较运算符	=	等于	A1=B1
	>	大于	A1>B1
	<	小于	A1<B1
	>=	大于等于	A1>=B1
	<=	小于等于	A1<=B1
	<>	不等于	A1<>B1
文本运算符	&	将两个文本连接起来组成一个文本	"Excel"&"表格"生成 "Excel 表格"

续表

运算符类型	运算符	含义	示例
引用运算符	：（冒号）	引用相邻的多个单元格区域	A1:A5（引用从 A1 到 A5 的所有单元格）
	，（逗号）	将多个引用合并为一个引用	A1:A5,B1:B5（引用 A1:A5 和 B1:B5 两个单元格区域）
	（空格）	引用选定的多个单元格的交叉区域	B1:C4 C3:D5 引用 B1:C4 和 C3:D5 两个单元格区域相交的区域，即 C3:C4 区域

知识链接

公式中有多种运算符时，优先计算括号内的数值，然后按优先级从高到低的顺序进行运算。运算符的优先级从高到低为引用运算符、算术运算符、文本运算符、比较运算符。同级运算符按从左到右的顺序运算。

【任务操作 3】使用公式计算出图 4-45 成绩表中每位学生的总成绩。

姓名\科目	语文	数学	英语	总成绩
张明	81	98	77	
王鹏	86	92	80	
李静	75	94	87	
赵雪花	83	87	94	
李晓	90	78	86	
王秀丽	87	54	78	
孙甜甜	76	76	78	

图 4-45　成绩表

方法 1：

（1）选中 E3 单元格，在其中输入"=B3+C3+D3"，按 Enter 键后即可得到 E3 单元格的数值，如图 4-46 所示。

E3　　fx =B3+C3+D3

姓名\科目	语文	数学	英语	总成绩
张明	81	98	77	256
王鹏	86	92	80	
李静	75	94	87	
赵雪花	83	87	94	
李晓	90	78	86	
王秀丽	87	54	78	
孙甜甜	76	76	78	

图 4-46　输入公式

（2）选中 E4 单元格，在其中输入"=B4+C4+D4"，按 Enter 键后即可得到 E4 单元格的数值。

（3）按照上面的方法依次求得 E5、E6、E7、E8、E9 单元格内的数值。

⊠**说明提示**

在编辑栏中输入公式时，当输入了运算符后，可以继续在编辑栏中输入相应的单元格名称；也可以直接用鼠标选取相应的单元格，同样会在编辑栏中显示对应单元格的名称。

方法 2：

（1）选中 E3 单元格，在其中输入"=B3+C3+D3"，按 Enter 键后即可得到 E3 单元格的数值。

（2）选中 E3 单元格，右击并选择"复制"命令或按 Ctrl+C 组合键。

（3）选中 E4 单元格，右击并选择"粘贴"命令或按 Ctrl+V 组合键，这样就将 E3 单元格中的公式格式粘贴到 E4 单元格中了，并且将显示计算结果。

（4）依次选中 E5、E6、E7、E8、E9 单元格，右击并选择"粘贴"命令或按 Ctrl+V 组合键。

方法 3：

（1）选中 E3 单元格，在其中输入"=B3+C3+D3"，按 Enter 键后即可得到 E3 单元格的数值。

（2）选中 E3 单元格，将鼠标指针放在 E3 单元格右下角的填充柄上，当光标变为"＋"时，按住鼠标左键并拖动到 E9 单元格时松开鼠标，则拖动时经过的单元格均被填充了 E3 单元格中的公式格式。

方法 4：

（1）选中单元格区域 E3:E9。

（2）单击编辑栏，再在编辑栏中输入"=+B3:B9+C3:C9+D3:D9"。

（3）按 Ctrl+Shift+Enter 组合键，可看到 Excel 对各行进行了求和（编辑栏里的公式自动加上了大括号{}，表示是数组运算）。

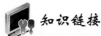知识链接

数组公式可以同时进行多个计算并返回一种或多种结果，数组公式对两组或多组被称为数组参数的数值进行运算，每个数组参数必须有相同数量的行和列。数组公式括于大括号{}中，按 Ctrl+Shift+Enter 组合键可以输入数组公式。

【任务操作 4】 单元格引用。

单元格引用的作用在于标识工作表中的单元格或单元格区域，以便告诉公式使用哪些单元格中的数值。通过单元格引用，可以在公式中使用工作表不同部分的数值，或者在多个公式中使用同一个单元格的数值，还可以引用其他工作表中的数值。

在 Excel 公式中对单元格的引用方式主要有 3 种不同的类型：相对引用、绝对引用和混合引用。

1. 相对引用

相对引用直接引用单元格地址。使用相对引用，系统将记住建立公式的单元格和被引用单元格的相对位置。公式复制后，新的公式所在的单元格和被引用单元格之间仍保持这种相对位置关系。

例如，在 E3 单元格中输入"=D3-B3"，公式复制到 E4 单元格后，E4 单元格中的公式为"=D4-B4"。

2. 绝对引用

绝对引用需在单元格的列号、行号前加"$"，如"$D$3"。使用绝对引用，被引用的单元格与公式所在单元格之间的位置是绝对的。无论将公式复制到任何单元格，公式所引用的单元格均不变，因而引用的数据也不变。

例如，在 E3 单元格中输入"=$D$3-$B$3"，公式复制到 E4 单元格后，E4 单元格中的公式仍为"=$D$3-$B$3"。

3. 混合引用

混合引用是相对引用和绝对引用的混合作用，有以下两种情况：

（1）若在列号前加"$"，行号前不加"$"，则被引用的单元格其列的位置是绝对的，行的位置是相对的。

（2）反之，列号前不加"$"，行号前加"$"，则被引用的单元格其列的位置是相对的，行的位置是绝对的。

例如，在 B11 单元格中输入"=$B3-B$9"，公式复制到 C11 单元格后，C11 单元格中的公式为"=$B3-C$9"。

4. 其他引用

（1）相同工作簿不同工作表中单元格的引用需要在公式中同时加入工作表引用和单元格引用。

例如，在工作表 Sheet1 里引用工作表 Sheet3 中的单元格 E4，用"Sheet3!E4"表示。

（2）三维引用可实现对多个工作表中相同单元格区域的引用。

例如，要对工作表 Sheet1、Sheet2、Sheet3 中的单元格区域 D5:E10 进行求和，用"=SUM(Sheet1:Sheet3! D5:E10)"表示。

（3）不同工作簿中单元格的引用需要输入被引用工作簿的路径。

例如，"C:\我的文档\[Book1.xls]Sheet1!B3"表示要使用 C:盘"我的文档"文件夹中 Book1.xls 中 Sheet1 工作表 B3 单元格的数据。

任务 3.2　函数的应用

【任务目标】本任务要求学生了解 Excel 2016 的函数并掌握在工作表中如何使用函数。

【任务操作 1】认识 Excel 2016 中的函数。

1. 函数的构成

Excel 函数结构大致分为函数名和函数参数两个部分。

函数名(参数 1,参数 2,参数 3,...)

其中，函数名说明函数要执行的运算；参数是用来执行运算的数据，可以是数值、字符、逻辑值、表达式、单元格、单元格区域的引用等。

没有参数的函数称为无参函数，形式为：函数名()。

2. Excel 2016 的常用函数

（1）数学和三角函数：可以处理简单和复杂的数学计算。

（2）日期和时间函数：用于在公式中分析和处理日期与时间值。

（3）统计函数：可以对选择区域的数据进行统计分析。

（4）文本函数：用于在公式中处理字符串。

（5）逻辑函数：使用逻辑函数可以进行真假值判断，或者进行符号检验。

（6）数据库函数：主要用于分析数据清单中的数值是否符合特定的条件。

（7）查找和引用函数：可以在数据清单中查找特定数据，或查找某一单元格的引用。

（8）工程函数：用于工程分析。

（9）信息函数：用于确定存储在单元格中的数据类型。

（10）财务函数：可以进行一般的财务计算。

表 4-4 中列出了 Excel 2016 中的一些常用函数。

表 4-4　Excel 2016 中的一些常用函数

函数类别	函数名	功　能
数学函数	SUM	求一组数的和
	AVERAGE	求一组数的平均数
	MOD	将数字按指定位数四舍五入
	INT	数值向下取整为最接近的整数
	MAX	求一组数的最大值
	MIN	求一组数的最小值
	SQRT	求一个数的平方根
	ROUND	将数字四舍五入
	ABS	求一个数的绝对值
统计函数	COUNT	计算参数中数值以及包含数值的单元格个数
	COUNTA	计算指定单元格区域中非空单元格个数
	COUNTIF	计算满足给定条件的单元格个数
逻辑函数	IF	根据条件判断并返回不同结果
日期与时间函数	TODAY	返回当前系统日期
	NOW	返回当前系统时间
	YEAR	返回日期对应的年份
	MONTH	返回日期对应的月份，以 1～12 表示
	DAY	返回日期对应的天数值，以 1～31 表示

【任务操作 2】 函数的输入。

（1）手工输入函数。对于一些简单的函数，可以采用手工输入的方法。手工输入函数的方法同在单元格中输入公式的方法一样。可以先在编辑栏中输入一个等号（=），然后直接输入函数本身。

例如，要在图 4-47 所示的 E2 单元格中得到 A2、B2、C2、D2 四个单元格中数字的和。

操作如下：选中 E2 单元格，在编辑栏中输入"=SUM(A2:D2)"，按 Enter 键，即可在 E2 中看到运算结果。

图 4-47　输入函数

⊠**说明提示**

在 Excel 2016 中，如果输入的公式正确，则函数名将变成大写，可以利用此功能来验证公式的正确与否。

（2）使用函数向导输入。对于比较复杂的函数，可使用函数向导来输入。

例如，要在图 4-47 所示的 F2 单元格中得到 A2、B2、C2、D2 四个单元格中数字的平均值。操作步骤如下：

- 选中 F2 单元格，在"公式"菜单下方单击"插入函数"，弹出"插入函数"对话框，如图 4-48 所示。

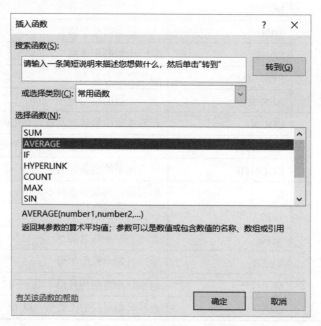

图 4-48　"插入函数"对话框

- 在"选择函数"列表中双击 AVERAGE 函数，弹出"函数参数"对话框，如图 4-49 所示。
- 在 Number1 后的输入框中，输入参数值 A2:D2，单击"确定"按钮，则在 E1 单元格中显示出运算结果。

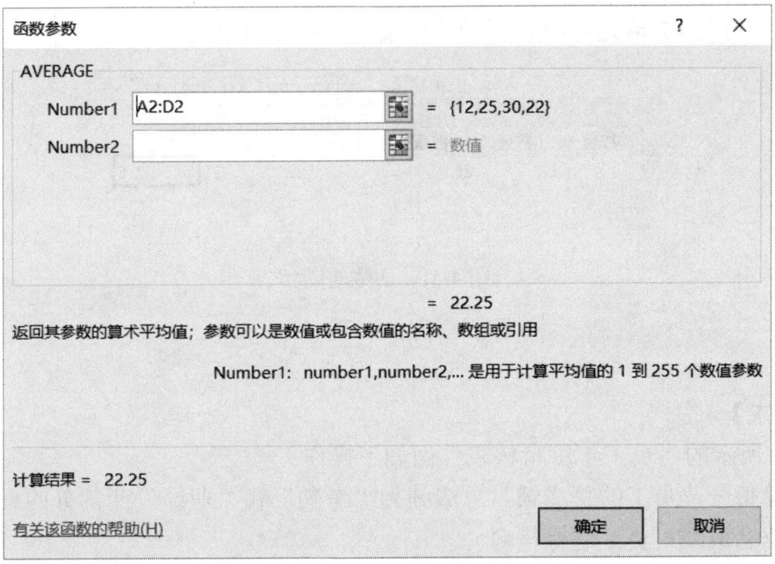

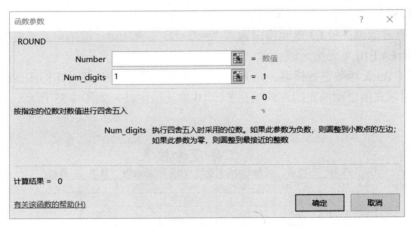

图 4-49 "函数参数"对话框

【任务操作 3】函数的嵌套。

有些运算需要使用多个函数得到最终结果，可以使用函数的嵌套来实现。

例如，要在图 4-47 所示的 F2 单元格中得到 A2、B2、C2、D2 四个单元格中数字的平均值，并四舍五入保留一位小数。这就需要使用四舍五入函数与平均值函数的嵌套来完成。操作步骤如下：

● 选中要求平均值的 F2 单元格，在"公式"菜单下方单击"插入函数"或直接单击编辑栏上的图标，打开如图 4-48 所示的"插入函数"对话框，在"或选择类别"下拉列表框选择"数学与三角函数"，在下方的"选择函数"列表中双击四舍五入函数 ROUND，打开 ROUND"函数参数"对话框，如图 4-50 所示。

图 4-50 ROUND"函数参数"对话框

● 设定保留一位小数，即在 Num_digits 后的输入框内输入"1"。

● 将光标移到编辑栏"=ROUND(,1)"中逗号的前面，在名称框中选择 AVERAGE 函数，打开 AVERAGE"函数参数"对话框，在 Number1 后输入 A2:D2，单击"确定"按钮，即可在 F2 单元格中看到运算结果，如图 4-51 所示。

F2			f_x	=ROUND(AVERAGE(A2:D2),1)	
	A	B	C	D	E	F
1	数值一	数值二	数值三	数值四	总和	平均值
2	12	25	30	22	89	22.3
3						
4						

图 4-51　函数的嵌套

案例实训

【实训要求】

对图 4-52 所示的"员工年度考核表"做如下操作：

（1）计算每一位员工的总成绩，总成绩为"考勤"和"业绩"两部分的分数和。

（2）根据总成绩对员工进行排名。

（3）划分考核等级，总成绩 70 分以上（含 70 分）的，考核等级为"合格"；70 分以下为"不合格"。

	A	B	C	D	E	F	G
1				员工年度考核表			
2	工号	姓名	考勤(30分)	业绩(70分)	总成绩	排名	等级
3	1001	陈明华	30	65			
4	1002	张雪	28	60			
5	1003	孙才	20	50			
6	1004	李明	30	64			
7	1005	吴楠	24	46			
8	1006	米小米	28	55			
9	1007	王亮	28	50			
10	1008	赵一航	24	42			

图 4-52　员工年度考核表

【实训步骤】

（1）计算总成绩：在 E3 单元格中输入"=C3+D3"，按 Enter 键结束。采用填充柄自动填充的方式填充 E4:E10 单元格区域。

（2）利用 Rank 函数进行排名：在 F3 单元格中输入"=RANK(E3,\$E\$3:\$E\$10)"，按 Enter 键结束。采用填充柄自动填充的方式填充 F4:F10 单元格区域，如图 4-53 所示。

F3			f_x	=RANK(E3,\$E\$3:\$E\$10)		
	A	B	C	D	E	F	G
1				员工年度考核表			
2	工号	姓名	考勤(30分)	业绩(70分)	总成绩	排名	等级
3	1001	陈明华	30	65	95	1	
4	1002	张雪	28	60	88	3	
5	1003	孙才	20	50	70	6	
6	1004	李明	30	64	94	2	
7	1005	吴楠	24	46	70	6	
8	1006	米小米	28	55	83	4	
9	1007	王亮	28	50	78	5	
10	1008	赵一航	24	42	66	8	

图 4-53　计算排名

（3）填写等级：选中 G3 单元格，在编辑栏中输入"="，在名称框出现的函数列表中选 IF 函数，弹出"函数参数"对话框，如图 4-54 所示，在 Logical_test 后输入"E3>=70"、Value_if_true 后输入"合格"、Value_if_false 后输入"不合格"，单击"确定"按钮，会看到在 G3 单元格中显示"合格"。

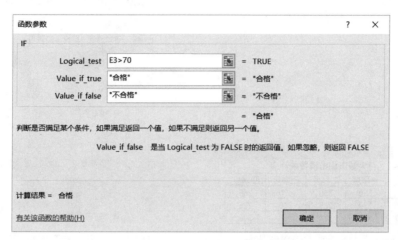

图 4-54　IF"函数参数"对话框

（4）"等级"列自动填充：采用填充柄自动填充的方式填充 G4:G10 单元格区域，结果如图 4-55 所示。

工号	姓名	考勤(30分)	业绩(70分)	总成绩	排名	等级
\multicolumn{7}{	c	}{员工年度考核表}
1001	陈明华	30	65	95	1	合格
1002	张雪	28	60	88	3	合格
1003	孙才	20	50	70	6	合格
1004	李明	30	64	94	2	合格
1005	吴楠	24	46	70	6	合格
1006	米小米	28	55	83	4	合格
1007	王亮	28	50	78	5	合格
1008	赵一航	24	42	66	8	不合格

图 4-55　"等级"列自动填充

项目 4　数据图表化

项目分析

本项目要求掌握 Excel 2016 中图表的创建、编辑以及格式设置等，并能够灵活地运用常见的一些图表。

任务 4.1　创建图表

【任务目标】本任务要求学生掌握在工作表中创建图表的方法。

【任务操作】 将图 4-56 中"各大城市旅游消费统计表"的内容以柱形图形式呈现。

（1）在工作表中选定要制作图表的数据区域，在"插入"菜单下方的"图表"一栏中单击"柱形图"，弹出一个包含各种常用"柱形图"图标的下拉列表，如图 4-57 所示。

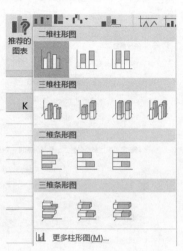

	A	B	C	D	E
1		各大城市旅游消费统计表			
2		一季度	二季度	三季度	四季度
3	北京	350	360	470	265
4	天津	230	285	340	225
5	上海	320	310	355	300

图 4-56　各大城市旅游消费统计表　　　　图 4-57　"柱形图"图标下拉列表

（2）在下拉列表中单击"二维柱形图"下的第一个图标，则在工作表中出现对应的柱形图，如图 4-58 所示。

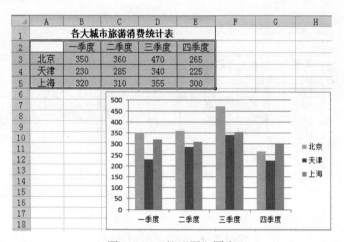

图 4-58　"柱形图"图表

任务 4.2　编辑图表

【任务目标】 本任务要求学生掌握对已存在的图表进行编辑的基本操作。

【任务操作 1】 调整图表。

当用户单击选定图表后，图表周围会出现一个边框，边框的上下左右和四个边角会出现尺寸控制点；在图表上按住鼠标左键并拖动，可将图表移动到新的位置；将鼠标指针移到尺寸控制点上按住左键并拖动，可调整图表的大小。

【任务操作 2】 切换行与列。

方法1：

先将图表选中，然后在"设计"菜单下方的"数据"一栏中单击"切换行/列"命令，即可将柱形图的横轴由"季度"切换为"城市"。

方法2：

右击图表，在快捷菜单中单击"选择数据"命令，出现"选择数据源"对话框，如图4-59所示。在对话框中，单击"切换行/列"按钮，即可将柱形图的横轴由"季度"切换为"城市"。

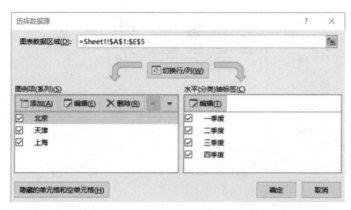

图4-59　"选择数据源"对话框

【任务操作3】设置图表的标题。

要对图表设置标题，先将图表选中，然后在"布局"选项卡"图表布局"组中单击"添加图表元素"下三角按钮，选择"图表标题"，在弹出的下拉列表中可以选择是否需要标题以及标题出现的位置，如图4-60所示。

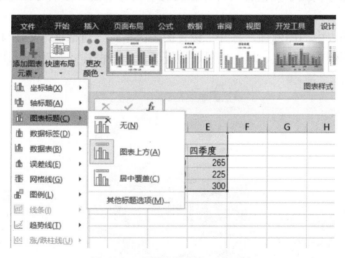

图4-60　"图表标题"下拉列表

【任务操作4】修改图表类型。

要改变图表的类型，可进行如下操作：

（1）选定需要修改类型的图表。

（2）在"设计"选项卡"类型"组中单击"更改图表类型"，或右击，在快捷菜单中选择"更改图表类型"命令，弹出"更改图表类型"对话框，如图 4-61 所示。

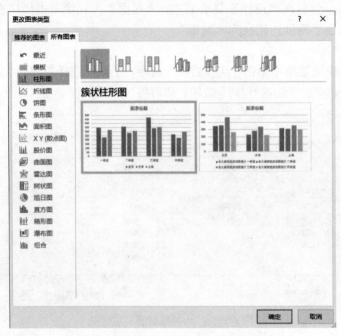

图 4-61 "更改图表类型"对话框

（3）在对话框中，选中想要的图表类型，单击"确定"按钮。

【任务操作 5】图表格式化。

在图表中双击任何图表元素都会打开相应的格式对话框，在该对话框中可以设置该图表元素的格式。

例如，双击图表中的图例项，打开"设置图表区格式"对话框，如图 4-62 所示。在该对话框中可以设置图例项的位置、填充效果、边框颜色、边框样式、颜色、阴影效果等。

图 4-62 "设置图表区格式"对话框

案例实训

【实训要求】

在 Excel 2016 中新建一张“金牌榜”工作表，输入表 4-5 中的内容，并制作一个折线图对数据进行统计。要求：折线图的标题为“奥运金牌统计折线图”，字体为“宋体，12 号字，加粗”，折线图中的文字均为粗体。

表 4-5　历届奥运会金牌榜

	第 26 届	第 27 届	第 28 届	第 29 届	第 30 届
美国	44	37	35	36	46
中国	16	28	32	51	38
俄罗斯	26	32	27	23	24

【实训步骤】

（1）启动 Excel 2016，新建一个空白工作簿，修改 Sheet1 标签为“金牌榜”。

（2）在工作表 A1 单元格中输入“历届奥运会金牌榜”，选中 A1:F1 单元格区域，右击，在快捷菜单中选择“设置单元格格式”命令，弹出“设置单元格格式”对话框，勾选“对齐”选项卡下的“合并单元格”复选框，在“字体”选项卡下，设置字体为“宋体、加粗、16 号字”。继续录入表 4-5 中的内容，录入完成后如图 4-63 所示。

	A	B	C	D	E	F
1	历届奥运会金牌榜					
2		第26届	第27届	第28届	第29届	第30届
3	美国	44	37	35	36	46
4	中国	16	28	32	51	38
5	俄罗斯	26	32	27	23	24

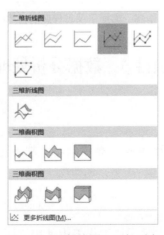

图 4-63　录入数据后的工作表

（3）选中 A2:F5 单元格区域，在“插入”选项卡“图表”组中单击“折线图”，在弹出的下拉列表（图 4-64）中选择“二维折线图”下第二行的第一个。

图 4-64　“折线图”下拉列表

（4）此时，在工作表下方生成一张折线图，如图 4-65 所示。

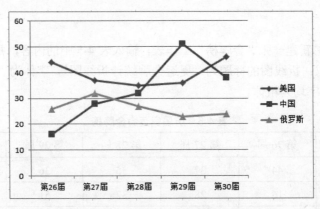

图 4-65　生成的折线图

（5）单击横轴文字区域，在"开始"选项卡"字体"组中单击"加粗"，可将横轴文字加粗。用同样的方法再将纵轴文字和图例框中文字加粗。

（6）在"布局"选项卡"标签"组中单击"图表标题"，在其下拉列表中选择"图表上方"，则在折线图上方出现一个用来输入图表标题的文本框，在其中输入"奥运金牌统计折线图"，并选中文字，设置字体为"宋体，12 号字，加粗"，如图 4-66 所示。

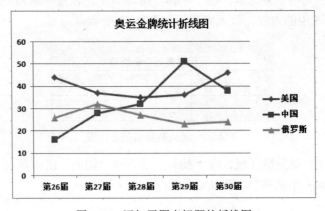

图 4-66　添加了图表标题的折线图

项目 5　数据分析处理

项目分析

本项目要求掌握在 Excel 2016 中如何使用数据处理功能完成各种数据处理任务，以及常用的数据排序、筛选和汇总操作。

任务 5.1　数据排序

【任务目标】本任务要求学生掌握在工作表中使用排序功能对数据进行重新组织的方法。

【任务操作 1】按一列排序。

按一列排序是 Excel 中最常用、最简单的一种排序方法，即对某一列的数据按升序或降序排序。

对图 4-67 中的成绩表按总分由高到低排序。操作步骤如下：

	A	B	C	D	E
1	成　绩　表				
2	科目 姓名	语文	数学	英语	总分
3	张明	81	98	77	256
4	王鹏	86	92	80	258
5	李静	75	94	87	256
6	赵雪花	83	87	94	264
7	李晓	90	78	96	264
8	王秀丽	87	54	78	219
9	孙甜甜	76	76	78	230

图 4-67　成绩表

（1）单击“总分”列下的任一单元格或列标题。

（2）在“开始”选项卡“编辑”组中单击“排序和筛选”，在其下拉列表中选择“降序”，即可在工作表中看到数据按总分由高到低来显示，如图 4-68 所示。

	A	B	C	D	E
1	成　绩　表				
2	科目 姓名	语文	数学	英语	总分
3	王鹏	86	92	90	268
4	赵雪花	83	87	94	264
5	李晓	90	78	96	264
6	张明	81	98	77	256
7	李静	75	94	87	256
8	孙甜甜	76	76	78	230
9	王秀丽	87	54	78	219

图 4-68　排序后的成绩表

🖂说明提示

按升序排序的默认顺序如下：①数值按从小到大；②文本按字母先后顺序；③逻辑值按 false 在前，true 在后；④空格始终排在最后。按降序排序时，除空格总排在最后外，其他顺序正好相反。

【任务操作 2】按多列排序。

按多列排序可以使数据在第一排序列的值相同的情况下，按第二排序列的值进行排序，若第一排序列和第二排序列的值都相同，可以按第三排序列的值进行排序，以此类推下去。

对图 4-67 中的成绩表按总分由高到低排序，总分相同时按语文成绩由高到低排序。操作步骤如下：

（1）单击数据区域中的任一单元格。

（2）在“开始”选项卡“编辑”组中单击“排序和筛选”，在其下拉列表中选择“自定义排序"，打开"排序"对话框，如图 4-69 所示。

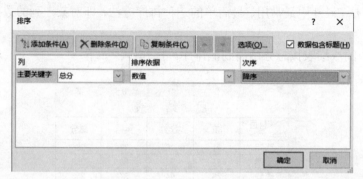

图 4-69 "排序"对话框

（3）在"主要关键字"后的下拉列表中选择"总分""数值""降序"。单击"添加条件"按钮，在"主要关键字"下方出现一行"次要关键字"的设置列表，如图 4-70 所示，在其中选择"语文""数值""降序"。

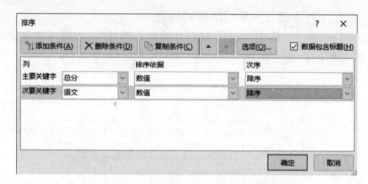

图 4-70 在"排序"对话框中添加条件

（4）单击"确定"按钮，即可看到排序后的结果如图 4-71 所示。

科目 姓名	语文	数学	英语	总分
王鹏	86	92	90	268
李晓	90	78	96	264
赵雪花	83	87	94	264
张明	81	98	77	256
李静	75	94	87	256
孙甜甜	76	76	78	230
王秀丽	87	54	78	219

图 4-71 按多列排序后的结果

【任务操作 3】自定义排序。

对于某些特定排序，需要进行自定义排序。

对图 4-72 中的"学生信息统计表"按照"计算机系、机械工程系、电气系"的顺序进行排序，操作步骤如下：

	A	B	C	D
1	系　别	姓　名	性　别	成绩
2	计算机系	李玲	女	95
3	电气系	孙浩	男	88
4	电气系	张素华	男	94
5	机械工程系	刘梅	女	90
6	计算机系	王刚	男	91
7	计算机系	赵宏雪	女	89

图 4-72　学生信息统计表

（1）单击数据区域中的任一单元格。

（2）在"开始"选项卡"编辑"组中单击"排序和筛选"，在其下拉列表中选择"自定义排序"，打开"排序"对话框。

（3）在"主要关键字"后的下拉列表中依次选择"系别""数值""自定义序列..."，当选择"自定义序列..."后，弹出"自定义序列"对话框，如图 4-73 所示。

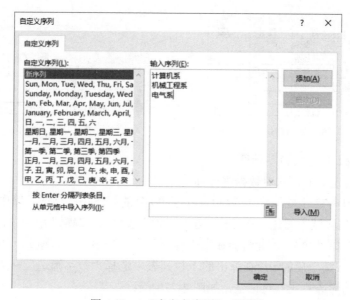

图 4-73　　"自定义序列"对话框

（4）在"输入序列"列表框中输入"计算机系，机械工程系，电气系"，单击"添加"按钮，然后在左边"自定义序列"列表中找到新添加的"计算机系，机械工程系，电气系"序列，单击选中后，单击下方的"确定"按钮返回"排序"对话框。

（5）此时可在"排序"对话框中看到排序次序为"计算机系，机械工程系，电气系"，单击"确定"按钮即可看到排序后的结果如图 4-74 所示。

	A	B	C	D
1	系　别	姓　名	性　别	成绩
2	计算机系	李玲	女	95
3	计算机系	王刚	男	91
4	计算机系	赵宏雪	女	89
5	机械工程系	刘梅	女	90
6	电气系	孙浩	男	88
7	电气系	张素华	男	94

图 4-74　按"系别"排序后的结果

任务 5.2　数据筛选

【任务目标】本任务要求学生掌握在工作表中按照需要对数据进行筛选的方法。

【任务操作 1】自动筛选。

通过自动筛选，用户可以快速地将那些不想看到或者不想打印的数据隐藏起来。对图 4-72 中的"学生信息统计表"，可以通过自动筛选进行多种信息的查询。

操作步骤如下：

（1）选中数据区域中的任一单元格，在"开始"选项卡"编辑"组中单击"排序和筛选"，在其下拉列表中选择"筛选"，此时会在表中标题行中出现下三角按钮 ，如图 4-75 所示。

（2）通过单击下三角按钮进行自动筛选。如想显示女学生的成绩，单击"性别"后的 ，在弹出的下拉列表中选择"女"选项即可实现。筛选后结果如图 4-76 所示。

	A	B	C	D
1	系	姓	性	成
2	计算机系	李玲	女	95
3	电气系	孙浩	男	88
4	电气系	张秦华	男	94
5	机械工程系	刘梅	女	90
6	计算机系	王刚	男	91
7	计算机系	赵宏雪	女	89

图 4-75　自动筛选

	A	B	C	D
1	系	姓	性	成
2	计算机系	李玲	女	95
5	机械工程系	刘梅	女	90
7	计算机系	赵宏雪	女	89

图 4-76　女学生成绩

【任务操作 2】自定义自动筛选。

也可以通过自定义的形式对数据进行筛选。

例如，要对图 4-72 中成绩大于 70 分、小于 90 分的同学进行筛选。操作步骤如下：

（1）选中数据区域中的任一单元格，在"开始"选项卡"编辑"组中单击"排序和筛选"，在其下拉列表中选择"筛选"，此时会在表中标题行中出现下三角按钮 ，如图 4-75 所示。

（2）单击"成绩"后的 ，在弹出的下拉列表中选择"数字筛选"→"大于…"选项，弹出"自定义自动筛选方式"对话框，如图 4-77 所示。

图 4-77　"自定义自动筛选方式"对话框

（3）在第一行左边的下拉列表框中选择"大于"，在右边的列表框中输入 70。

（4）选中"与"单选按钮，并在第二行左边的下拉列表框中选择"小于"，在右边的列表框中输入 90。

（5）单击"确定"按钮。筛选结果如图4-78所示。

	A	B	C	D
1	系	姓	性	成
3	电气系	孙浩	男	88
7	计算机系	赵宏雪	女	89

图4-78 自定义筛选后结果

任务5.3 数据分类汇总

【**任务目标**】本任务要求学生掌握在工作表中对数据进行分类汇总的方法。

【**任务操作1**】认识Excel中的数据分类汇总。

分类汇总是指对工作表中某列数据进行分类，并对各类数据进行快速的统计计算。Excel 2016提供了11种汇总类型，包括求和、计数、平均值、最大值、最小值、数值计数等，默认的汇总方式为求和。

【**任务操作2**】分类汇总。

对图4-79中所示的"员工工资统计表"统计各学历层次的员工工资平均值。

	员工工资统计表						
	工号	姓名	职务	学历	基本工资	提成	工资总额
3	001	陈明华	销售代表	大专	900	1500	2400
4	002	张雪	业务经理	本科	1400	2000	3400
5	003	孙才	销售代表	大专	900	970	1870
6	004	李明	销售代表	大专	1000	1500	2500
7	005	米小米	秘书	本科	1500	980	2480
8	006	赵一航	销售代表	本科	1000	1650	2650

图4-79 员工工资统计表

操作步骤如下：

（1）选定工作表中"学历"列，在"开始"选项卡"编辑"组中单击"排序和筛选"，在其下拉列表中选择"升序"或"降序"命令，先对员工按"学历"进行排序。

（2）在"数据"选项卡"分级显示"组中单击"分类汇总"，弹出"分类汇总"对话框，如图4-80所示。

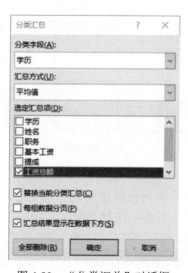

图4-80 "分类汇总"对话框

（3）在"分类字段"下拉列表框中选择"学历"，在"汇总方式"下拉列表框中选择"平均值"，在"选定汇总项"列表框勾选"工资总额"复选框。

（4）单击"确定"按钮，在工作表中显示分类汇总结果，如图 4-81 所示。

	工号	姓名	职务	学历	基本工资	提成	工资总额
			员工工资统计表				
	002	张雪	业务经理	本科	1400	2000	3400
	005	米小米	秘书	本科	1500	980	2480
	006	赵一航	销售代表	本科	1000	1650	2650
			本科 平均值				2843.3333
	001	陈明华	销售代表	大专	900	1500	2400
	003	孙才	销售代表	大专	900	970	1870
	004	李明	销售代表	大专	1000	1500	2500
			大专 平均值				2256.6667
			总计平均值				2550

图 4-81　分类汇总结果

【任务操作 3】 删除分类汇总。

再次选定工作表，在"数据"选项卡"分级显示"组中单击"分类汇总"，在弹出的"分类汇总"对话框中单击"全部删除"按钮，可将工作表恢复到分类汇总前的数据状态。

案例实训

【实训要求】

对图 4-82 所示的"公司费用表"做如下操作：

（1）对"部门"列按"生产部、技术部、销售部"的顺序排序；部门相同时，按"月份"由小到大排序。

（2）筛选出销售部 2 月份的费用记录。

（3）取消数据筛选，按部门汇总各项费用的总金额。

	A	B	C	D
1		公司费用表		
2	部门	月份	费用类别	金额
3	销售部	1	办公费	¥310.00
4	生产部	3	差旅费	¥540.00
5	技术部	2	办公费	¥1,000.00
6	技术部	3	培训费	¥1,260.00
7	销售部	2	培训费	¥600.00
8	生产部	1	办公费	¥850.00
9	销售部	3	差旅费	¥490.00
10	销售部	2	办公费	¥400.00

图 4-82　公司费用表

【实训步骤】

（1）自定义排序序列：单击数据区域中的任一单元格，在"开始"选项卡"编辑"组中单击"排序和筛选"，在其下拉列表中选择"自定义排序"，打开"排序"对话框。在"主要关键字"后的下拉列表中依次选择"部门""数值""自定义序列…"，当选择"自定义序列…"后，弹出"自定义序列"对话框，如图 4-83 所示。在"输入序列"列表框中输入"生产部，技术部，销售部"，单击"添加"按钮，然后在左边"自定义序列"列表中找到新添加的"生产部，技术部，销售部"序列，单击选中后，单击下方的"确定"按钮返回"排序"对话框。

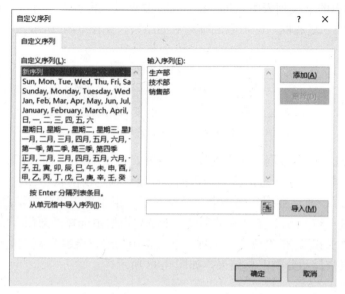

图 4-83 "自定义序列"对话框

（2）多关键字排序：单击"添加条件"按钮，在"主要关键字"下方出现一行"次要关键字"的设置列表，如图 4-84 所示，在其中选择"月份""数值""升序"，单击"确定"按钮，即可看到排序后的结果，如图 4-85 所示。

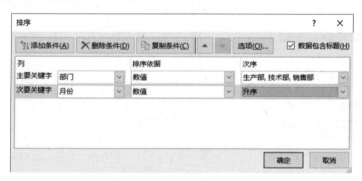

图 4-84 "排序"对话框

	A	B	C	D
1	公司费用表			
2	部门	月份	费用类别	金额
3	生产部	1	办公费	¥850.00
4	生产部	3	差旅费	¥540.00
5	技术部	2	办公费	¥1,000.00
6	技术部	3	培训费	¥1,260.00
7	销售部	1	办公费	¥310.00
8	销售部	2	培训费	¥600.00
9	销售部	2	办公费	¥400.00
10	销售部	3	差旅费	¥490.00

图 4-85 按部门、月份排序后的结果

（3）筛选：选中数据区域中的任一单元格，在"开始"选项卡"编辑"组中单击"排序和筛选"，在其下拉列表中选择"筛选"，此时会在表中标题行中出现下三角按钮▾。单击"部门"后的▾，在弹出的下拉列表中勾选"销售部"复选框，再单击"月份"后的▾，在弹出的下拉列表中勾选"2"复选框，即可看到筛选后的结果，如图 4-86 所示。

	公司费用表		
部门 ▾	月份 ▾	费用类别 ▾	金额 ▾
销售部	2	培训费	¥600.00
销售部	2	办公费	¥400.00

图 4-86　自动筛选结果

（4）取消筛选：选中数据区域中的任一单元格，再次单击"排序和筛选"下拉列表中的"筛选"命令，将取消筛选状态，将当前数据表恢复到筛选前的状态。

（5）分类汇总：在"数据"选项卡"分级显示"组中单击"分类汇总"，弹出"分类汇总"对话框，如图 4-87 所示。在"分类字段"下拉列表框中选择"部门"，在"汇总方式"下拉列表框中选择"求和"，在"选定汇总项"列表框中勾选"金额"复选框，单击"确定"按钮，即可在工作表中显示分类汇总结果，如图 4-88 所示。

图 4-87　"分类汇总"对话框

	公司费用表		
部门	月份	费用类别	金额
生产部	1	办公费	¥850.00
生产部	3	差旅费	¥540.00
生产部 汇总			¥1,390.00
技术部	2	办公费	¥1,000.00
技术部	3	培训费	¥1,260.00
技术部 汇总			¥2,260.00
销售部	1	办公费	¥310.00
销售部	2	培训费	¥600.00
销售部	2	办公费	¥400.00
销售部	3	差旅费	¥490.00
销售部 汇总			¥1,800.00
总计			¥5,450.00

图 4-88　分类汇总结果

模块实训

【实训要求】

在 Excel 2016 中录入表 4-6 中的数据，并对学生成绩进行统计分析，满足下列要求：

（1）计算每位学生的成绩总分和平均分。

（2）按总分由高到低进行排名。

（3）统计各科成绩的最高分和最低分。

（4）将各科成绩中不及格的分数以红色显示，所在单元格以浅红色填充。

（5）制作成绩分布的饼状图。将成绩按照平均分">=90""">=80 且<90""">=70 且<80"

“>=60 且<70” 以及 “<60” 5 个分数段进行统计。

表 4-6　学生成绩表

学号	姓名	英语	数学	计算机
13001	刘涛	90	74	86
13002	王新钢	50	76	80
13003	卢芳	92	85	91
13004	孙伟	82	90	95
13005	李慧娟	78	83	77
13006	刘娜	85	60	75
13007	王鸿才	80	92	93
13008	李欢欢	65	46	62
13009	赵三立	76	54	68

【实训步骤】

（1）新建工作簿：启动 Excel 2016，新建一个空白的工作簿，右击 Sheet1 工作表标签，在快捷菜单中选择“重命名”命令，将 Sheet1 改名为“学生成绩统计表”；右击 Sheet2，在快捷菜单中选择“删除”命令；右击 Sheet3，在快捷菜单中选择“删除”命令。

（2）输入表的标题并格式化：选中 A1 单元格并输入“学生成绩表”。再选中 A1:H1 单元格区域，右击，在快捷菜单中选择“设置单元格格式”命令，打开“设置单元格格式”对话框，选择“对齐”选项卡，在其中的“水平对齐”下拉列表中选择“居中”，并勾选“合并单元格”复选框；再选择“字体”选项卡，在“字形”列表中选择“加粗”，“字号”列表中选择“18”，单击“确定”按钮。

（3）输入表中数据：在工作表中录入表 4-6 中各列的数据，录入完成后如图 4-89 所示。

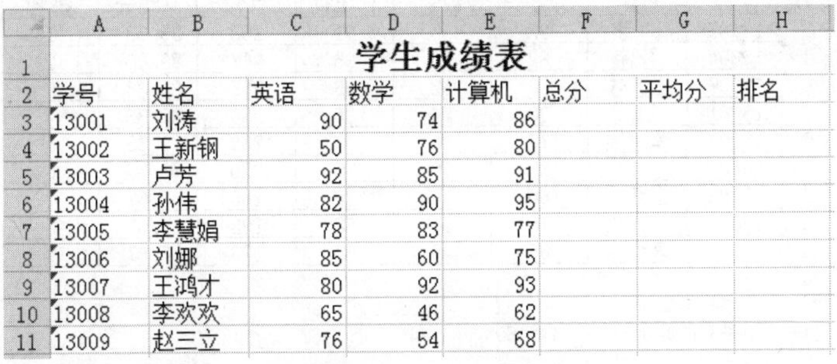

	A	B	C	D	E	F	G	H
1	学生成绩表							
2	学号	姓名	英语	数学	计算机	总分	平均分	排名
3	13001	刘涛	90	74	86			
4	13002	王新钢	50	76	80			
5	13003	卢芳	92	85	91			
6	13004	孙伟	82	90	95			
7	13005	李慧娟	78	83	77			
8	13006	刘娜	85	60	75			
9	13007	王鸿才	80	92	93			
10	13008	李欢欢	65	46	62			
11	13009	赵三立	76	54	68			

图 4-89　录入数据

（4）工作表的格式化：选中 A2:H11 单元格区域，右击，在快捷菜单中选择“设置单元格格式”命令，打开“设置单元格格式”对话框，选择“边框”选项卡，在其中的“预置”列表中选择“外边框”和“内部”选项，为成绩表加上黑色边框，再选择“对齐”选项卡，在其中的“水平对齐”下拉列表中选择“居中”，单击“确定”按钮。

（5）计算总分：选中 F3 单元格，在其中输入“=SUM(C3:E3)”，利用填充柄向下自动填充 F4:F11 单元格区域，这样就算出每位学生的总分了。

（6）计算平均分：选中 G3 单元格，在其中输入"=AVERAGE(C3:E3)"，利用自动填充功能填充 G4:G11 单元格区域，这样就算出每位学生的平均分了。选中第 G 列，右击，在快捷菜单中选择"设置单元格格式"命令，打开"设置单元格格式"对话框，选择"数字"选项卡，在"分类"列表中选择"数值"，在"小数位数"后输入 2，单击"确定"按钮，可使平均分保留两位小数，如图 4-90 所示。

	A	B	C	D	E	F	G	H
1			学生成绩表					
2	学号	姓名	英语	数学	计算机	总分	平均分	排名
3	13001	刘涛	90	74	86	250	83.33	
4	13002	王新钢	50	76	80	206	68.67	
5	13003	卢芳	92	85	91	268	89.33	
6	13004	孙伟	82	90	95	267	89.00	
7	13005	李慧娟	78	83	77	238	79.33	
8	13006	刘娜	85	60	75	220	73.33	
9	13007	王鸿才	80	92	93	265	88.33	
10	13008	李欢欢	65	46	62	173	57.67	
11	13009	赵三立	76	54	68	198	66.00	

图 4-90　计算平均分

（7）排序：选中"总分"列下任一单元格，在"开始"选项卡"编辑"组中单击"排序和筛选"，在其下拉列表中选择"降序"，可按总分由高到低对学生进行排名。

（8）输入排名：在 H3 中输入 1，按下 Ctrl 键的同时按下鼠标左键向下拖动，采用有序数字自动填充的方式填充 H4:H11。

（9）统计各科成绩的最高分和最低分：在 C13 中输入"=MAX(C3:C11)"，采用自动填充的方式填充 D13:E13。在 C14 中输入"=MIN(C3:C11)"，采用自动填充的方式填充 D14:E14。在 A13 中输入"各科最高分"，合并 A13 和 B13 单元格。在 A14 中输入"各科最低分"，合并 A14 和 B14 单元格。完成后如图 4-91 所示。

	A	B	C	D	E	F	G	H
1			学生成绩表					
2	学号	姓名	英语	数学	计算机	总分	平均分	排名
3	13003	卢芳	92	85	91	268	89.33	1
4	13004	孙伟	82	90	95	267	89.00	2
5	13007	王鸿才	80	92	93	265	88.33	3
6	13001	刘涛	90	74	86	250	83.33	4
7	13005	李慧娟	78	83	77	238	79.33	5
8	13006	刘娜	85	60	75	220	73.33	6
9	13002	王新钢	50	76	80	206	68.67	7
10	13009	赵三立	76	54	68	198	66.00	8
11	13008	李欢欢	65	46	62	173	57.67	9
12								
13	各科最高分		92	92	95			
14	各科最低分		50	46	62			

图 4-91　统计最高分和最低分

（10）红色显示不及格成绩：选中 C3:E11 单元格区域，在"开始"选项卡"样式"组中单击"条件格式"，在其下拉列表中选择"突出显示单元格规则"→"小于"，弹出"小于"对话框，如图 4-92 所示。在其中输入"60"，"设置为"后选择"浅红填充色深红色文本"，单击"确定"按钮。

（11）按平均分统计各分数段人数：在 B16 中输入"平均分 90 以上人数:"，在 C16 单元格中输入"=COUNTIF (G3:G11,">=90")"；在 B17 中输入"平均分 80-90 人数:"，在 C17 单元格中输入"=COUNTIF (G3:G11,">=80")-COUNTIF (G3:G11,">=90")";照此规律,在 B18:C20 中输入文本和公式,输入完成后如图 4-93 所示。

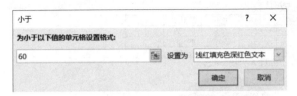

图 4-92 "小于"对话框   图 4-93 各分数段人数统计

（12）制作成绩分布饼状图：选中 B16:C20 单元格区域,在"插入"选项卡"图表"组中单击"饼图",在其下拉列表中选择"二维饼图"中的第一个图形,则出现如图 4-94 所示的图表。在"页面布局"选项卡"图表布局"组中单击"添加图表元素"下三角按钮,选择"数据标签",在其下拉列表中选择"其他数据标签选项",弹出"设置数据标签格式"对话框,如图 4-95 所示。在"标签选项"下勾选"类别名称""百分比""显示引导线"复选框,将"标签位置"设为"数据标签外",单击"关闭"按钮,成绩分布饼状图就完成了。

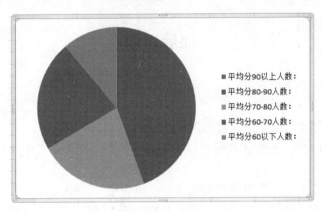

图 4-94 二维饼图

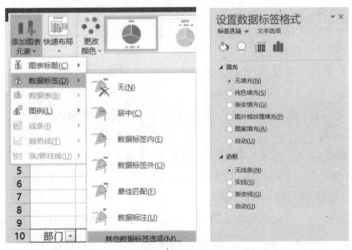

图 4-95 "设置数据标签格式"对话框

制作完成后的学生成绩统计表如图 4-96 所示。

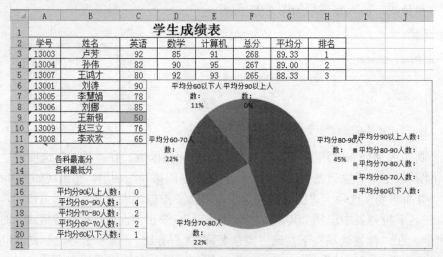

图 4-96　学生成绩统计表

课后习题

一、填空题

1. Excel 2016 创建的工作簿文件的默认扩展名是_____。

2. 在 Excel 2016 中，一个工作簿默认有_____个工作表，其中第一个工作表的默认名称是_____。

3. Excel 2016 的工作表是由行和列组成的二维表格，表中的每一格叫_____。

4. 第一次新建的工作簿存盘时，单击工具栏中的"保存"按钮，将打开_____对话框。

5. 按住_____键，再单击两个单元格，可选定两个单元格之间的连续区域；按住_____键，再单击多个单元格可选定不连续区域。

6. 如果要在一个单元格中输入多行数据，则在单元格输入了第一行数据后，按键盘上的_____组合键，就可以在单元格内换行。

7. Excel 2016 提供了 4 类运算符，即_____运算符、_____运算符、_____运算符和引用运算符。

8. 若在工作表的 D3 单元格中输入"设计"，D4 单元格中输入"程序"，则在 D5 中输入"=D4&D3"后显示为_____。

9. 工作表中单元格 A1 到 A5 中存放的数据分别为 2、8、5、6、9，在单元格 A6 中输入公式"=MAX(A1:A5)"，则该单元格中的值是_____；在单元格 A7 中输入公式"=MIN(A1:A5)"，则该单元格中的值是_____；在单元格 A8 中输入公式"=SUM(A1:A5)"，则该单元格中的值是_____；在单元格 A9 中输入公式"=AVERAGE(A1:A5)"，则该单元格中的值是_____。

10. Excel 2016 中单元格引用分为_____、_____和_____3 种引用方式。若单元格引用随公式所在单元格位置的变化而改变，则称为_____引用。

11. 将 D1 单元格中的公式"=A1-$B1+C$1"复制到 D2 单元格中，则 D2 单元格中的公式为_____。

12. 通过_____，用户可以快速地将那些不想看到或者不想打印的数据隐藏起来。

13. _____是指对工作表中某列数据进行分类，并对各类数据进行快速的统计计算。

二、选择题

1. Excel 的主要功能是（　　）。
   A. 制作各类文字性文档　　　　　B. 制作电子表格，并可进行初步的数据分析
   C. 制作电子幻灯片　　　　　　　D. 数据库操作

2. 在 Excel 工作表中，每个单元格都有其固定的地址，如"A7"表示（　　）。
   A. "A"代表"A"列，"7"代表第 7 行
   B. "A"代表"A"行，"7"代表第 7 列
   C. "A7"代表单元格的数据
   D. 以上都不是

3. Excel 2016 中，关于工作表的移动和复制，下列说法错误的是（　　）。
   A. 只能在当前工作簿中移动工作表
   B. 可以将工作表从一个工作簿移动到另一个工作簿
   C. 在移动和复制工作表的对话框中，选中建立副本，则完成复制操作
   D. 可以将工作表移动和复制到工作簿中任意工作表之前或之后

4. Excel 2016 中活动单元格是指（　　）。
   A. 可以随意移动的单元格　　　　B. 随其他单元格的变化而变化的单元格
   C. 已经改动了的单元格　　　　　D. 正在操作的单元格

5. 下列关于单元格的描述中，正确的是（　　）。
   A. 单元格的高度和宽度不能调整　　B. 同一列单元格的宽度必须相同
   C. 同一行单元格的高度必须相同　　D. 单元格不能有底纹

6. 在 A1 单元格中输入"星期一"，然后拖动填充柄直至 A7 单元格结束，结果是（　　）。
   A. A1 至 A7 各单元格内容均为星期一
   B. A2 至 A7 各单元格内容均为空
   C. A1 至 A7 各单元格内容依次按"星期一""星期二"、…、"星期日"自动生成
   D. 不一定

7. Excel 2016 中输入任何数据，如果在数据前加 '（半单引号），则单元格中内容的数据类型是（　　）。
   A. 文本　　　　　B. 数值　　　　　C. 日期　　　　　D. 货币

8. 下列关于批注的描述错误的是（　　）。
   A. 批注中的内容可以修改
   B. 批注外框的大小可以调节
   C. 修改了一个批注的背景色，表中其他批注的背景色也同时被修改
   D. 要打印批注，就必须打印包含该批注的工作表

9. MAX 函数的参数为（　　）。

    A．一个　　　　　　　B．二个　　　　　　　C．三个　　　　　　　D．任意多个

10. "=SUM(D3,F5,C2:G2,E3)" 表达式的意思是（　　）。

    A．=D3+F5+C2+D2+E2+F2+G2+E3　　B．=D3+F5+C2+G2+E3

    C．=D3+F5+C2+E3　　　　　　　　　D．=D3+F5+G2+E3

11. 在工作表中插入图表最主要的作用是（　　）。

    A．更精确地表示数据　　　　　　　B．使工作表显得更美观

    C．更直观地表示数据　　　　　　　D．减少文件占用的磁盘空间

12. 下列对工作表中数据"按升序排序"的描述错误的是（　　）。

    A．数值按从小到大　　　　　　　　B．逻辑值按 false 在前，true 在后

    C．文本按字母先后顺序　　　　　　D．空格始终排在最前

13. 用筛选条件"数学>65 与总分>200"对成绩表进行筛选后，在筛选结果中都是（　　）。

    A．数学>65 的记录　　　　　　　　B．总分>200 的记录

    C．数学>65 且总分>200 的记录　　　D．数学>65 或总分>200 的记录

14. 在进行自动分类汇总之前，必须对数据清单进行的操作是（　　）。

    A．对分类字段进行有效计算　　　　B．按分类字段进行排序

    C．按分类字段进行筛选　　　　　　D．建立数据库

三、简答题

1. 简述 3 种启动和退出 Excel 2016 的方法。

2. 简述 Excel 中文件、工作簿、工作表和单元格之间的关系。

3. 简述重命名工作表的方法。

4. 如何插入空白列、空白行和空白单元格？

5. 简述 Excel 2016 中对单元格的删除与清除的区别。

6. 如何调整行高和列宽？

7. 简述相对引用和绝对引用的区别。

四、实训题

1. 在 D:盘下新建一个名称为"统计表"的工作簿，在工作簿的 Sheet1 中创建一个如图 4-97 所示的工作表。

	A	B	C	D	E	F	G
1	苏美电器上半年销售统计表（单位：台）						
2		一月	二月	三月	四月	五月	六月
3	电视机	680	905	350	423	480	650
4	冰箱	475	223	80	75	155	217
5	洗衣机	218	105	208	214	303	251
6	空调	181	307	98	130	280	756

图 4-97　苏美电器上半年销售统计表

2. 在 Sheet1 中添加"总计"列和"月平均"列，用于计算每类家电的销售总量和月平均销售量（取整数），如图 4-98 所示。

	A	B	C	D	E	F	G	H	I
1	苏美电器上半年销售统计表（单位：台）								
2		一月	二月	三月	四月	五月	六月	总计	月平均
3	电视机	680	905	350	423	480	650	3488	581
4	冰箱	475	223	80	75	155	217	1225	204
5	洗衣机	218	105	208	214	303	251	1299	217
6	空调	181	307	98	130	280	756	1752	292

图 4-98　计算"总计"和"月平均"值

3．对 Sheet1 工作表进行格式化设置，如图 4-99 所示。具体操作：第一行内容作为表格标题居中，并设置为隶书、18 号、粗体；将 A2:I6 单元格的底纹设置为浅蓝色；设置表的行、列标题为粗体、居中显示；设置数据单元格边框。

	A	B	C	D	E	F	G	H	I
1	**苏美电器上半年销售统计表（单位：台）**								
2		**一月**	**二月**	**三月**	**四月**	**五月**	**六月**	**总计**	**月平均**
3	**电视机**	680	905	350	423	480	650	3488	581
4	**冰箱**	475	223	80	75	155	217	1225	204
5	**洗衣机**	218	105	208	214	303	251	1299	217
6	**空调**	181	307	98	130	280	756	1752	292

图 4-99　工作表格式化

4．用 Sheet1 中 A2:G6 单元格区域中的数据制作一个数据点折线图表，图表标题为"销售走势图"，月份作为分类（X）轴，销售额作为数值（Y）轴，图表作为 Sheet1 的对象插入到工作表中，如图 4-100 所示。

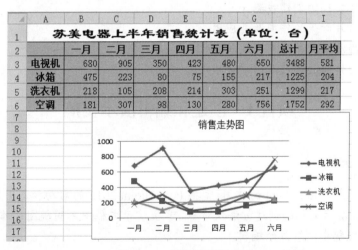

图 4-100　添加折线图表

模块五　幻灯片制作软件 PowerPoint 2016

- 演示文稿制作
- 幻灯片动画设置
- 幻灯片切换
- 背景、配色方案的使用
- 幻灯片母版的作用与制作
- 演示文稿的放映及打印

- 了解 PowerPoint 的基本功能
- 掌握背景、配色方案的使用
- 掌握演示文稿的创建步骤
- 理解幻灯片母版的作用及其应用
- 熟练掌握演示文稿的基本编辑操作
- 掌握幻灯片的放映及其打印方法

项目 1　创建和编辑演示文稿

　项目分析

本项目要求理解 PowerPoint 的作用，掌握 PowerPoint 2016 的启动和退出，了解 PowerPoint 的窗口组成，掌握演示文稿的创建方法及步骤，掌握演示文稿中不同视图的作用及视图的切换方式，掌握演示文稿中幻灯片的编辑。

任务 1.1　PowerPoint 的窗口组成

【任务目标】本任务要求学生了解 PowerPoint 2016 的启动与退出，PowerPoint 2016 窗口的组成部分以及各部分的构成和使用方法。

【任务操作 1】PowerPoint 2016 的启动和退出。

1. PowerPoint 基本功能

PowerPoint 作为演示文稿制作软件，提供了方便、快速建立演示文稿的功能，包括幻灯片的建立、插入、删除等基本功能，以及幻灯片版式的选用，幻灯片中信息的编辑及最基本的放映方式等。对于已建立的演示文稿，为了方便用户从不同角度阅读幻灯片，PowerPoint 提供了多种幻灯片浏览模式，包括普通视图、浏览视图、备注页视图、阅读视图和母版视图等。为了更好地展示演示文稿的内容，利用 PowerPoint 可以对幻灯片的页面、主题、背景及母版进行外观设计，对于演示文稿的每张幻灯片，可利用 PowerPoint 提供的丰富的对象剪辑功能，根据用户的需求设置具有多媒体效果的幻灯片。PowerPoint 提供了具有动态性和交互性的演示文稿放映方式，通过设置幻灯片中对象的动画效果，幻灯片切换方式和放映控制方式，可以更加充分地展示演示文稿的内容和达到预期的目的。演示文稿还可以打包输出和格式转化，以便在未安装 PowerPoint 2016 的计算机上放映演示文稿。

演示文稿是以 pptx 为扩展名的文件，文件由若干张幻灯片组成，按序号从小到大排列，启动 Microsoft PowerPoint 2016，可开始使用 PowerPoint。

2. 启动 PowerPoint

下列方法之一可启动 PowerPoint 应用程序：

方法 1：单击"开始"→所有程序→Microsoft Office→Microsoft PowerPoint 2016 命令。

方法 2：双击桌面上的 PowerPoint 快捷方式图标或应用程序图标。

方法 3：双击文件夹中已存在的 PowerPoint 演示文稿文件，启动 PowerPoint 并打开该演示文稿。

使用方法 1 和方法 2，系统将启动 PowerPoint，并在 PowerPoint 窗口中自动生成一个名为"演示文稿 1"的空白演示文稿，如图 5-1 所示；使用方法 3 将打开已存在的演示文稿，在此也可以新建空白演示文稿。

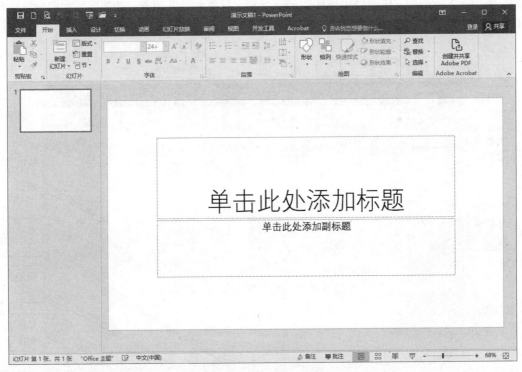

图 5-1　空白演示文稿

3. 打开已存在的演示文稿

双击文件夹中已存在的 PowerPoint 演示文稿文件，在启动 PowerPoint 的同时，也打开了该演示文稿，单击大纲浏览窗口中的某幻灯片，即可在幻灯片窗口中显示该幻灯片，并可进行编辑。

4. 退出 PowerPoint

下列方法之一可退出 PowerPoint 应用程序：

方法 1：双击窗口快速访问工具栏左端的控制菜单"关闭"图标按钮。

方法 2：单击"文件"选项卡"退出"命令。

方法 3：按 Alt+F4 组合键。

退出时系统会弹出对话框，要求用户确认是否保存对演示文稿的编辑工作，选择"保存"则存盘退出，选择"不保存"则退出但不存盘。

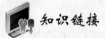 知识链接

PowerPoint 是 Microsoft 公司推出的办公软件 Office 系列软件的一个组件，简称 PPT。可以利用文字、图形、声音、动画或视频等多媒体数据信息制作出个人简历、答辩论文、电子教案、贺卡、奖状及电子相册等丰富的演示文稿，并能够通过计算机屏幕、Internet、投影仪等将其展现出来。

【任务操作 2】认识 PowerPoint 2016 窗口的组成。

PowerPoint 的功能是通过其窗口实现启动 PowerPoint，即打开 PowerPoint 应用程序工作窗口，如图 5-2 所示。工作窗口由快速访问工具栏、标题栏、选项卡、功能区、大纲浏览窗口、幻灯片窗口、备注窗口、状态栏、视图按钮、显示比例按钮等部分组成。

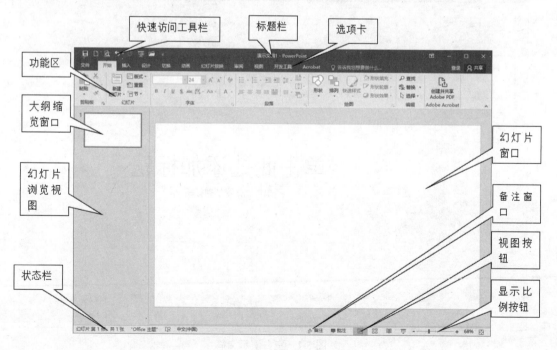

图 5-2　PowerPoint 工作窗口

（1）快速访问工具栏。快速访问工具栏位于窗口的左端，通常由以图标形式提供的"保存""撤消键入""重复适应文字""打开"和"新建"等按钮组成，便于快速访问。利用工具栏右侧的"自定义快速访问工具栏"按钮，用户可以增加或更改按钮。

（2）标题栏。标题栏位于窗口顶部，显示当前演示文稿文件名，右侧有"最小化"按钮、"最大化/向下还原"按钮和"关闭"按钮。标题栏的下面是"功能区最小化"按钮，单击该按钮可隐藏功能区内的命令，仅显示功能区显示卡上的名称。拖动标题栏可移动窗口，双击标题栏可最大化或还原窗口。

（3）选项卡。选项卡位于标题栏的下面，通常有"文件""开始""插入""设计""切换""动画""幻灯片放映""审阅""视图"9 个不同类别的选项卡。选项卡下含有多个命令组，根据操作对象的不同，还会增加相应的选项卡，称为"上下文选项卡"。例如，只有在幻灯片插入某一图片，选择该图片的情况下才会显示"图片工具"选项卡。这些选项卡及其下面的命令组可以进行绝大多数 PowerPoint 操作。

（4）功能区。功能区位于选项卡的下面，当选中某选项卡时，其对应的多个命令组出现在其下方，每个命令组内含有若干命令。例如，单击"开始"选项卡，其功能区包含"剪贴板""幻灯片""字体""段落""绘图""编辑"等命令组。

（5）演示文稿编辑区。演示文稿编辑区位于功能区下方，包括左侧的幻灯片/大纲缩览窗口、右侧上方的幻灯片窗口和右侧下方的备注窗口。拖动窗口之间的分界线或显示比例按钮可以调整各窗口的大小。幻灯片窗口显示当前幻灯片，用户可以在此编辑幻灯片的内容。备注窗口中可以添加与幻灯片有关的注释内容。

1）幻灯片/大纲缩览窗口含有"幻灯片"和"大纲"两个选项卡。单击"幻灯片"选项卡，可以显示各幻灯片缩略图。单击某幻灯片缩略图，将立即在幻灯片窗口中显示该幻灯片。利用幻灯片/大纲缩览窗口可以重新排序、添加或删除幻灯片。在"大纲"选项卡中，可以显示各幻灯片的标题与正文信息。在幻灯片中编辑标题或正文信息时，大纲窗口也同步变化。

2）幻灯片窗口显示幻灯片的内容，包括文本、图片、表格等各种对象，在该窗口可编辑幻灯片内容。

3）备注窗口用于标注对幻灯片的解释、说明等备注信息，供用户参考。

在"普通"视图下，三个窗口同时显示在演示文稿编辑区，用户可从不同角度编辑演示文稿。

（6）视图按钮。视图按钮提供了当前演示文稿的不同显示方式，共有"普通视图""幻灯片浏览""阅读视图"和"幻灯片放映"4 个按钮，单击某个按钮就可以方便地切换到相应视图。例如在"普通"视图下可以同时显示幻灯片窗口、幻灯片/大纲浏览窗口和备注窗口，而在"幻灯片放映"视图下可以放映当前幻灯片或演示文稿。用户也可以选择"视图"选项卡下的命令组转换视图模式。

（7）显示比例按钮。显示比例按钮位于视图按钮右侧，单击该按钮，可以在弹出的"显示比例"对话框中选择幻灯片的显示比例，拖动其右方的滑块，也可以调节显示比例。

（8）状态栏。状态栏位于窗口底部左侧，在不同的视图模式下显示的内容略有不同，主片显示当前幻灯片的序号、当前演示文稿幻灯片的总张数、幻灯片主题和输入法等信息。

任务 1.2　PowerPoint 演示文稿的视图方式

【任务目标】本任务要求学生掌握演示文稿中不同视图的作用及视图的切换方式。

【任务操作3】PowerPoint 演示文稿的视图方式。

PowerPoint 提供了编辑、浏览和观看幻灯片的多种视图模式，以便用户根据不同的需求使用，主要包括普通视图、幻灯片浏览视图、备注页视图、阅读视图 4 种方式。

利用"视图"选项卡下"演示文稿视图"命令组，即可在 4 种视图之间切换。

新建"计算机应用基础"演示文稿，添加 4 张幻灯片，第一张文字为"计算机应用基础"，第二张文字为"计算机的发展、分类与组成"，第三张和第四张空白。

1. 普通视图

普通视图是默认的视图模式，在该视图模式下用户可方便地编辑和查看幻灯片的内容，添加备注内容等。

在普通视图模式下，窗口由 3 个窗口组成：左侧的"幻灯片/大纲"缩览窗口、右侧上方"幻灯片"窗口和右侧下方的备注窗口，之前所进行的大部分操作是在普通视图模式下进行的。

2. 幻灯片浏览视图

幻灯片浏览视图模式可以以全局的方式浏览演示文稿中的幻灯片，可在右侧的幻灯片窗口同时显示多张幻灯片缩略图，便于进行多张幻灯片顺序的编排，方便进行新建、复制、移动、插入和删除幻灯片等操作；还可以设置幻灯片的切换效果并预览。单击"视图"选项卡下的"幻灯片浏览视图"，即可切换到"幻灯片浏览视图"，如图 5-3 所示。

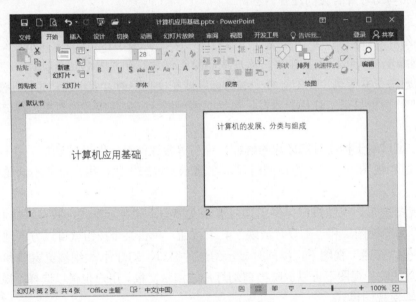

图 5-3　幻灯片浏览视图

3. 备注页视图

备注页视图与其他视图不同的是在显示幻灯片的同时在其下方显示备注页，用户可以输入或编辑备注页的内容，在该视图模式下，备注页上方显示的是当前幻灯片的内容缩览图，用户无法对幻灯片的内容进行编辑，下方的备注页为占位符，用户可向占位符中输入内容，为幻灯片添加备注信息，如图 5-4 所示。

在备注页视图下，按 PageUp 键可上移一张幻灯片，按 PageDown 键可下移一张幻灯片，拖动页面右侧的垂直滚动条，可定位到所需的幻灯片上。

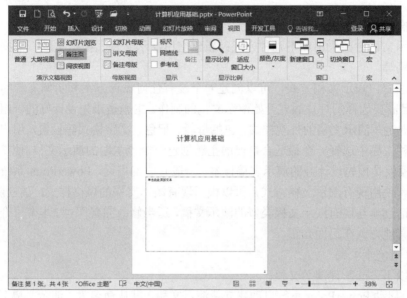

图 5-4　备注页视图

4. 阅读视图

阅读视图可将演示文稿作为适应窗口大小的幻灯片放映查看，视图只保留幻灯片窗口、标题栏和状态栏，其他编辑功能被屏蔽，用于幻灯片制作完成后的简单放映浏览，查看内容和幻灯片设置的动画和放映效果，如图 5-5 所示。通常是从当前幻灯片开始阅读，单击可以切换到下一张幻灯片，直到放映最后一张幻灯片后退出阅读视图。阅读过程中可随时按 Esc 键退出，也可以单击状态栏右侧的其他视图按钮，退出阅读视图并切换到其他视图。

图 5-5　阅读视图

任务 1.3　演示文稿的基本操作

【任务目标】本任务要求学生掌握演示文稿的新建以及幻灯片的插入、删除和编辑等操作。

【任务操作 4】新建演示文稿。

新建演示文稿主要采用如下几种方式：新建空白演示文稿、根据主题、根据模板和根据现有演示文稿等。

使用新建空白演示文稿方式，可以创建一个没有任何设计方案和示例文本的空白演示文稿，根据自己需要选择幻灯片版式开始演示文稿的制作。主题是事先设计好的一组演示文稿的样式框架，规定了演示文稿的外观样式，包括母版、配色、文字格式等设置，用户可直接在系统提供的各种主题中选择一个最适合自己的主题创建一个该主题的演示文稿，使整个演示文稿外观一致。模板是预先设计好的演示文稿样本，一般有明确用途，PowerPoint 系统提供了丰富多彩的模板。使用现有演示文稿方式，可以根据现有演示文稿的风格样式，建立新演示文稿，此方法可快速创建与现有演示文稿类似的演示文稿，适当修改完善即可。本节只介绍新建空白演示文稿，其他方式在后面介绍。

1. 建立新演示文稿

可选择以下方法新建演示文稿：

方法 1：启动 PowerPoint 系统自动建立新演示文稿，默认命名为"演示文稿1"，用户可以在保存演示文稿时重新命名。

方法 2：单击"文件"选项卡下的"新建"命令，在"可用的模板和主题"下，双击"空白演示文稿"。

2. 保存演示文稿

可选择以下方法保存演示文稿：

方法 1：单击"文件"选项卡下的"保存"或"另存为"命令，在此，可以重新命名演示文稿及选择存放文件夹。

方法 2：单击功能区的"保存"图标按钮。

【任务操作 5】幻灯片版式应用。

PowerPoint 为幻灯片提供了多个幻灯片版式供用户根据内容需要选择，幻灯片版式确定了幻灯片内容的布局，在"计算机应用基础"演示文稿窗口中，选择"开始"选项卡下"幻灯片"命令组的"版式"命令，可为当前幻灯片选择版式，如图 5-6 所示主要有"标题幻灯片""标题和内容""节标题""两栏内容""比较""仅标题""空白""内容与标题""图片与标题""标题和竖排文字""竖排标题与文本"等，对于新建的空白演示文稿，默认的版式是"标题幻灯片"。

确定了幻灯片的版式后，即可在相应的栏目和对象框内添加或插入文本、图片、表格、图形、图表、媒体剪辑等内容，如图 5-7 所示，为"两栏内容"幻灯片版式。

【任务操作 6】插入和删除幻灯片。

演示文稿建立后，通常需要多张幻灯片表达用户的内容。

若要插入或删除幻灯片，首先要选中当前幻灯片，它代表插入位置，新幻灯片将插在当前幻灯片后面，删除幻灯片将删除该幻灯片。

图 5-6　幻灯片版式命令

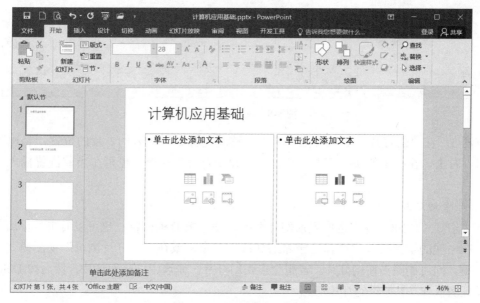

图 5-7　"两栏内容"版式

1．选中幻灯片

在幻灯片窗口左侧的幻灯片或大纲缩览窗口中，单击某当前幻灯片即选中该幻灯片。选中某当前幻灯片的同时按住 Shift 键可连续选中多张幻灯片；按住 Ctrl 键单击幻灯片可选择不连续的幻灯片。

2．插入幻灯片

插入幻灯片可插入新幻灯片，也可插入当前幻灯片的副本。前者将插入一张新的幻灯片，需确定版式等内容；后者直接复制某幻灯片作为新的插入幻灯片，可保留原有的格式，也可重新设定和编辑内容，以下方法可插入新幻灯片。

方法1：在"幻灯片/大纲浏览"窗口选中当前某幻灯片缩略图（新幻灯片将插在该幻灯片之后），在"开始"选项卡下单击"幻灯片"命令组的"新建幻灯片"下拉按钮，从出现的幻灯片版式列表中选择一种版式，则在当前选中幻灯片后出现新插入的指定版式幻灯片。

方法2：在"幻灯片/大纲浏览"窗口右击当前某幻灯片缩略图，在弹出菜单中选择"新建幻灯片"命令，则在当前选中幻灯片后面插入一张新幻灯片，如图5-8所示。

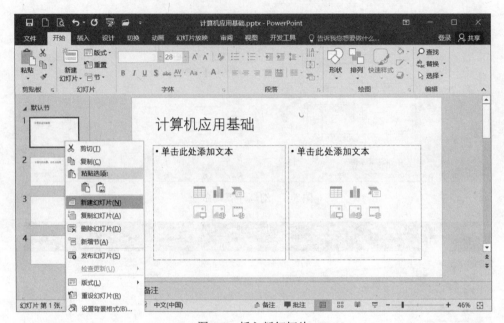

图5-8　插入新幻灯片

方法3：在"幻灯片浏览"视图模式下，移动光标到需插入幻灯片的位置，当出现黑色竖线时，右击，在弹出的快捷菜单中选择"新建幻灯片"命令，也可在当前位置插入一张新幻灯片。

3. 删除幻灯片。

在"幻灯片/大纲"窗口选中当前幻灯片缩略图，按 Delete 键；也可以右击目标幻灯片缩略图，在出现的快捷菜单中选择"删除幻灯片"命令；或在"幻灯片浏览"视图模式下，按 Delete 键，均可删除当前幻灯片。若删除多张幻灯片，先选中这些幻灯片，然后按 Delete 键。

【任务操作7】编辑幻灯片信息。

PowerPoint 为演示文稿的幻灯片提供了丰富的可编辑的信息，可在系统提供的版式、模板等样式下编辑信息，包括文本、图片、表格、图形、图表、媒体剪辑以及各种形状等，用户可自行设计幻灯片布局，达到满意效果，这里主要介绍文本编辑，其他内容在后面介绍。

1. 使用占位符

在普通视图模式下，占位符是指幻灯片中被虚线框起来的部分，当使用了幻灯片版式或设计模板时，每张幻灯片均提供占位符。用户可在占位符内输入文字或插入图片等，一般占位符的文字字体具有固定格式，用户也可以通过选中文本内容更改。

2. 使用"大纲"缩览窗口

文稿中的文字通常具有不同的层次结构，有时还通过项目符号来体现，可使用"大纲"

缩览窗口进行文字编辑，方法如下：

（1）在"大纲"缩览窗口内选择一张需编辑的幻灯片图标，可直接输入幻灯片标题，此时，按 Enter 键可插入一张新幻灯片，同样可输入该幻灯片的标题。

（2）在"大纲"缩览窗口内新建一张幻灯片，之后按 Tab 键可将其转换为之前幻灯片的下级标题，同时输入文字，再按 Enter 键，可输入多个同级标题。

在"大纲"缩览窗口中，按 Ctrl+Enter 组合键可插入一张新幻灯片，按 Shift+Enter 组合键可实现换行输入。使用"大纲"缩览窗口输入的文本还可进行字体编辑等操作。

3. 使用文本框

幻灯片中的占位符是一个特殊的文本框，包含预设的格式、出现在固定的位置，用户可对其更改格式、移动位置。除使用占位符外，用户还可以在幻灯片的任意位置绘制文本框，并设置文本格式，展现用户需要的幻灯片布局。

（1）插入文本框。

方法1：选择"插入"选项卡，单击"文本"命令组的"文本框"命令或单击"文本框"命令下的下三角按钮，可在幻灯片中插入文本框，并输入文本，按 Enter 键可输入多行。

方法2：选择"插入"选项卡，单击"插图"命令组的"形状"命令，在出现的下拉列表中选择"基本形状"中的图形，可插入文本框，也可插入线条、矩形、箭头等多种图形并输入文本。

（2）设置文本格式。选择"开始"选项卡，单击"字体"命令组和"段落"命令组的命令，可对文本的字体、字号、文字颜色进行设置，可对文本添加项目符号，设置文本行距等。

（3）设置文本框样式和格式。选中某一文本框时，功能区上方会出现"绘图工具-格式"选项卡，如图 5-9 所示可设置文本框的形状样式和格式，插入艺术字，重新排列文本框等，在此还可插入新的文本框。

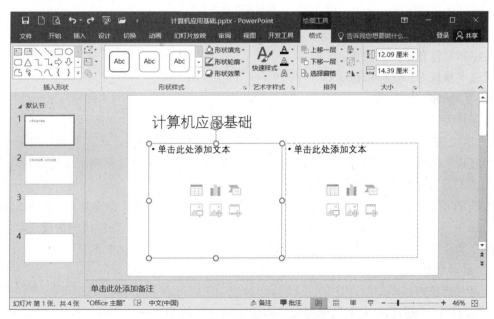

图 5-9 "绘图工具-格式"选项卡

选择"绘图工具-格式"选项卡，单击"形状样式"左侧的下拉列表，可更改形状或线条的外观样式，选择右侧的命令，可进行形状填充、形状轮廓、形状效果设置。

选择"绘图工具-格式"选项卡，单击"形状样式"命令组右下侧的按钮或单击"绘图工具-格式"选项卡，单击"大小"命令组右下侧的按钮可弹出"设置形状格式"对话框，如图5-10所示，可进行形状填充、线条颜色、阴影、效果、三维格式、位置等的设置，使幻灯片更富可视性和感染力。

图 5-10　"设置形状格式"对话框

选择"绘图工具-格式"选项卡，单击"艺术字样式"命令组，可对已插入的艺术字进行颜色、字体、位置等样式设置。

【任务操作8】复制和移动幻灯片。

1. 复制幻灯片

有多种方法可复制幻灯片。

方法1：在"幻灯片/大纲"缩览窗口选中某当前幻灯片缩略图，在"开始"选项卡下单击"幻灯片"组的"新建幻灯片"下拉按钮，从出现的列表中单击"复制所选幻灯片"命令，则在当前幻灯片之后插入与当前幻灯片相同的幻灯片。

方法2：在"开始"选项卡下单击"剪贴板"命令组的"复制"命令也可以复制幻灯片。

方法3：在"幻灯片浏览"视图模式下，选中某幻灯片，右击，在弹出的快捷菜单中选择"复制"命令也可以复制幻灯片。

2. 移动幻灯片

有两种方法可移动幻灯片。

方法1：在"幻灯片/大纲"缩览窗口中选中要移动的幻灯片，按住鼠标左键拖动，到幻灯片移动的位置并出现一条虚线时释放鼠标，幻灯片将被移动到该位置。

方法2：在"幻灯片浏览"视图模式下，选中某幻灯片，按住鼠标左键拖动也可移动幻灯片。

【任务操作9】放映幻灯片。

幻灯片制作完成后，按F5键，或单击视图按钮的"幻灯片放映"图标按钮或利用"幻灯片放映"选项卡下的"开始放映幻灯片"命令组内的命令均可放映幻灯片。

案例实训

【实训要求】

为更好地介绍计算机基础知识，将前面章节的"计算机应用基础"演示文稿删除，重新创建一个"计算机应用基础"演示文稿。第1张幻灯片选择"标题幻灯片"版式，第2张幻灯片选择"标题和内容"版式并输入相关内容；新建一张空白幻灯片，插入5个文本框，输入相关文字，并添加直线形成结构框，设置5个文本框的样式。

【实训步骤】

（1）删除之前的"计算机应用基础"演示文稿，启动PowerPoint，新建"计算机应用基础"演示文稿。

（2）选择"开始"选项卡，单击"幻灯片"命令组的"版式"命令，在下拉选项中选择"标题幻灯片"版式，在标题栏和副标题栏内输入相关内容，并利用"开始"选项卡下"字体"命令组内的命令设置字体格式，如图5-11所示。

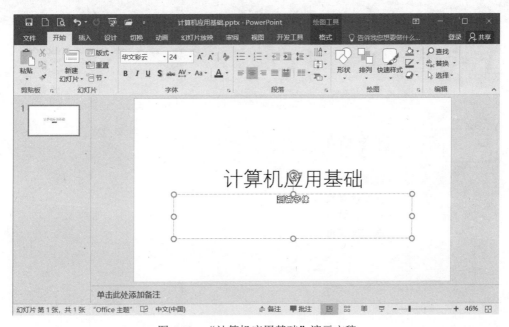

图5-11　"计算机应用基础"演示文稿

（3）选中第1张幻灯片，选择"开始"选项卡，单击"幻灯片"命令组的"新建幻灯片"命令，选择"标题和内容"版式，则新建一张幻灯片，如图5-12所示。

（4）选择编辑区左侧的"大纲"缩览窗口，选中第2张幻灯片缩略图，输入标题文本和内容文版，如图5-13所示，保存该演示文稿。

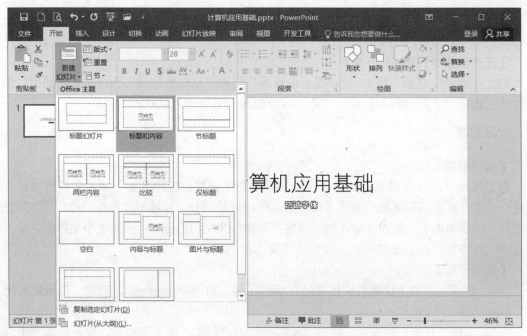

图 5-12　新建一张幻灯片

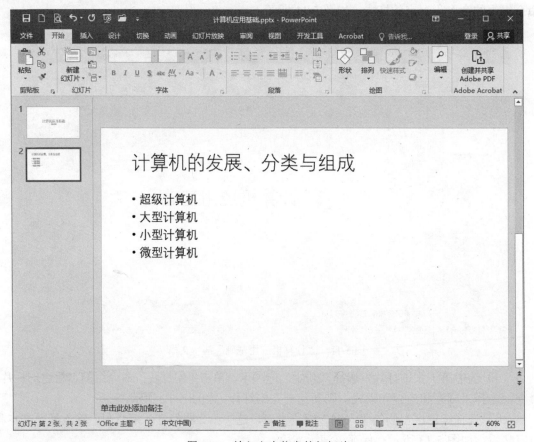

图 5-13　输入文本信息的幻灯片

（5）新建一张版式为"空白"的幻灯片，选择"插入"选项卡，单击"文本"命令组的"文本框"命令，插入一个"横排文本框"，四个"竖排文本框"，填入相应的文字。

（6）选择"开始"选项卡，单击"字体"命令组，设置合适的文本字体和字号。

（7）选择某一文本框，出现"绘图工具-格式"选项卡，单击"绘图"命令组的"形状"命令选择"直线"连接各文本框。

（8）选择某一文本框，出现"绘图工具-格式"选项卡，单击"绘图"命令组的命令，选择形状，利用"形状填充"命令填充各文本框，利用"形状效果"命令设置文本框的效果；选中某一直线，利用"形状轮廓"命令设置直线的粗细，结果如图 5-14 所示。

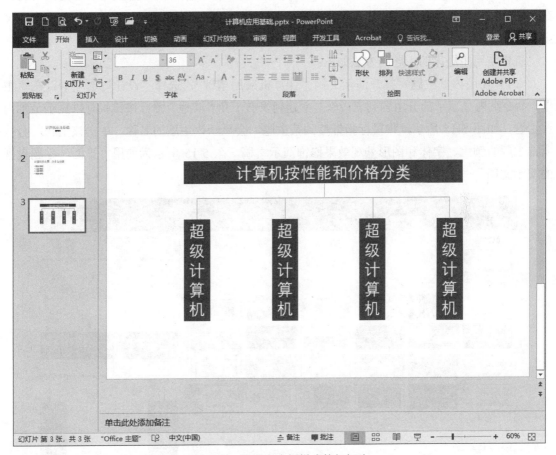

图 5-14　设置文本框样式的幻灯片

项目 2　演示文稿的外观设计

项目分析

本项目要求掌握 PowerPoint 演示文稿中主题的应用，掌握自定义主题，掌握背景的设置，掌握幻灯片母版的使用。

任务 2.1 PowerPoint 演示文稿的主题设置

【任务目标】本任务要求学生掌握 PowerPoint 演示文稿中主题的应用及自定义主题。

【任务操作 1】应用主题。

主题是 PowerPoint 应用程序提供的方便演示文稿设计的一种手段，是一种包含背景图形、字体选择及对象效果的组合，是颜色、字体、效果和背景的设置，一个主题只能包含一种设置。主题作为一套独立的选择方案应用于演示文稿中，可以简化演示文稿的创建过程，使演示文稿具有统一的风格。PowerPoint 提供了大量的内置主题供用户制作演示文稿时使用，用户可直接在主题库中选择直接使用，也可以通过自定义方式修改主题的颜色、字体和背景，形成自定义主题。

直接使用主题库的主题的方法如下：

（1）使用内置主题。打开演示文稿"计算机应用基础"，选择"设计"选项卡，在"主题"命令组内显示了部分主题列表，单击主题列表右下角"其他"图标按钮就可以显示全部内置主题，如图 5-15 所示，将鼠标指针移到某主题，会显示该主题的名称。单击该主题，会按所选主题的颜色、字体和图形外观效果修饰演示文稿。图 5-15 所示为使用"平面"主题设置的演示文稿。

图 5-15　使用"平面"主题设置的演示文稿

（2）使用外部主题。如果可选的内置主题不能满足用户的需求，可选择外部主题，选择"设计"选项卡，在"主题"命令组主题列表的下面选择"浏览主题"命令，可使用外部主题，如图 5-16 所示。

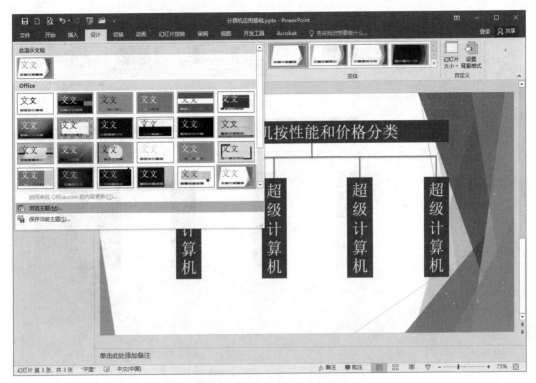

图 5-16   选择"浏览主题"命令

若只设置部分幻灯片主题，可选择预设置主题幻灯片，右击该主题，在出现的快捷菜单中选择"应用于选定幻灯片"命令，则所选幻灯片按该主题效果更新，其他幻灯片不变。若选择"应用于所有幻灯片"命令，则整个演示文稿幻灯片均设置为所选主题。

【任务操作2】自定义主题设计。

（1）自定义主题颜色。对已应用主题的幻灯片，在"设计"选项卡的"主题"命令组内，单击"颜色"按钮，在颜色列表框中选择一款内置颜色，如图 5-17 所示，幻灯片的标题文字颜色、背景填充颜色、文字的颜色也随之改变。

在"设计"选项卡的"主题"命令组内，单击"颜色"按钮，在下拉列表中选择"自定义颜色"命令，打开"新建主题颜色"对话框，在对话框的"主题颜色"列表中单击某一选择的下三角按钮，打开颜色下拉列表，选择某个颜色将更改主题颜色，如图 5-18 所示，选择"其他颜色"命令，可打开"颜色"对话框进行颜色的自定义。

在"新建主题颜色"对话框中设置某个颜色后，在"名称"文本框中输入当前自定义主题颜色的名称，单击"保存"按钮，幻灯片将应用自定义的主题颜色，该自定义的主题颜色将以所命名的名称存在"主题"命令组的"颜色"下拉列表中，可再次被使用。

（2）自定义主题字体。自定义主题字体主要是定义幻灯片中的标题字体和正文字体。对已应用主题的幻灯片，在"设计"选项卡的"主题"命令组内，单击"字体"按钮，在下拉列表中选择一种自带的字体，如图 5-19 所示，单击某字体即将该字体应用于演示文稿中，此时，标题和正文是同一种字体。

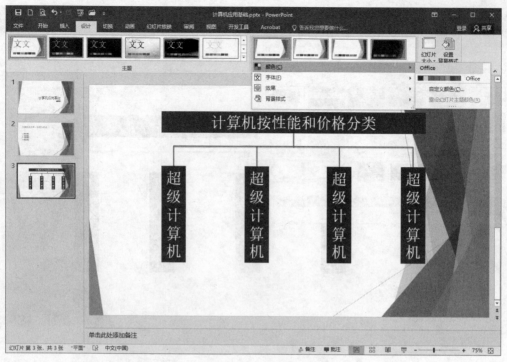

图 5-17　自定义主题颜色设置

图 5-18　"新建主题颜色"对话框

　　也可以对标题字体和正文字体分别进行设置，新建主题字体。在"设计"选项卡的"主题"命令组内，单击"字体"按钮，在列表中选择"自定义字体"命令，打开"新建主题字体"对话框，如图 5-20 所示，在"标题字体"和"正文字体"中分别选择预设置的字体，在"名称"文本框内输入字体方案的名称，单击"保存"按钮，演示文稿中标题和正文字体按新方案设置，同时，"字体"下拉列表"自定义"中出现新建主题字体名称，如"自定义1"，可再次被使用，如图5-21所示。

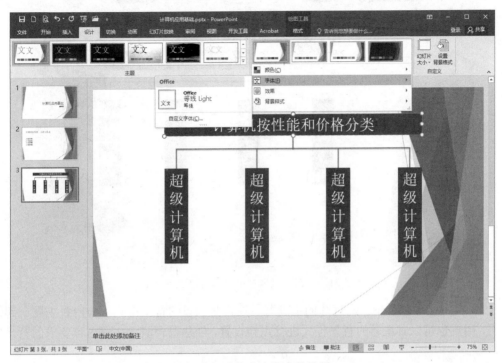

图5-19 自定义主题字体设置

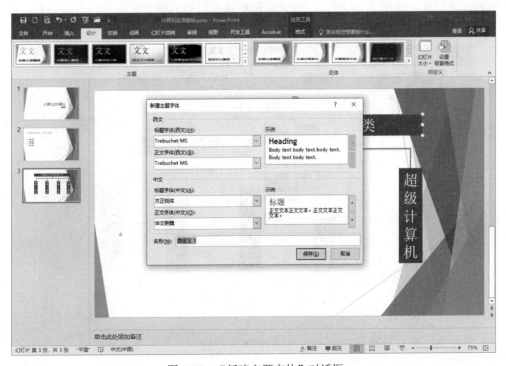

图5-20 "新建主题字体"对话框

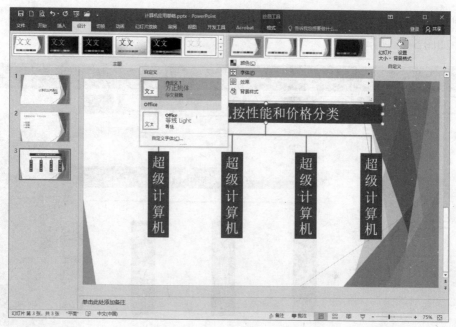

图 5-21 "自定义"栏中显示新建字体方案

（3）自定义主题背景。幻灯片的主题背景通常是预设的背景格式，与内置主题一起供用户使用，用户也可以对主题的背景样式进行重新设置，创建符合演示文稿内容要求的背景填充样式。

在"设计"选项卡的"背景"命令组内，单击"背景样式"按钮，在下拉列表中选择一款适合的背景样式，如图 5-22 所示，将光标移至该背景样式处会显示该样式的名称，如选择"样式 10"，即可应用到演示文稿中。

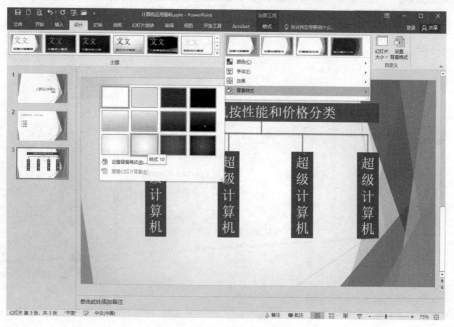

图 5-22 主题样式背景设置

用户也可以对背景颜色、填充方式、图案和纹理等进行重新设置。在"设计"选项卡的"自定义"命令组内，单击"设置背景格式"按钮，打开"设置背景格式"对话框，如图 5-23 所示。图 5-24 是设置背景格式后的演示文稿。

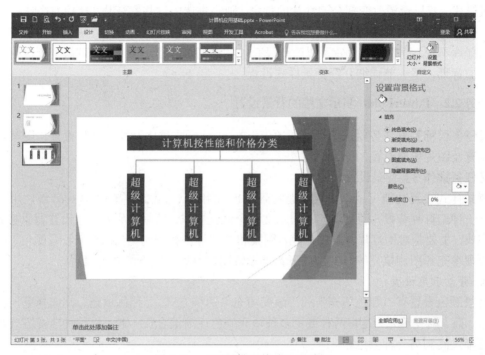

图 5-23　"设置背景格式"对话框

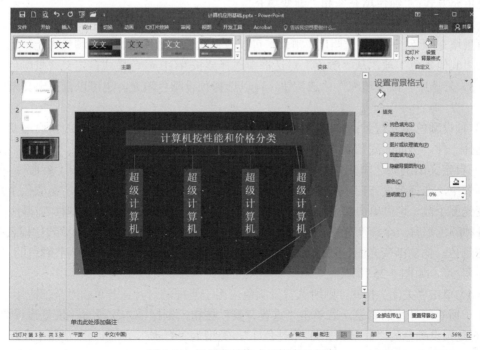

图 5-24　设置背景格式后的演示文稿

（4）改变背景样式。PowerPoint 为每个主题提供了 12 种背景样式，用户可以选择一种样式快速改变演示文稿中幻灯片的背景，既可以改变演示文稿所有幻灯片的背景，也可以只改变所选幻灯片的背景。通常情况下，从列表中选择一种背景样式，则演示文稿全体幻灯片均采用该背景样式。若只希望改变部分幻灯片的背景，则应先选中这些幻灯片，然后右击选择的背景样式，在出现的选项中选择"应用于所选幻灯片"命令，则选定的幻灯片采用该背景样式，而其他幻灯片不变。背景样式设置可以改变设有主题的幻灯片主题背景，也可以为未设主题的幻灯片添加背景，下一节详细介绍背景样式设置。

任务 2.2　PowerPoint 演示文稿的背景设置

【任务目标】本任务要求学生掌握 PowerPoint 演示文稿中背景的颜色设置、图案填充、纹理填充及图片填充设置。

【任务操作 3】背景设置。

背景样式设置功能可用于设置主题背景，也可用于无主题设置的幻灯片背景，用户可自行设计一种幻灯片背景，满足自己的演示文稿个性化要求。背景设置利用"设置背景格式"对话框完成，主要是对幻灯片背景的颜色、图案和纹理等进行调整，包括改变背景颜色、图案填充、纹理填充和图片填充等方式，以下背景设置同样可用于主题的背景设置。

1. 背景颜色设置

背景颜色设置有"纯色填充"和"渐变填充"两种方式。"纯色填充"是选择单一颜色填充背景，而"渐变填充"是将两种或更多种填充颜色逐渐混合在一起，以某种渐变方式从一种颜色逐渐过渡到另一种颜色。

（1）在演示文稿中，打开"设置背景格式"对话框，单击的"填充"选项，提供两种背景颜色填充方式："纯色填充"和"渐变填充"。

（2）若选择"纯色填充"单选按钮，单击"颜色"右侧的下拉按钮，在下拉列表颜色中选择背景填充颜色。拖动"透明度"滑块，可以改变颜色的透明度，直到满意为止；用户也可以单击"其他颜色"项，从"颜色"对话框中选择或按 RGB 颜色模式自定义背景颜色。

（3）若选中"渐变填充"单选按钮，可以选择预设颜色填充，也可以自己定义渐变颜色填充。

1）预设颜色填充背景：单击"预设颜色"栏右侧的下拉按钮，在出现的预设渐变颜色列表中选择一种，例如"底部聚光灯-个性色 1"等。

2）自定义渐变颜色填充背景：在"类型"列表中，选择渐变类型，如"矩形"；在"方向"列表中，选择渐变方向，如"从左下角"；在"渐变光圈"下，出现与所需颜色个数相等的渐变光圈个数，也可单击"添加渐变光圈"或"删除渐变光圈"图标按钮增加或减少渐变光圈；每种颜色都有一个渐变光圈，单击某一个渐变光圈，在"颜色"栏的下拉颜色列表中，可以改变颜色，拖动渐变光圈位置也可以调节该渐变颜色，如需要，还可以调节颜色的"亮度"或"透明度"，如图 5-25 所示。

（4）单击"关闭"按钮，则所选背景颜色应用于当前幻灯片；若单击"全部应用"按钮，则应用于所有幻灯片的背景。若单击"重置背景"按钮，则撤消本次设置，恢复设置前状态。图 5-26 是预设颜色为"底部聚光灯-个性色 1"，类型为"矩形"，方向为"从左下角"进行渐变填充后的演示文稿。

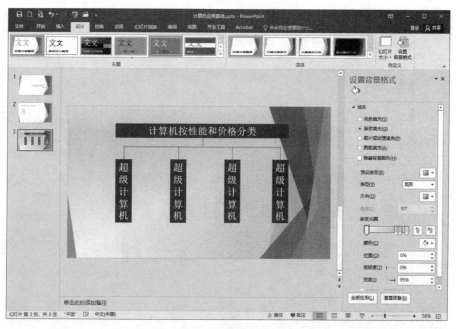

图 5-25　背景颜色填充设置

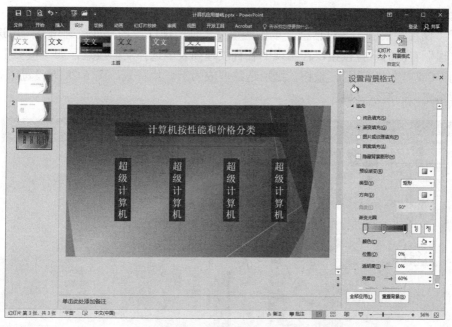

图 5-26　进行渐变填充后的演示文稿

2. 图案填充

打开"设置背景格式"对话框，单击"填充"项，选择"图案填充"单选按钮，在出现的图案列表中选择所需图案，如"实心菱形"。通过"前景"和"背景"栏可以自定义图案的前景色和背景色，单击"关闭"（或"全部应用"）按钮，则所选图案成为幻灯片背景，图5-27为设置了"实心菱形"图案背景的演示文稿。

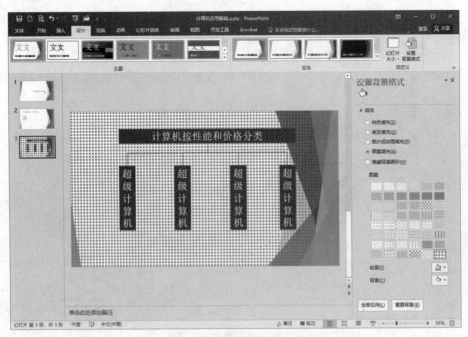

图 5-27　设置图案背景的演示文稿

3．纹理填充

打开"设置背景格式"对话框，单击"填充"项，选中"图片或纹理填充"单选按钮，单击"纹理"右侧的下拉按钮，在出现的各种纹理列表中选择所需纹理，如"鱼类化石"，单击"关闭"（或"全部应用"）按钮，则所选纹理成为幻灯片背景，图 5-28 为设置了"鱼类化石"纹理填充后的演示文稿。

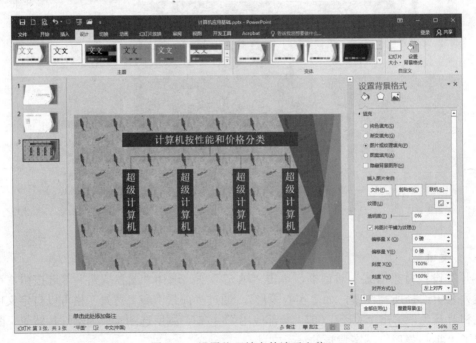

图 5-28　设置纹理填充的演示文稿

4. 图片填充

打开"设置背景格式"对话框，单击"填充"项，选择"图片或纹理填充"单选按钮，在"插入图片来自"栏单击"文件"按钮，在弹出的"插入图片"对话框中选择所需图片文件，并单击"插入"按钮，回到"设置背景格式"对话框，单击"关闭"（或"全部应用"）按钮，则所选图片成为幻灯片背景，图5-29为设置了"航天飞机"图片背景填充的演示文稿。

图 5-29　设置图片填充的演示文稿

也可以选择剪贴画或剪贴板中的图片填充背景：若已经设置主题，则所设置的背景可能被主题背景图形覆盖，此时可以在"设置背景格式"对话框中勾选"隐藏背景图形"复选框。

任务 2.3　PowerPoint 演示文稿中幻灯片母版的制作

【任务目标】本任务要求学生掌握 PowerPoint 演示文稿中幻灯片母版的制作。

【任务操作4】幻灯片母版制作。

演示文稿通常应具有统一的外观和风格，体现用户的信息等，通过设计、制作和应用幻灯片母版也可以快速实现这一要求。母版中包含了幻灯片中共同出现的内容及构成要素，如标题，文本、日期、背景等，用户可直接使用这些之前由用户设计好的格式创建演示文稿。制作幻灯片母板的方法如下：

（1）打开演示文稿，在"视图"选项卡下，选择"母版视图"命令组内的"幻灯片母版"命令，进入幻灯片母版视图，如图5-30所示。

（2）在幻灯片母版视图中，左侧的窗口显示不同类型的幻灯片母版缩略图，如选择"标题幻灯片"母版，显示在右侧的编辑区中并可进行编辑。

（3）选择标题占位符可以修改主标题的字体和颜色，如修改为"华文中宋"，选择符标题占位符也可以修改副标题的字体和颜色，单击"幻灯片母版"选项卡下"母版版式"命令组的"插入占位符"命令，如图5-31所示，插入可选的占位符，并调整到幻灯片上适当位置，插入占位符后的母版如图 5-32 所示。

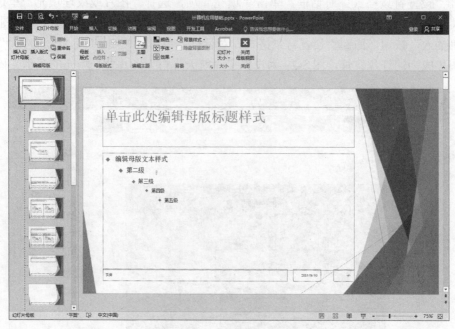

图 5-30　幻灯片母版视图

图 5-31　插入占位符设置

（4）选择左侧窗口的"平面幻灯片母版"，删除底部占位符，选择"幻灯片母版"选项卡下的"母版版式"命令组的"母版版式"命令，打开"母版版式"对话框，可添加相应的占位符，如图 5-33 所示，单击"关闭母版视图"按钮，关闭该视图模式，此时，切换到普通视图模式即可使用该母版。

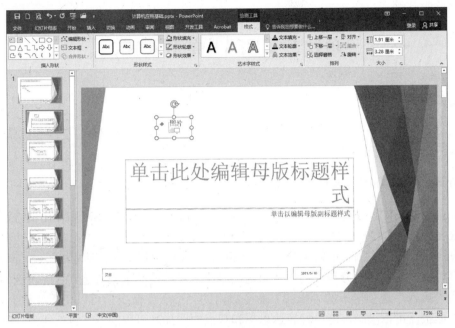

图 5-32　插入占位符后的母版

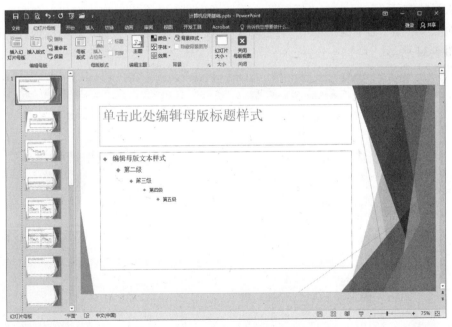

图 5-33　添加占位符后的母版

（5）保存演示文稿为"PowerPoint 模板"文件，再次打开该文件，在普通视图模式下可使用该模板。

利用"插入"选项卡"图像"命令组的"图片"命令可以插入图片背景，利用"格式"选项卡下的"排列"命令组的命令调整图片层次，对幻灯片母版进行背景设置。

利用"幻灯片母版"选项卡"编辑母版"命令组的命令可以为幻灯片添加版式、重命名母版、删除版式等。

项目 3 幻灯片中的对象编辑

 项目分析

本项目要求掌握幻灯片中形状、图片、表格、图表、SmartArt 图形、音频和视频以及艺术字的插入、编辑和使用。

任务 3.1 幻灯片中对象的插入、编辑和使用

【任务目标】本任务要求学生掌握幻灯片中各种对象的插入、编辑和使用的方法。

【任务操作 1】使用形状。

PowerPoint 演示文稿中不仅包含文本，还可以插入形状与图片、表格与图表、声音与视频及艺术字等媒体对象，充分和合适地使用这些对象，可以使演示文稿达到意想不到的效果。

利用"插入"选项卡下的"插图"命令组内的"形状"命令，可以使用各种形状，通过组合多种形状，可以绘制出能更好表达思想和观点的图形。可用的形状包括线条、基本形状、箭头总汇、公式形状、流程图、星与旗帜、标注和动作按钮等。

插入形状有两个途径：在"插入"选项卡"插图"命令组单击"形状"命令或者在"开始"选项卡"绘图"命令组中单击"形状"列表右下角"其他"按钮，就会出现各类形状的列表，如图 5-34 所示。

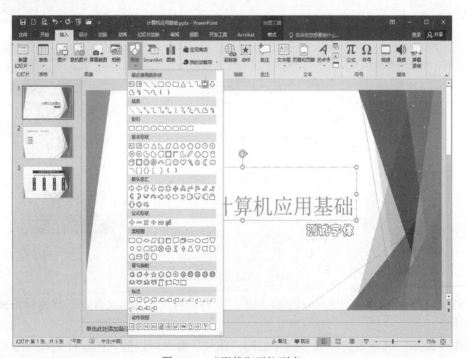

图 5-34 "形状"下拉列表

1. 绘制图形

（1）插入形状、输入文本：在演示文稿中插入一张版式为"空白"的幻灯片，在空白处插入一矩形，选中该矩形，拖动矩形边框上的控点，可调整矩形大小，右击，在弹出的快捷菜单中选择"编辑文字"，输入"计算机系统的分类"，如图 5-35 所示；拖动控点，可以旋转矩形，若按下 Shift 键拖动鼠标可以画出标准正方形。

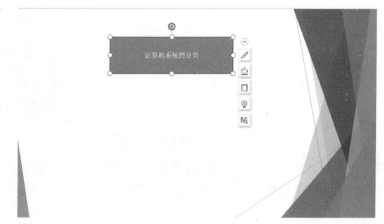

图 5-35　插入"矩形"形状

（2）改变矩形形状：选中该矩形，右击，在弹出的快捷菜单中选择"编辑顶点"，拖动矩形边框控点，可以改变矩形形状。

（3）改变形状样式：选中该矩形，选择"绘图工具-格式"选项卡下的"形状样式"命令组可以进行形状填充设置、形状轮廓设置、形状效果设置，如图 5-36 所示。图 5-37 为改变了形状和样式的矩形。

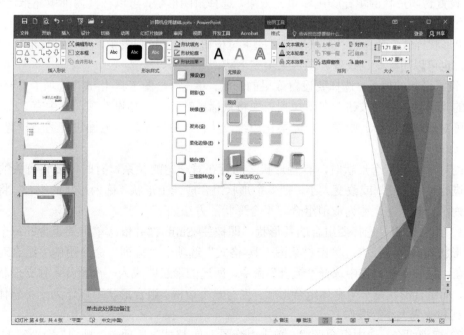

图 5-36　形状样式设置

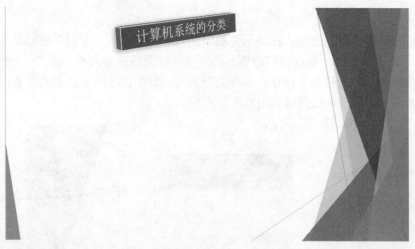

图 5-37　改变了形状和样式的矩形

形状样式改变包括线条的线型（实或虚线、粗细）、颜色等，封闭形状内部填充颜色、纹理、图片等，形状的阴影、映像、发光、柔化边缘、棱台、三维旋转等形状效果，具体操作如下：

1）套用形状样式。PowerPoint 提供许多预设的形状样式。选择要套用样式的形状，单击"绘图工具-格式"选项卡"形状样式"命令组列表右下角的"其他"命令，在下拉列表中提供了 42 种样式供选择，选择其中一个样式，则改变形状样式。

2）自定义形状线条的线型和颜色。选择形状，然后单击"绘图工具-格式"选项卡"形状样式"组"形状轮廓"的下拉按钮，在下拉列表中，可以修改线条的颜色、粗细、实线或虚线等，也可以取消形状的轮廓线。

3）设置封闭形状的填充颜色和填充效果。选择封闭形状，可以在其内部填充指定的颜色，还可以利用渐变、纹理、图片来填充形状。选择要填充的封闭形状，单击"绘图工具-格式"选项卡"形状样式"命令组"形状填充"的下拉按钮，在下拉列表中，可以设置形状内部填充的颜色，也可以用渐变、纹理、图片来填充形状。

4）设置形状的效果。选择要设置效果的形状，单击"绘图工具-格式"选项卡"形状样式"命令组的"形状效果"按钮，在下拉列表中将鼠标指针移至"预设"项，其中有 12 种预设效果，还可对形状的阴影、映像、发光柔化边缘、棱台、三维旋转等方面进行适当设置。

2. 组合形状

当幻灯片中有多个形状时，有些形状之间存在着一定的关系，有时需要将有关的形状作为整体进行移动、复制或改变大小，把多个形状组合成一个形状，称为形状的组合，将组合形状恢复为组合前状态，称为取消组合。组合形状的方法如下：

（1）组合形状。选择要组合的各形状，即按住 Shift 键并依次单击要组合的每个形状，使每个形状周围出现控点；单击"绘图工具-格式"选项卡"排列"命令组的"组合对象"命令，并在出现的下拉列表中选择"组合"命令，所选的形状即成为一个整体，独立形状有各自的边框，而组合形状是一个整体组合形状，也有一个边框。组合形状可以作为一个整体进行移动、复制和改变大小等操作。

（2）取消组合。选中组合形状，单击"绘图工具-格式"选项卡"排列"命令组的"组合"

按钮，并在下拉列表中选择"取消组合"命令，此时，组合形状恢复为组合前的几个独立形状，图 5-38 为将幻灯片中的 5 个矩形和 6 条直线组合后的形状。

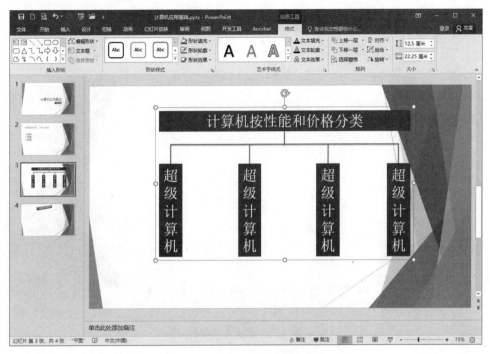

图 5-38　组合形状后的幻灯片

【任务操作 2】使用图片。

在幻灯片中使用图片可以使演示效果变得更加生动直观，可以插入的图片主要有两类：第一类是剪贴画，在 Office 套装软件中自带有各类剪贴画，供用户使用；第二类是以文件形式存在的图片，用户也可以在平时收集的图片文件中选择使用，以美化幻灯片。

插入图片、剪贴画有两种方式：第一种是采用功能区命令；另一种是单击幻灯片内容区占位符中剪贴画或图片的图标，对插入的图片还可以改变其样式。

1. 插入图片（或剪贴画）

方法 1：插入新幻灯片并选择"标题和内容"版式（或其他具有内容区占位符的版式），单击内容区"图片"图标，打开相应的文件夹选择图片并插入。如果是插入剪贴画，则右侧出现"剪贴画"窗口，搜索剪贴画并插入，并在幻灯片上调节图片的大小即可。如图 5-39 所示为插入图片操作，插入图片后的幻灯片如图 5-40 所示。

方法 2：单击"插入"选项卡"图像"命令组的"剪贴画"或"图像"命令，右侧出现"剪贴画"窗口，在"剪贴画"窗口中单击"搜索"按钮，下方出现各种剪贴画，从中选择合适的剪贴画插入即可。也可以在"搜索文字"栏输入搜索关键字或输入剪贴画的完整或部分文件名，如 computers，再单击"搜索"按钮，则只搜索与关键字相匹配的剪贴画供选择。为减少搜索范围，可以在"结果类型"栏指定搜索类型（如插图、照片等），单击选中的剪贴画插入到幻灯片，调整剪贴画大小和位置即可。

以同样的方法，单击"插入"选项卡"图像"命令组的"图片"命令，出现"插入图片"

对话框，在对话框左侧选择存放目标图片文件的文件夹，在右侧该文件夹中选择满意的图片文件，然后单击"插入"按钮，该图片插入到当前幻灯片中。

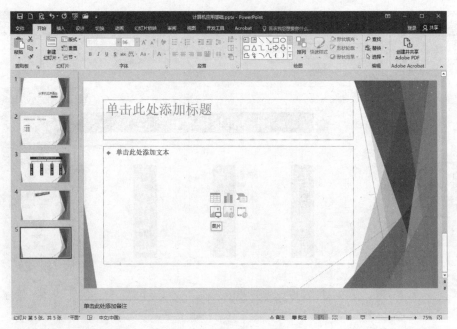

图 5-39　插入图片操作

图 5-40　插入后的幻灯片图片

2．改变图片表现形式

（1）调整图片的大小和位置。插入的图片或剪贴画的大小和位置可能不合适，可以选中该图片，用鼠标拖动控点来大致调节图片的大小和位置。

精确定义图片大小和位置的方法：选择图片，在"图片工具-格式"选项卡"大小"命令组单击右下角的"大小和位置"按钮，出现"设置图片格式"对话框，如图 5-41 所示。在对话框左侧单击"大小"项，在右侧"高度"和"宽度"栏输入图片的高和宽数值。单击左侧"位置"项，在右侧输入左上角距幻灯片边缘的水平和垂直位置坐标，即可确定图片的精确位置。

图 5-41　"设置图片格式"对话框

（2）旋转图片。旋转图片能使图片按要求向不同方向倾斜，可手动粗略旋转，也可精确旋转指定角度。

1）手动旋转图片的方法：选中要旋转的图片，图片四周出现控点，拖动上方绿色控点即可大致随意旋转图片。

2）精确旋转图片的方法：若要精确到度数旋转（例如：将图片顺时针旋转 29 度），可以利用设置图片格式功能实现。选中图片，在"图片工具-格式"选项卡"排列"命令组单击"旋转"按钮，在下拉列表中选择"向右旋转 90°""向左旋转 90°""垂直翻转""水平翻转"等。还可以选择下拉列表中的"其他旋转选项"，弹出"设置图片格式"对话框，在"旋转"栏输入要旋转的角度。正度数表示顺时针旋转，负度数表示逆时针旋转。例如，要顺时针旋转 29 度，输入"29"；输入"-29"则逆时针旋转 29 度。

（3）用图片样式美化图片。图片样式就是各种图片外观格式的集合，使用图片样式可以使图片快速美化，系统内置了 28 种图片样式供选择。选择幻灯片并选中要改变样式的图片，在"图片工具-格式"选项卡"图片样式"命令组中显示若干图片样式列表，如图 5-42 所示，如选择"金属椭圆"，图片样式发生了变化，如图 5-43 所示。

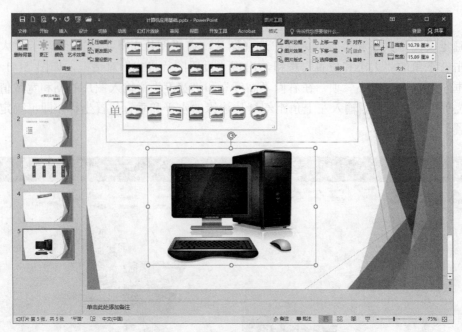

图 5-42　"设置快速样式"操作

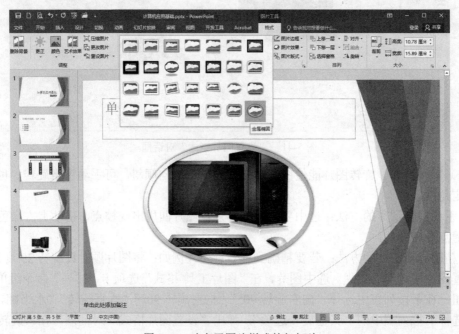

图 5-43　改变了图片样式的幻灯片

（4）增加图片特定效果。通过设置图片的阴影、映像、发光等特定视觉效果可以使图片更加美观，富有感染力。系统提供 12 种预设效果，用户还可自定义图片效果。

1）使用预设效果的方法：选择要设置效果的图片，单击"图片工具-格式"选项卡"图片样式"命令组的"图片效果"按钮，在出现的下拉列表中将鼠标指针移至"预设"项，显示 12 种预设效果，如图 5-44 所示，从中选择一种（如"预设 9"），可以看到图 5-42 中图片按"预设 9",效果发生了变化,如图 5-45 所示。

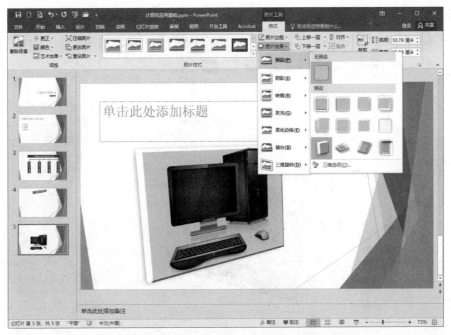

图 5-44 设置图片"预设"效果操作

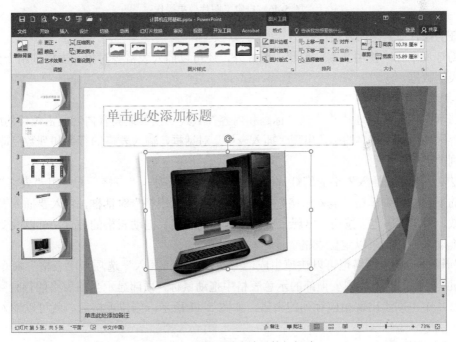

图 5-45 改变了图片效果的幻灯片

2)自定义图片效果的方法:用户可对图片的阴影、映像、发光、柔化边缘、棱台、三维旋转等进行适当设置,以达到满意的图片效果。选中要设置效果的图片,单击"图片工具-格式"选项卡"图片样式"命令组的"图片效果"下拉按钮,在展开的下拉列表中可选"阴影"

"映像""发光""柔化边缘""棱台""三维旋转"等，达到自定义图片效果的目的，如图 5-46 所示。

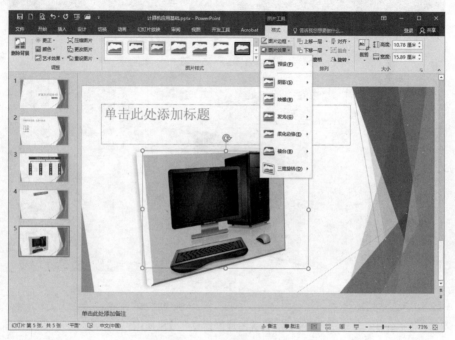

图 5-46　自定义图片效果操作

【任务操作 3】使用表格。

在幻灯片中除了使用文本、形状、图片外，还可以插入表格等对象，表格应用十分广泛，可直观表达数据。

1. 插入表格

方法 1：插入新幻灯片并选择"标题和内容"版式（或其他具有内容区占位符的版式），单击内容区"插入表格"图标，出现"插入表格"对话框，输入表格的行数和列数后即可创建指定行列的表格

方法 2：选择要插入表格的幻灯片，单击"插入"选项卡"表格"命令组"表格"按钮，在弹出的下拉列表中单击"插入表格"命令，出现"插入表格"对话框，输入要插入表格的行数和列数，单击"确定"按钮，出现一个指定行列的表格，拖动表格的控点，可以改变表格的大小，拖动表格边框可以定位表格。

行列较少的小型表格也可以快速生成，方法是单击"插入"选项卡"表格"命令组"表格"按钮，在弹出的下拉列表顶部的示意表格中拖动鼠标，顶部显示当前表格的行列数，与此同时幻灯片中也同步出现相应行列的表格，如图 5-47 所示。创建表格后，就可以输入表格内容了。

2. 编辑表格

表格制作完成后，可以编辑修改表格，包括设置文本对齐方式，调整表格大小和行高，列宽，插入和删除行（列）、合并与拆分单元格等。选择欲编辑表格的行或列或表格区域，利用"表格工具/设计"和"表格工具/布局"选项卡下的各命令组可以完成相应的操作。

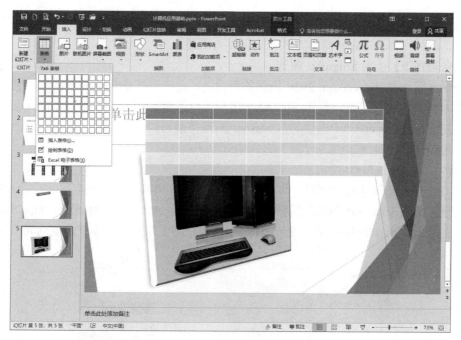

图 5-47　插入表格操作

【任务操作 4】使用图表。

在幻灯片中还可以使用 Excel 提供的图表功能，在幻灯片中嵌入 Excel 图表和相应的表格。

方法 1：插入新幻灯片并选择"标题和内容"版式（或其他具有内容区占位符的版式），单击内容区"插入图表"图标，出现"插入图表"对话框，如图 5-48 所示，即可按照 Excel 的操作方式插入图表。

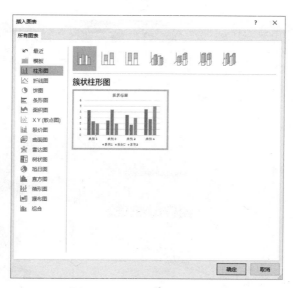

图 5-48　"插入图表"对话框

方法 2：选择要插入表格的幻灯片，单击"插入"选项卡"插图"命令组"图表"按钮，弹出"插入图表"对话框，按照 Excel 的操作方式插入图表即可。

确定欲插入的图表后，会进入 Excel 应用程序，编辑 Excel 表格数据，相应的图即显示在幻灯片上，具体操作按 Excel 操作方式，这里不再赘述。

【任务操作 5】使用 SmartArt 图形。

SmartArt 图形是 PowerPoint 2016 提供的新功能，是一种智能化的矢量图形，它是已经组合好的文本框和形状、线条，利用 SmartArt 图形可以快速在幻灯片中插入功能性强的图形，表达用户的思想。PowerPoint 提供的 SmartArt 图形类型有列表、流程、循环、层次结构、关系矩阵、棱锥图、图片等。

1. 插入 SmartArt 图形

方法 1：插入新幻灯片并选择"标题和内容"版式（或其他具有内容区占位符的版式），单击内容区"插入 SmartArt 图形"图标，打开"选择 SmartArt 图形"对话框，如图 5-49 所示，选择所需的类型，单击需要的插入图形即可插入，图 5-50 为插入"垂直曲型列表"图形后的幻灯片。

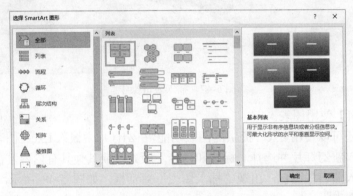

图 5-49 "选择 SmartArt 图形"对话框

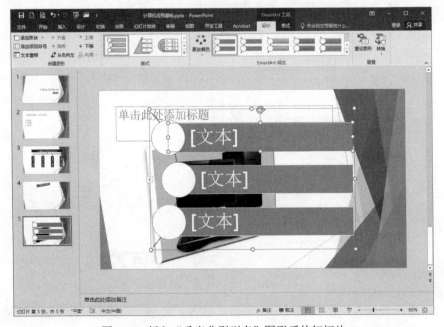

图 5-50 插入"垂直曲型列表"图形后的幻灯片

方法 2：选择要插入表格的幻灯片，单击"插入"选项卡"插图"命令组"SmartArt 图形"命令，打开"选择 SmartArt 图形"对话框。

2. 编辑 SmartArt 图形

（1）添加图形。选中 SmartArt 图形的某一形状，在选项卡栏上出现"SmartArt 工具-设计"和"SmartArt 工具-格式"选项卡，选择"SmartArt 工具-设计"选项卡，在"创建图形"命令组中单击"添加图形"命令，在所选形状的后面添加了一个相同的形状。

（2）编辑文本和图片。选中幻灯片中的 SmartArt 图形，单击图形的左侧小三角，出现文本窗口，可为形状添加文本，或选中某一形状也可以进行文本编辑。

（3）使用 SmartArt 图形样式。选择"SmartArt 工具-设计"选项卡，在"设计"命令组中单击"版式"命令可以重新选择图形，在"SmartArt 样式"命令组，利用"更改颜色"命令和 SmartArt 命令可以为图形选定颜色，利用"快速样式"提供的选择设计一种样式，图 5-51 为添加文本内容、设置"彩色-个性色""砖块场景"快速样式后的幻灯片。

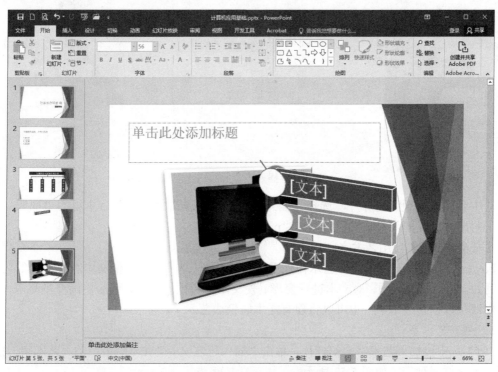

图 5-51　设计 SmartArt 图形样式后的幻灯片

（4）重新设计 SmartArt 图形样式。选择"SmartArt 工具-格式"选项卡，在"形状样式"命令组的命令可以对图形形状的颜色、轮廓、效果等重新进行设计，设计方法与 5-50 中形状的设计相同。

【任务操作 6】使用音频和视频。

PowerPoint 幻灯片可以插入一些简单的声音和视频。

选中要插入声音的幻灯片，选择"插入"选项卡，单击"媒体"命令组的"音频"命令下的三角形，可以插入"pc 上的音频""录制音频"。幻灯片中插入声音后，幻灯片中会出现声音图标，还会出现声音控制栏，单击控制栏上的"播放"图标按钮，可以预览声音效果，如图 5-52 所示。外部的声音文件可以是 MP3 文件、WAV 文件、WMA 文件等。

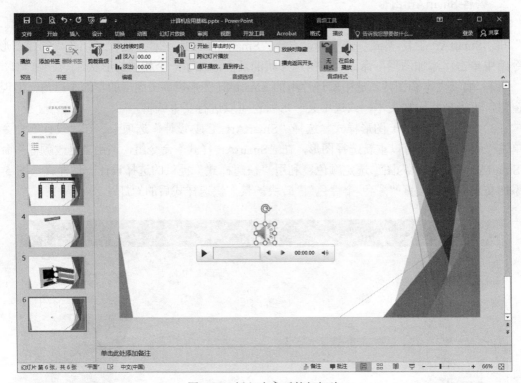

图 5-52　插入声音后的幻灯片

选中要插入视频的幻灯片，选择"插入"选项卡，单击"媒体"命令组的"视频"命令下的三角形，可以插入"联机视频"和"pc 上的视频"。

【任务操作 7】使用艺术字。

PowerPoint 提供对文本进行艺术化处理的功能，使用艺术字，可使文本具有特殊的艺术效果，例如，可以拉伸标题、对文本进行变形、使文本适应预设形状，或应用渐变填充等。在幻灯片中既可以创建艺术字，也可以将现有文本转换成艺术字。

1. 创建艺术字

（1）选中要插入艺术字的幻灯片，单击"插入"选项卡"文本"组中的"艺术字"按钮，出现艺术字样式列表，如图 5-53 所示。

（2）在艺术字样式列表中选择一种艺术字样式（如"渐变填充-红色，着色 1，反射"），出现指定样式的艺术字编辑框，其中内容为"请在此放置您的文字"，在艺术字编辑框中删除原有文本并输入艺术字文本（如"计算机系统"）。和普通文本一样，艺术字也可以改变字体和字号。

2. 修饰艺术字

插入艺术字后，可以对艺术字内的填充（颜色、渐变、图片、纹理等）、轮廓线（颜色、粗细、线型等）和文本外观效果（阴影、发光、映像、棱台、三维旋转和转换等）进行修饰处理，使艺术字的效果得到创造性的发挥。

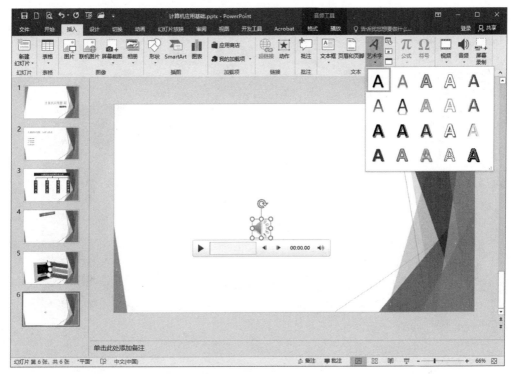

图 5-53　艺术字样式列表

　　选中要修饰的艺术字，使其周围出现 8 个白色控点和一个绿色控点。拖动绿色控点可以任意旋转艺术字。

　　选中艺术字时，会出现"绘图工具-格式"选项卡，其中"艺术字样式"组含有的"文本填充""文本轮廓"和"文本效果"命令用于修饰艺术字和设置艺术字外观效果。

　　（1）改变艺术字填充颜色的方法：选择艺术字，在"绘图工具-格式"选项卡"艺术字样式"命令组单击"文本填充"命令，在出现的下拉列表中选择一种颜色，则艺术字内部用该颜色填充。也可以选择用渐变、图片或纹理填充艺术字。

　　（2）改变艺术字轮廓的方法：选择艺术字，在"绘图工具-格式"选项卡"艺术字样式"命令组单击"文本轮廓"命令，在出现的下拉列表中选择一种颜色作为艺术字轮廓线颜色。

　　（3）改变艺术字效果的方法：选择艺术字，在"绘图工具-格式"选项卡"艺术字样式"命令组单击"文本效果"命令，在出现的下拉列表中，选择其中的效果（阴影、发光、映像、棱台、三维旋转和转换）进行设置。如选择"转换"中的"前近后远"，设置效果后的艺术字如图 5-54 所示。

　　（4）确定艺术字位置的方法：用拖动艺术字的方法可以将它大致定位在某位置，如果希望精确定位艺术字，选择艺术字，在"绘图工具-格式"选项卡"大小"命令组单击右下角的"大小和位置"命令，弹出"设置形状格式"对话框，在左侧选择"位置"项，在右侧"水平"栏输入数据，可精确确定艺术字的位置。

　　3. 转换普通文本为艺术字

　　若想将幻灯片中已经存在的普通文本转换为艺术字，选择文本，单击"插入"选项卡"文本"命令组的"艺术字"命令，在弹出的艺术字样式列表中选择一种样式，并适当修饰即可。

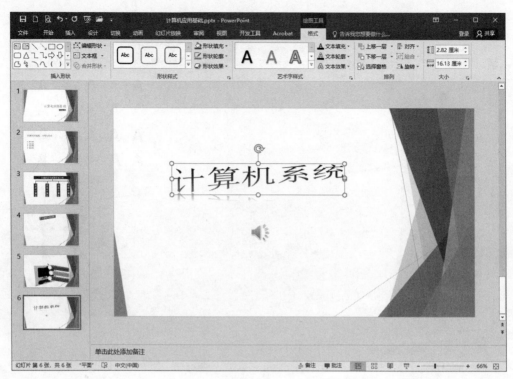

图 5-54 设置效果后的艺术字

项目 4　幻灯片交互效果设置

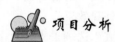 项目分析

本项目要求掌握幻灯片中对象的动画设置、幻灯片切换效果的设置、幻灯片链接操作的设置。

任务 4.1　对象的动画设置

【任务目标】本任务要求学生掌握为幻灯片中的对象添加动画、设置动画效果、使用动画窗口、自定义动画路径、复制动画等基本操作。

【任务操作 1】为对象添加动画。

为幻灯片设置动画效果可以使幻灯片中的对象按一定的规则和顺序运动起来，赋予它们进入、退出、大小或颜色变化甚至移动等视觉效果，既能突出重点，吸引观众的注意力，又使放映过程十分有趣。动画使用要适当，过多使用动画也会分散观众的注意力，不利于传达信息，设置动画应遵从适当、简化和创新的原则。

PowerPoint 提供了 4 类动画："进入""强调""退出"和"动作路径"。"进入"动画：设置对象从外部进入或出现幻灯片播放画面的方式，如飞入、旋转、淡入、出现等。"强调"动画：设置在播放画面中需要进行突出显示的对象，起强调作用，如放大/缩小、更改颜色、加粗闪烁等。"退出"动画：设置播放画面中的对象离开播放画面时的方式，如飞出、消失、淡出等。"动作路径"动画：设置播放画面中的对象路径移动的方式，如弧形、直线、循环等。
设置方法如下：

（1）选中要设置动画的幻灯片中的对象，选择"动画"选项卡，单击"动画"命令组的
下拉列表框，或单击"动画样式"命令，出现4类动画选择列表，如图5-55所示。

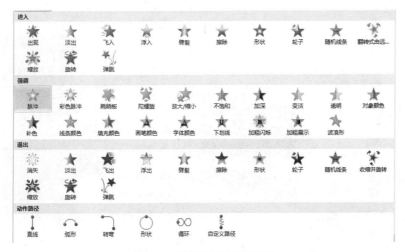

图 5-55　设置动画下拉列表

（2）如果在预设的列表中没有满意的动画设置，可以选择列表下面的"更多进入效果"
"更多强调效果""更多退出效果""其他动作路径"，如图5-56所示，为单击"更多进入效果"
后，打开的"更改进入效果"对话框，选择设置后，单击"确定"按钮。

图 5-56　"更改动画效果"对话框

【任务操作2】设置动画效果。

为对象设置动画后，可以为动画设置效果、设置动画开始播放的时间、调整动画速度等。

（1）选中幻灯片中的对象，选择"动画"选项卡下"动画"命令组的"效果选项"命令，
可选择下拉列表中的选项对对象的动画设置效果。如图5-57所示，选中幻灯片中的组合图形，

单击"效果选项"，下拉列表中出现可选的效果。

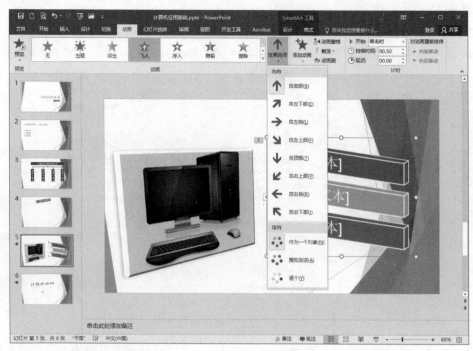

图 5-57 设置对象动画效果

（2）单击"动画"选项卡下"计时"命令组的"开始"下拉列表框中的下三角按钮，出现动画播放时间选项，如图 5-58 所示。

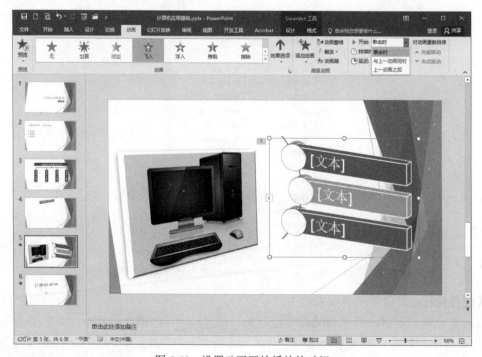

图 5-58 设置动画开始播放的时间

（3）在"计时"命令组的"持续时间"增量框中输入时间值可以设置动画放映时的储蓄时间，持续时间越长，放映速度越慢。

【任务操作3】使用动画窗口。

当对多个对象设置动画后，可以按设置时的顺序播放，也可以调整动画的播放顺序，使用"动画窗口"或"动画"选项卡下的"计时"命令组可以查看和改变动画顺序，也可以调整动画播放时的时长等。

（1）选中设置多个对象动画的幻灯片，选择"动画"选项卡"高级动画"命令组的"动画窗格"命令，在幻灯片的右侧出现"动画窗格"，窗格中出现了当前的幻灯片中设置动画的对象名称及对应的动画顺序，将鼠标指针移近窗格中某名称会显示动画效果，单击"播放"按钮会预览幻灯片播放时的动画效果。

（2）选中"动画窗格"中的某对象名称，利用窗格下方"重新排序"中的上移或下移图标按钮，或拖动窗格中的对象名称，可以改变幻灯片中对象的动画播放顺序。

（3）在"动画窗格"中，使用鼠标拖动时间条的边框可以改变对象动画放映的时间长度，拖动时间条改变其位置可以改变动画开始时的延迟时间，如图5-59所示，为改变动画顺序和播放时长的设置；使用"动画"选项卡下"计时"命令组的"对动画重新排序"功能也能够实现动画顺序的改变。

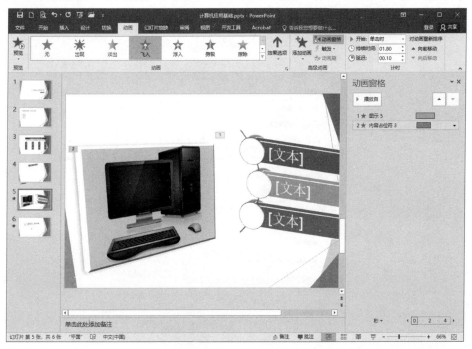

图5-59　"动画窗格"设置

（4）选中"动画窗格"中的某对象名称，单击其右侧的下三角按钮，在下拉列表框中出现"效果选项"，如图5-60所示，单击"效果选项"，出现当前对象动画效果设置对话框，如图5-61所示，可以对组合图形"内容占位符"的"出现"动画效果进行重新设置。在下拉列表框中还可以进行其他（如"计时"）设置。

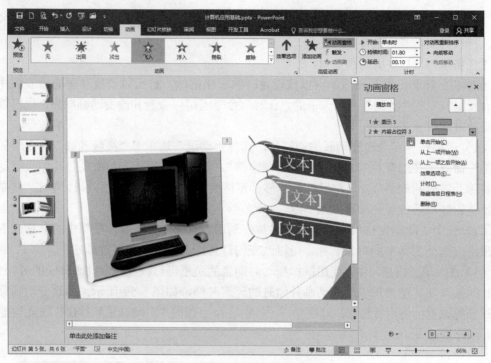

图 5-60　对象动画效果设置

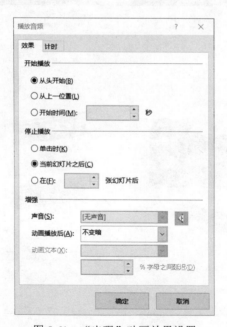

图 5-61　"出现"动画效果设置

【任务操作 4】 自定义动画路径。

预设的路径动画如不能满足用户的设计要求，用户还可以通过自定义动画路径来设计对象的动画路径。

（1）选中幻灯片中的对象，选择"动画"选项卡下"高级动画"命令组的"添加动画"

命令，在下拉列表中选择"自定义路径"选项，如图 5-62 所示。

图 5-62 选择"自定义路径"选项

（2）将鼠标指针移至幻灯片上，鼠标指针变成"＋"字形时，可建立路径的起始点，鼠标指针变成画笔，移动鼠标，画出自定义的路径，双击鼠标可确定终点，之后动画会按路径预览一次，如图 5-63 所示。

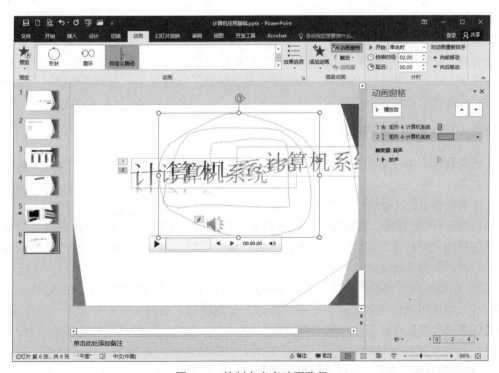

图 5-63 绘制自定义动画路径

（3）选中已经定义的动画路径，右击，在弹出的快捷菜单中选择"编辑顶点"命令，在出现的黑色顶点上再右击，在弹出的快捷菜单中选择"平滑顶点"命令，可修改动画路径，如图 5-64 所示。

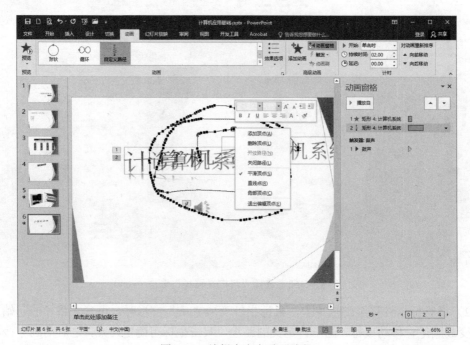

图 5-64　编辑自定义动画路径

【任务操作5】复制动画。

如果某对象预设置成与已设置动画效果的对象相同的动画，可以使用"动画"选项卡下"高级动画"命令组的"动画刷"完成。选中幻灯片上的某对象，单击"动画刷"命令，可以复制该对象的动画，单击另一对象，其动画设置复制到了该对象上，双击"动画刷"命令，可以将同一动画设置复制到多个对象上。

任务 4.2　幻灯片切换效果

【任务目标】本任务要求学生掌握设置幻灯片的切换样式、设置幻灯片的切换属性、预览切换效果。

【任务操作6】设置幻灯片的切换样式。

（1）打开演示文稿，选择要设置幻灯片切换效果的一张或多张幻灯片，选择"切换"选项卡"切换到此幻灯片"命令组中的下拉列表，显示"细微型""华丽型"和"动态内容"切换效果列表，如图 5-65 所示。

（2）在切换效果列表中选择一种切换样式，设置的切换效果应用于所选幻灯片。如希望全部幻灯片均采用该切换效果，可单击"计时"命令组的"全部应用"命令。

【任务操作7】设置幻灯片的切换属性。

幻灯片切换属性包括效果选项、换片方式、持续时间和声音效果，如可设置"自左侧"效果、"单击鼠标时"换片、"打字机"声音等。

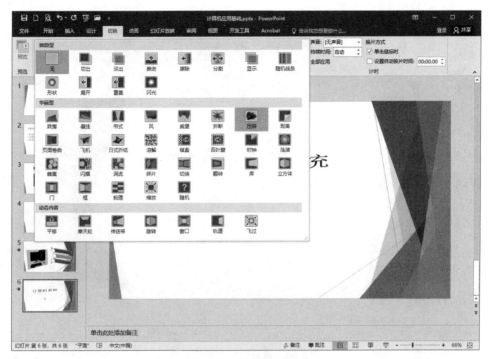

图 5-65　设置切换方案

（1）设置幻灯片切换效果时，如不另行设置，切换属性均采用默认设置，例如采用"随机线条"切换效果，切换属性默认为：效果选项为"垂直"，换片方式为"单击鼠标时"，持续时间为"1 秒"，而声音效果为"无声音"。如果对默认切换属性不满意，可以自行设置。

（2）在"切换"选项卡"切换到此幻灯片"组中单击"效果选项"命令，在出现的下拉列表中选择一种切换效果；在"计时"命令组右侧设置换片方式，如"设置自动换片时间"，表示经过该时间段后自动切换到下一张幻灯片；在"计时"组左侧设置切换声音，单击"声音"栏下拉按钮，在弹出的下拉列表中选择一种切换声音，如"鼓掌"；在"持续时间"栏输入切换持续时间，如图 5-66 所示。

【任务操作 8】预览切换效果。

选择"动画"选项卡，单击"预览"命令组的"预览"命令，可预览幻灯片所设置的切换效果。

任务 4.3　幻灯片链接操作

【任务目标】本任务要求学生掌握为幻灯片中的对象添加超链接以及添加动作。

【任务操作 9】设置超链接。

幻灯片放映时用户可以通过使用超链接和动作来增加演示文稿的交互效果。超链接和动作可以在本幻灯片上跳转到其他幻灯片、文件、外部程序或网页上，起到演示文稿放映过程的导航作用。

（1）选择要建立超链接的幻灯片，选中要建立超链接的对象，如图 5-67 所示，选中"超级计算机"文本，选择"插入"选项卡下"链接"命令组的"超链接"命令，或右击，在弹出的快捷菜单中选择"超链接"命令，如图 5-68 所示，打开"插入超链接"对话框。

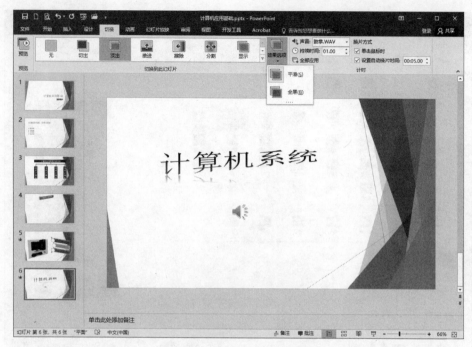

图 5-66　设置幻灯片切换属性

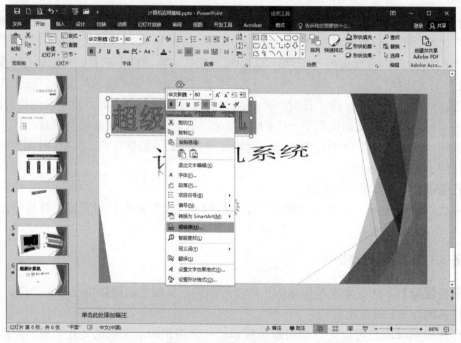

图 5-67　设置"超链接"

（2）在左侧可以选择链接到"现有文件或网页""本文档中的位置""新建文档""电子邮件地址"，在图 5-68 中选择"本文档中的位置"，在中间选择"幻灯片标题"下的标号为 2 的幻灯片，单击"确定"按钮，设置超链接后的幻灯片如图 5-69 所示。

设置了超链接的幻灯片，当幻灯片放映时，单击设置超链接的对象，放映会转到所设置的位置，对图 5-69 所示的幻灯片进行放映时，单击"超级计算机"，放映会转到第 2 张幻灯片。

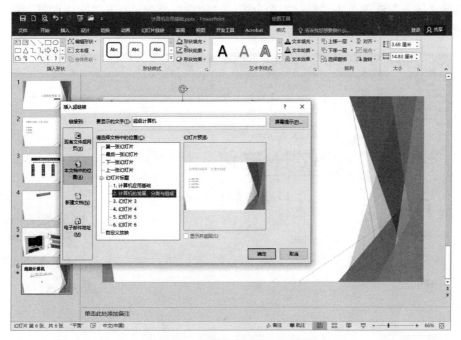

图 5-68　"插入超链接"对话框

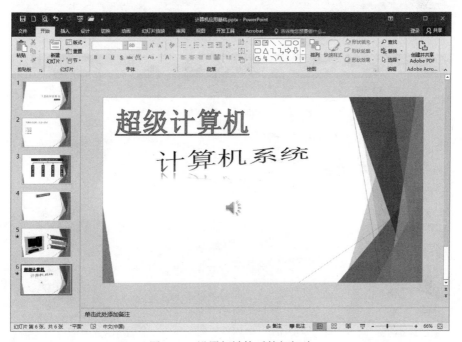

图 5-69　设置超链接后的幻灯片

如欲改变超链接设置，可选择已设置超链接的对象，右击，在弹出的快捷菜单中选择"编辑超链接"可对选择的超链接进行重新设置。

【任务操作 10】设置动作。

（1）选择要建立动作的幻灯片，在幻灯片中插入或选择作为动作启动的图片，如图 5-70 所示，选择"插入"选项卡下"链接"命令组的"动作"命令，打开"操作设置"对话框，如图 5-71 所示。

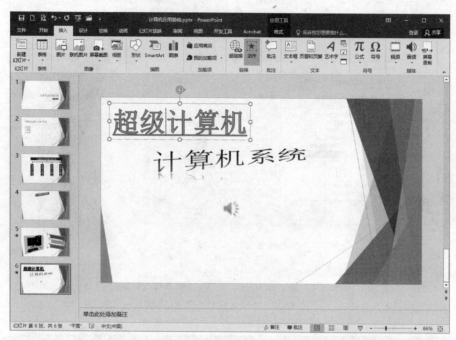

图 5-70　选择"动作"命令

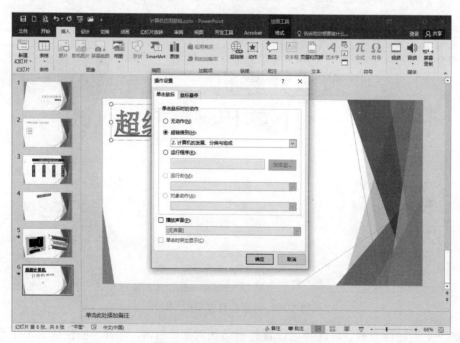

图 5-71　"操作设置"对话框

（2）在对话框中可以选择"单击鼠标"或"鼠标悬停"选项卡，在图 5-71 中选择"单击鼠标"，选中"超链接到"单选按钮，在其下面的列表框中选择所需的选项，此处中选择"幻灯片"，打开"超链接到幻灯片"对话框，如图 5-72 所示，选择第 5 张幻灯片，单击"确定"按钮。

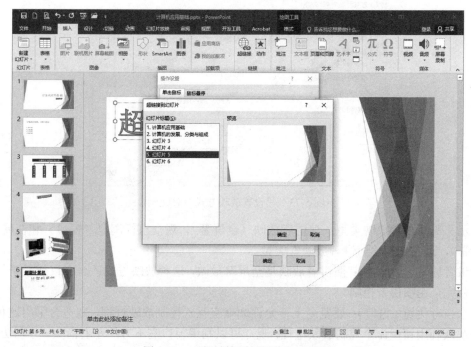

图 5-72　"超链接到幻灯片"对话框

项目 5　幻灯片的放映和输出

项目分析

本项目要求掌握幻灯片的放映设置，掌握采用排练计时，掌握演示文稿的打包，掌握演示文稿的打印及输出。

任务 5.1　幻灯片放映设置

【任务目标】本任务要求学生掌握幻灯片的放映设置，掌握如何采用排练计时。

【任务操作 1】设置放映方式。

设计和制作完成后的演示文稿要放映演示才能达到用户的需求，通常情况下可以按 F5 键、单击视图按钮的"幻灯片放映"图标按钮或利用"幻灯片放映"选项卡下的"开始放映幻灯片"命令组进行幻灯片放映，使用鼠标单击或按键一张一张地播放，但由于使用场合的不同，PowerPoint 提供幻灯片放映时的设置功能也不同，还可以将幻灯片打包输出、转换输出及进行打印等。

（1）打开要放映的演示文稿，选择"幻灯片放映"选项卡下"设置"命令组的"设置幻灯片放映"命令，弹出"设置放映方式"对话框，如图 5-73 所示。

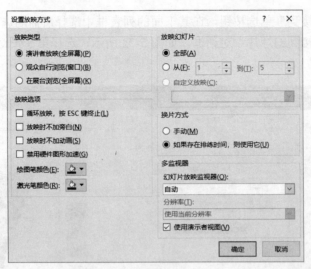

图 5-73　"设置放映方式"对话框

演示文稿有 3 种放映类型：演讲者放映（全屏幕）、观众自行浏览（窗口）和在展台浏览（全屏幕），通常选择"演讲者放映"类型。

演讲者放映（全屏幕）：演讲者放映是全屏幕放映，这种放映方式适合会议或教学的场合，放映过程完全由演讲者控制。

观众自行浏览（窗口）：展览会上若允许观众交互式控制放映过程，则适合采用这种方式。它允许观众利用窗口命令控制放映进程，观众可以利用窗口右下方的左右箭头，分别切换到前一张幻灯片和后一张幻灯片（或按 PageUp 和 PageDown 键），利用两箭头之间的"菜单"命令，将弹出放映控制菜单，利用菜单的"定位至幻灯片"命令，可以方便快速地切换到指定的幻灯片，按 Esc 键可以终止放映。

在展台浏览（全屏幕）：这种放映方式采用全屏幕放映，适用于展示产品的橱窗和展览会上自动播放产品信息的展台，可手动播放，也可采用事先排练好的演示时间自动循环播放，此时观众只能观看不能控制。

（2）在对话框的"放映类型"栏中，可以选择"演讲者放映（全屏幕）""观众自行浏览（窗口）"和"在展台浏览（全屏幕）"3 种方式之一。

（3）在对话框的"放映幻灯片"栏中，可以确定幻灯片的放映范围（全体或部分幻灯片）。播放部分幻灯片时，可以指定放映幻灯片的开始序号和终止序号。

（4）在对话框的"换片方式"栏中，可以选择控制放映速度的换片方式。"演讲者放映（全屏幕）"和"观众自行浏览（窗口）"放映方式通常采用"手动"换片方式；而"在展台浏览全屏幕"方式通常进行了事先排练，可选择"如果存在排练时间，则使用它"换片方式，自行播放。

【任务操作 2】采用排练计时。

（1）打开要放映的演示文稿，选择"幻灯片放映"选项卡下"设置"命令组的"排练计时"命令，此时，幻灯片进行播放，弹出"录制"工具栏，显示当前幻灯片的放映时间和当前总放映时间，如图 5-74 所示。

图 5-74　"录制"工具栏

（2）按用户的需求切换幻灯片，在新的一张幻灯片放映时，幻灯片放映时间会重新计时，总放映时间累加计时，其间可以暂停播放。幻灯片放映排练结束时，弹出是否保存排练时间选项，如选择"是"，在幻灯片浏览视图模式下，在每张幻灯片的左下角显示该张幻灯片放映时间，如幻灯片的类型选择"在展台浏览（全屏幕）"，幻灯片将按照排练时间自行播放。

（3）在幻灯片浏览视图模式下，选中某张幻灯片，修改"切换"选项卡下的"计时"命令组的"持续时间"编辑框，可以修改该张幻灯片的放映时间，如图 5-75 所示。

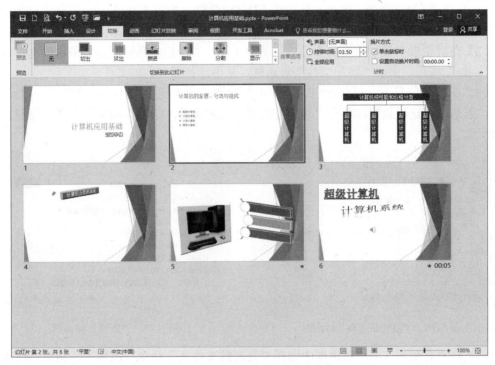

图 5-75　修改幻灯片放映时间

利用"幻灯片放映"选项卡下"设置"命令组的"录制幻灯片演示"命令可以在放映排练时为幻灯片录制旁白声音并保存；选中某张幻灯片，利用"隐藏幻灯片"命令可以在放映幻灯片时不出现该张幻灯片。利用"幻灯片放映"选项卡下"开始放映幻灯片"命令组的"自定义幻灯片放映"命令可以为演示文稿的幻灯片建立多种放映方案，在不同的方案中选择不同的幻灯片放映。

在幻灯片放映时，右击，在弹出的快捷菜单中选择"指针选项"，在其下级列表中选择"笔""荧光笔""墨迹颜色"等命令，利用鼠标在幻灯片上勾画重要内容，再次使用"指针选项"可擦去笔迹。

任务 5.2　演示文稿的输出

【任务目标】本任务要求学生掌握演示文稿的打包，掌握如何运行打包后的演示文稿。

【任务操作 3】打包演示文稿。

制作完成的演示文稿的扩展名为 pptx 的文件，可以直接在安装 PowerPoint 应用程序的环境下演示，如果计算机上没有安装 PowerPoint，演示文稿文件就不能直接演示。PowerPoint

提供了演示文稿打包功能，将演示文稿打包到文件夹或 CD，甚至可以把 PowerPoint 播放器和演示文稿一起打包。这样，即使没有安装 PowerPoint 应用程序的计算机，也能放映演示文稿。演示文稿转换成放映格式，可在没有安装 PowerPoint 的计算机上放映。

演示文稿可以打包到磁盘的文件夹或 CD（需刻录机和空白 CD）上。打包到 CD 上同时打包到文件夹的方法如下：

（1）打开要打包的演示文稿，选择"文件"选项卡"保存并发送"命令，然后双击"将演示文稿打包成 CD"命令，弹出"打包成 CD"对话框，如图 5-76 所示；选择"复制到文件夹"则演示文稿打包到指定的文件夹中，若选择"复制到 CD"，则演示文稿打包到 CD 上。

（2）在对话框中显示了当前要打包的演示文稿，若希望将其他演示文稿也一起打包，则单击"添加"按钮，出现"添加文件"对话框，从中选择要打包的文件。

（3）在默认情况下，打包应包含与演示文稿相关的"链接文件"和"嵌入的 TrueTyPe 字体"，若想改变这些设置，单击"选项"按钮，在弹出的"选项"对话框中进行设置，如图 5-77 所示。

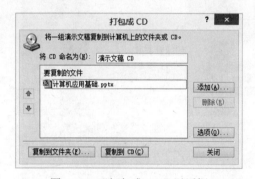

图 5-76　"打包成 CD"对话框

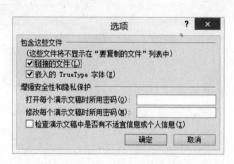

图 5-77　"选项"对话框

（4）在"打包成 CD"对话框中选择"复制到文件夹"命令，出现"复制到文件夹"对话框，输入文件夹名称和路径位置，并单击"确定"按钮，则系统开始打包并存放到设定的文件夹中。

（5）若已经安装光盘刻录设备，在"打包成 CD"对话框中选择"复制到 CD"命令也可以将演示文稿打包到 CD，此时要求在光驱中放入空白光盘，出现"正在将文件复制到 CD"对话框，提示复制的进度，完成其后的操作，打包完成。

【任务操作 4】运行打包的演示文稿。

演示文稿打包后，就可以在没有安装 PowerPoint 应用程序的环境下放映演示文稿。打开包含打包文件的文件夹，在联网的情况下，双击该文件夹的网页文件，在打开的网页上单击 Download Viewer 按钮，下载 PowerPoint 播放器 PowerPointViewer.exe 并安装；启动 PowerPoint 播放器，出现 Microsoft PowerPoint Viewer 对话框，定位到打包文件夹，选择某个演示文稿文件，并单击"打开"按钮，即可放映该演示文稿。打包到 CD 的演示文稿文件，可在读光盘后自动播放。

【任务操作 5】将演示文稿转换为直接放映格式。

将演示文稿转换成直接放映格式后，也可以在没有安装 PowerPoint 应用程序的计算机上直接放映。

打开演示文稿，单击"文件"选项卡"保存并发送"命令；双击"更改文件类型"项的"PowerPoint 放映"命令，出现"另存为"对话框，其中自动选择保存类型为"PowerPoint 放映（*.ppsx）"，选择存放路径和文件名后单击"保存"按钮即可。双击放映格式（*.ppsx）文件即可放映该演示文稿。

任务 5.3　演示文稿的打印

【任务目标】本任务要求学生掌握演示文稿的页面设置，掌握演示文稿的打印。

【任务操作 6】页面设置。

打开演示文稿，选择"设计"选项卡下"幻灯片大小"命令组的"自定义幻灯片大小"命令，弹出"幻灯片大小"对话框，如图 5-78 所示；在对话框内可对幻灯片的大小、宽度、高度、方向等进行重新设置，在幻灯片浏览视图下可看到页面设置后的效果。

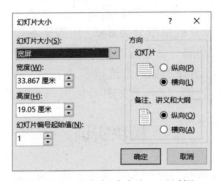

图 5-78　"幻灯片大小"对话框

【任务操作 7】打印预览。

选择"文件"选项卡，选择"打印"选项，可以预览幻灯片的打印效果，可以设置演示文稿打印的幻灯片范围、打印版式、打印数量、打印方向等。

案例实训

【实训要求】

利用项目二案例实训的素材，制作含有 7 张幻灯片的演示文稿，命名为"计算机系统分类"，要求如下：

（1）设置第 1 张幻灯片为"图片与标题"版式，第 2 张幻灯片为"空白"版式，第 3～6 张幻灯片为"两栏内容"版式，第 7 张幻灯片为"空白"版式；设置所有幻灯片背景样式格式为"渐变填充"，预设颜色为"碧海青天"，类型为"标题的阴影"，渐变光圈颜色为"红色，强调文字 2，深色 25%"。

（2）第 1 张幻灯片标题为"计算机系统分类"，华文中宋，44 号，黑色；第 2 张幻灯片在空白处插入 SmartArt 图形"水平多层层次结构"，添加形状使图形成为一个垂直文本框和四个文本框的列表，更改图形主题颜色为"彩色范围，强调文字颜色 5，6"，设置"砖块场景"立体效果，在每个文本框中依次输入"计算机系统分类""巨型计算机""大型计算机""小型计算机""微型计算机"，调整字体和字号。

（3）第 3～6 张幻灯片，标题内容分别为素材中各段的标题，左侧内容为从素材中心选择的主要文字介绍，加项目符号，内容左对齐，右侧为各段相应的图片，调整图片位置和大小、字体和字号；在第 7 张幻灯片中插入艺术字，内容为"谢谢"。

（4）为幻灯片中的对象设置动画效果，为幻灯片设置切换方式。

【实训步骤】

（1）启动 PowerPoint 系统，新建演示文稿，默认命名为"演示文稿1"。

（2）单击"文件"选项卡下"另存为"命令，保存演示文稿，可将该演示文稿命名为"计算机系统分类"，也可在操作结束后保存并命名。

（3）打开"计算机系统分类"演示文稿，选择"开始"选项卡，单击"幻灯片"命令组的"新建幻灯片"命令建立 7 张幻灯片，利用"版式"命令设置 7 张幻灯片的版式；选择"插入"选项卡下"背景"命令组的"背景样式"命令设置幻灯片背景样式。

（4）选中第 2 张幻灯片，选择"插入"选项卡"插图"命令组，单击"插入 SmartArt"命令，插入"水平多层层次结构"图形，添加形状。

（5）将素材文件夹中"计算机系统分类.doc"中的文本和图片资料按题目要求放入幻灯片中；选择"动画"选项卡"动画"命令组的选项为幻灯片的对象设置适当的动画。

（6）选中第 7 张幻灯片，选择"插入"选项卡"文本"命令组的"艺术字"命令，插入"谢谢"艺术字，并设置适当效果。为所有幻灯片添加切换方式，保存演示文稿。

模块实训

请打开"素材"文件夹中资料，按照题目要求完成下面的操作。

案例实训 1

【实训要求】

文慧是新东方学校的人力资源培训讲师，负责对新入职的教师进行入职培训，其 PowerPoint 演示文稿的制作水平广受好评。最近，她应北京节水展馆的邀请，为展馆制作一份宣传水知识及节水工作重要性的演示文稿。

节水展馆提供的文字资料及素材参见"水资源利用与节水（素材）.docx"，制作要求如下：

1. 标题页包含演示主题、制作单位（北京节水展馆）和日期（××××年×月×日）。

2. 演示文稿需指定一个主题，幻灯片不少于 5 页，且版式不少于 3 种。

3. 演示文稿中除文字外要有 2 张以上的图片，并有 2 个以上的超链接进行幻灯片之间的跳转。

4. 动画效果要丰富，幻灯片切换效果要多样。

5. 演示文稿播放的全程需要有背景音乐。

6. 将制作完成的演示文稿以"水资源利用与节水.pptx"为文件名进行保存。

【实训步骤】

1. 步骤如下：

步骤 1：首先打开 Microsoft PowerPoint 2016，新建一个空白文档。

步骤 2：新建第一页幻灯片。单击"开始"选项卡下"幻灯片"组中的"新建幻灯片"下拉按钮，在弹出的下拉列表中选择"标题幻灯片"命令。新建的第一张幻灯片便插入到文档中。

步骤 3：根据题意选中第一张"标题"幻灯片，在"单击此处添加标题"占位符中输入标题名"北京节水展馆"，并为其设置恰当的字体、字号以及颜色。选中标题，在"开始"选项卡下"字体"组中的"字体"下拉列表中选择"华文琥珀"命令，在"字号"下拉列表中选择"60"命令，在"字体颜色"下拉列表中选择"深蓝"命令。

步骤 4：在"单击此处添加副标题"占位符中输入副标题名"××××年×月×日"。按照同样的方式为副标题设置字体为"黑体"，字号为"40"。

2．步骤如下：

步骤 1：按照题意新建不少于 5 页的幻灯片，并选择恰当的有一定变化的版式，至少要有 3 种版式。按照与新建第一张幻灯片相同的方式新建第二张幻灯片。此处我们选择"标题和内容"命令。

步骤 2：按照同样的方式新建其他三张幻灯片，并且在这三张幻灯片中要有不同于"标题幻灯片"以及"标题和内容"版式的幻灯片。此处，我们设置第三张幻灯片为"标题和内容"，第四张幻灯片为"内容与标题"，第五张幻灯片为"标题和内容"。

步骤 3：为所有幻灯片设置一种演示主题。在"设计"选项卡下的"主题"组中，单击"其他"下三角按钮，在弹出的下拉列表中选择恰当的主题样式。此处我们选择"展销会"命令。

3．步骤如下：

步骤 1：依次对第二张至第五张幻灯片填充素材中相应的内容。此处填充内容的方式不限一种，读者可根据实际需求变动。

步骤 2：根据题意，演示文稿中除文字外要有 2 张以上的图片。因此，我们来对演示文稿中相应的幻灯片插入图片。此处，我们选中第三张幻灯片，单击文本区域的"插入来自文件的图片"按钮，弹出"插入图片"对话框，选择图片"节水标志"后单击"插入"按钮即可将图片应用于幻灯片中。实际效果如图 5-79 所示。

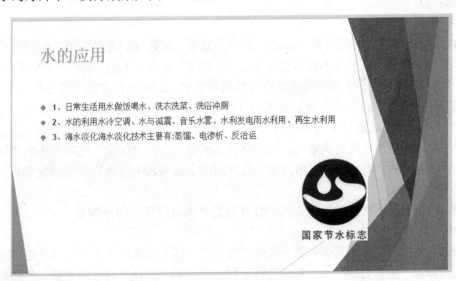

图 5-79　插入图片"节水标志"

步骤 3：选中第 5 张幻灯片，按照同样的方式插入图片"节约用水"。实际效果如图 5-80 所示。

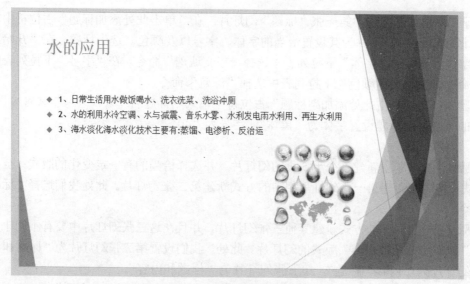

图 5-80　插入图片"节约用水"

　　步骤 4：根据题意，要有 2 个以上的超链接进行幻灯片之间的跳转。此处我们来对第二张幻灯片中的标题"水的知识"设置超链接，由此链接到第三张幻灯片中去。选中第二张幻灯片中的"水的知识"，在"插入"选项卡下的"链接"组中单击"超链接"按钮，弹出"插入超链接"对话框。单击"链接到"组中的"本文档中的位置"按钮，在对应的界面中选择"下一张幻灯片"命令。

　　步骤 5：单击"确定"按钮后即可在图中看到实际效果。

　　步骤 6：再按照同样的方式对第四张幻灯片中的标题"节水工作"设置超链接，由此链接到第五张幻灯片中去。

　　4．步骤如下：

　　步骤 1：按照题意，为幻灯片添加适当的动画效果。此处我们选择为第二张幻灯片中的文本区域设置动画效果。选中文本区域的文字，在"动画"选项卡下的"动画"组中单击"其他"下三角按钮，在弹出的下拉列表中选择恰当的动画效果，此处选择"翻转式由远及近"命令。

　　步骤 2：按照同样的方式再为第三张幻灯片中的图片设置动画效果为"轮子"，为第五张幻灯片中的图片设置动画效果为"缩放"。

　　步骤 3：为幻灯片设置切换效果。选中第四张幻灯片，在"切换"选项卡下的"切换到此幻灯片"组中，单击"其他"下三角按钮，在弹出的下拉列表中选择恰当的切换效果，此处选择"百叶窗"命令。

　　步骤 4：按照同样的方式为第 5 张幻灯片设置"随机线条"切换效果。

　　5．步骤如下：

　　步骤 1：设置背景音乐。选中第一张幻灯片，在"插入"选项卡下"媒体"组中单击"音频"按钮，弹出"插入音频"对话框。选择素材中的音频"清晨"后单击"插入"按钮即可设置成功。

　　步骤 2：在"音频工具"中的"播放"选项卡下，单击"音频选项"组中的"开始"右侧的下拉按钮，在弹出的下拉列表中选择"跨幻灯片播放"命令，并勾选"放映时隐藏"复选框。

设置成功后即可在演示的时候全程播放背景音乐。

6．步骤如下：

步骤：单击"文件"选项卡下的"另存为"按钮将制作完成的演示文稿以"水资源利用与节水.pptx"为文件名进行保存。

案例实训 2

【实训要求】

为了更好地控制教材编写的内容、质量和流程，小李负责起草了图书策划方案（请参考"图书策划方案.docx"文件）。他需要将图书策划方案 Word 文档中的内容制作为可以向教材编委会进行展示的 PowerPoint 演示文稿。

现在，请你根据图书策划方案（请参考"图书策划方案.docx"文件）中的内容，按照如下要求完成演示文稿的制作。

1．创建一个新演示文稿，内容需要包含"图书策划方案.docx"文件中所有讲解的要点，包括：

（1）演示文稿中的内容编排，需要严格遵循 Word 文档中的内容顺序，并仅需要包含 Word 文档中应用了"标题 1""标题 2""标题 3"样式的文字内容。

（2）Word 文档中应用了"标题 1"样式的文字，需要成为演示文稿中每页幻灯片的标题文字。

（3）Word 文档中应用了"标题 2"样式的文字，需要成为演示文稿中每页幻灯片的第一级文本内容。

（4）Word 文档中应用了"标题 3"样式的文字，需要成为演示文稿中每页幻灯片的第二级文本内容。

2．将演示文稿中的第一页幻灯片调整为"标题幻灯片"版式。

3．为演示文稿应用一个美观的主题样式。

4．在标题为"2012 年同类图书销量统计"的幻灯片页中，插入一个 6 行、5 列的表格，列标题分别为"图书名称""出版社""作者""定价""销量"。

5．在标题为"新版图书创作流程示意"的幻灯片页中，将文本框中包含的流程文字利用 SmartArt 图形展现。

6．在该演示文稿中创建一个演示方案，该演示方案包含第 1、2、4、7 页幻灯片，并将该演示方案命名为"放映方案 1"。

7．在该演示文稿中创建一个演示方案，该演示方案包含第 1、2、3、5、6 页幻灯片，并将该演示方案命名为"放映方案 2"。

8．保存制作完成的演示文稿，并将其命名为 PowerPoint.pptx。

【实训步骤】

1．步骤如下：

步骤 1：打开 Microsoft PowerPoint 2016，新建一个空白演示文稿。

步骤 2：新建第一张幻灯片。按照题意，在"开始"选项卡下的"幻灯片"组中单击"新建幻灯片"下三角按钮，在弹出的下拉列表中选择恰当的版式。此处我们选择"节标题"幻灯片，然后输入标题"Microsoft Office 图书策划案"。

步骤 3：按照同样的方式新建第二张幻灯片为"比较"。

步骤 4：在标题中输入"推荐作者简介"，在两侧的上下文本区域中分别输入素材文件"推荐作者简介"对应的二级标题和三级标题的段落内容。

步骤 5：按照同样的方式新建第三张幻灯片为"标题和内容"。

步骤 6：在标题中输入"Office 2016 的十大优势"，在文本区域中输入素材中"Office 2016 的十大优势"对应的二级标题内容。

步骤 7：新建第四张幻灯片为"标题和竖排文字"版式。

步骤 8：在标题中输入"新版图书读者定位"，在文本区域输入素材中"新版图书读者定位"对应的二级标题内容。

步骤 9：新建第五张幻灯片为"垂直排列标题与文本"。

步骤 10：在标题中输入"PowerPoint 2016 创新的功能体验"，在文本区域输入素材中"PowerPoint 2016 创新的功能体验"对应的二级标题内容。

步骤 11：依据素材中对应的内容，新建第六张幻灯片为"仅标题"。

步骤 12：在标题中输入"2012 年同类图书销量统计"字样。

步骤 13：新建第七张幻灯片为"标题和内容"。输入标题"新版图书创作流程示意"字样，在文本区域中输入素材中"新版图书创作流程示意"对应的内容。

步骤 14：选中文本区域里在素材中应是三级标题的内容，右击，在弹出的快捷菜单中选择如图 5-81 所示的项目符号以调整内容为三级格式。

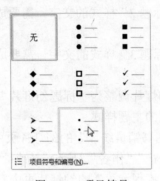

图 5-81　项目符号

2．步骤如下：

步骤：将演示文稿中的第一页幻灯片调整为"标题幻灯片"版式。在"开始"选项卡下的"幻灯片"组中单击"版式"下三角按钮，在弹出的下拉列表中选择"标题幻灯片"命令，即可将"节标题"调整为"标题幻灯片"。

3．步骤如下：

步骤：为演示文稿应用一个美观的主题样式。在"设计"选项卡下，选择一种合适的主题，此处我们选择"主题"组中的"平衡"命令，则"平衡"主题应用于所有幻灯片。

4．步骤如下：

步骤 1：依据题意选中第六张幻灯片，在"插入"选项卡下的"表格"组中单击"表格"下三角按钮，在弹出的下拉列表中选择"插入表格"命令，即可弹出"插入表格"对话框。

步骤 2：在"列数"微调框中输入"5"，在"行数"微调框中输入"6"，然后单击"确定"

按钮即可在幻灯片中插入一个 6 行 5 列的表格。

步骤 3：在表格中依次输入列标题"图书名称""出版社""作者""定价""销量"。

5．步骤如下：

步骤 1：依据题意选中第七张幻灯片，在"插入"选项卡下的"插图"组中单击 SmartArt 按钮，弹出"选择 SmartArt 图形"对话框。

步骤 2：选择一种与文本内容的格式相对应的图形。此处我们选择"组织结构图"命令。

步骤 3：单击"确定"按钮后即可插入 SmartArt 图形。依据文本对应的格式，还需要对插入的图形进行格式的调整。选中如图 5-82 所示的矩形，按 Backspace 键将其删除。

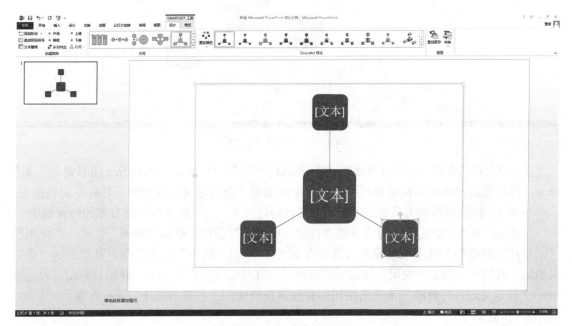

图 5-82　选中矩形

步骤 4：然后再选中如图 5-82 所示的矩形，在"SmartArt 工具"中的"设计"选项卡下，单击"创建图形"组中的"添加形状"按钮，在弹出的下拉列表中选择"在后面添加形状"。继续选中此矩形，如图 5-83 所示，采取同样的方式再次进行"在后面添加形状"的操作。

步骤 5：依旧选中此矩形，在"创建图形"组中单击"添加形状"按钮，在弹出的下拉列表中进行两次"在下方添加形状"的操作（注意，每一次添加形状，都需要先选中此矩形）即可得到与幻灯片文本区域相匹配的框架图。

步骤 6：按照样例中文字的填充方式把幻灯片内容区域中的文字分别剪贴到对应的矩形框中。

6．步骤如下：

步骤 1：依据题意，首先创建一个包含第 1、2、4、7 页幻灯片的演示方案。在"幻灯片放映"选项卡下的"开始放映幻灯片"组中单击"自定义幻灯片放映"下三角按钮，选择"自定义放映"命令，弹出"自定义放映"对话框。

步骤 2：单击"新建"按钮，弹出"定义自定义放映"对话框。

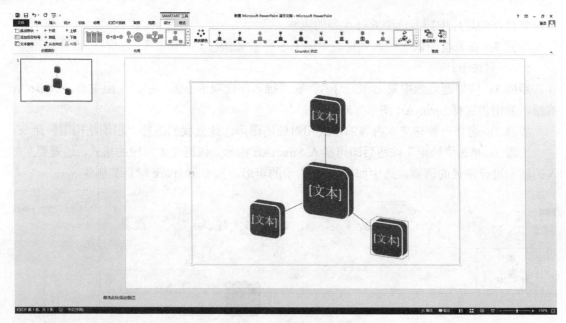

图 5-83　再次选中矩形

步骤 3：在"在演示文稿中的幻灯片"列表框中选择"1. Microsoft Office 图书策划方案"命令，然后单击"添加"按钮即可将幻灯片 1 添加到"在自定义放映中的幻灯片"列表框中。

步骤 4：按照同样的方式分别将幻灯片 2、幻灯片 4、幻灯片 7 添加到右侧的列表框中。

步骤 5：单击"确定"按钮后返回"自定义放映"对话框。单击"编辑"按钮，在弹出的"幻灯片放映名称"文本框中输入"放映方案 1"，单击"确定"按钮后即可重新返回"自定义放映"对话框。单击"关闭"按钮后即可在"幻灯片放映"选项卡下"开始放映幻灯片"组中的"自定义幻灯片放映"下三角按钮中看到最新创建的"放映方案 1"演示方案。

7．步骤如下：

步骤：按照与步骤 6 相同的方式为第 1、2、3、5、6 页幻灯片创建名为"放映方案 2"的演示方案。创建完毕后即可在"幻灯片放映"选项卡下"开始放映幻灯片"组中的"自定义幻灯片放映"下三角按钮中看到最新创建的"放映方案 2"演示方案。

8．步骤如下：

步骤：单击"文件"选项卡下的"另存为"按钮将制作完成的演示文稿保存为 PowerPoint.pptx 文件。

课后习题

操作题 1

请打开"素材"文件夹中的资料，按照题目要求完成下面的操作。

文君是新世界数码技术有限公司的人事专员，十一过后，公司招聘了一批新员工，需要对他们进行入职培训。人事助理已经制作了一份演示文稿的素材"新员工入职培训.pptx"，请打开该文档进行美化，要求如下：

（1）将第二张幻灯片版式设为"标题和竖排文字"，将第四张幻灯片的版式设为"比较"；为整个演示文稿指定一个恰当的设计主题。

（2）通过幻灯片母版为每张幻灯片增加利用艺术字制作的水印效果，水印文字中应包含"新世界数码"字样，并旋转一定的角度。

（3）根据第五张幻灯片右侧的文字内容创建一个组织结构图，其中总经理助理为助理级别，结果应类似 Word 样例文件"组织结构图样例.docx"中所示，并为该组织结构图添加任一动画效果。

（4）为第六张幻灯片左侧的文字"员工守则"加入超链接，链接到 Word 素材文件"员工守则.docx"，并为该张幻灯片添加适当的动画效果。

（5）为演示文稿设置不少于 3 种的幻灯片切换方式。

操作题 2

请打开"素材"文件夹中的资料，按照题目要求完成下面的操作。

根据提供的"沙尘暴简介.docx"文件，制作名为"沙尘暴"的演示文稿，具体要求如下：

（1）幻灯片不少于 6 页，选择恰当的版式并且版式要有一定的变化，6 页至少要有 3 种版式。

（2）有演示主题和标题页，在第一页上要有艺术字形式的"爱护环境"字样。选择一个主题应用于所有幻灯片。

（3）对第二页使用 SmartArt 图形。

（4）要有两个以上的超链接进行幻灯片之间的跳转。

（5）采用在展台浏览的方式放映演示文稿，动画效果要贴切、丰富，幻灯片切换效果要恰当。

（6）在演示的时候要全程配有背景音乐自动播放。

（7）将制作完成的演示文稿以"沙尘暴简介.pptx"为文件名进行保存。

模块六 计算机网络基础与 Internet

模块重点

- 计算机网络的定义及组成
- TCP/IP 协议的层次体系结构
- 网络设备和传输介质
- Internet 的基础知识
- IP 地址的概念和分类
- 域名的注册过程和方法

教学目标

- 了解计算机网络的定义及组成
- 掌握 TCP/IP 的层次体系结构
- 了解网络设备和传输介质
- 了解 Internet 的基础知识
- 掌握 IP 地址的概念和分类
- 掌握域名的注册过程和方法

项目 1 计算机网络基础

项目分析

本项目要求了解计算机网络的定义及组成、网络设备和传输介质、无线网络,掌握 TCP/IP 协议的层次体系结构。

任务 1.1 计算机网络的定义及组成

【任务目标】本任务要求学生了解计算机网络的定义及组成。

计算机网络是指将地理位置不同的具有独立功能的多台计算机及其外部设备,通过通信设备和传输介质连接起来,在网络操作系统、网络管理软件及网络通信协议的管理和协调下,实现计算机之间的资源共享、信息传递和协同工作的计算机系统的集合。

由计算机网络的定义可知,计算机网络系统由网络硬件和网络软件组成。网络硬件是构成计算机网络的物质基础,通常包括主计算机、终端、通信控制处理机、调制解调器、集中器和通信线路等。网络软件对网络硬件进行控制、管理和协调,通常包括网络操作系统、网络协议软件、网络管理软件、网络通信软件、网络应用软件等。

1. 网络硬件

- 主计算机：简称主机（Host），主要负责网络中的数据处理、执行网络协议、进行网络控制和管理。
- 终端：是用户访问网络的设备。
- 通信控制处理机：简称通信控制器，是一种在数据通信系统或计算机网络系统中执行通信控制与处理功能的专用计算机，通常由小型机或微型机担任。
- 调制解调器（Modem）：是把数据终端与模拟通信线路连接起来的一种接口设备。它能把计算机的数字信号翻译成可用普通电话线传送的模拟信号，而这些模拟信号又可被线路另一端的另一个调制解调器接收，并译成计算机可识别的数字信号。
- 集中器：在终端密集的地方，可以通过低速通信线路将多个终端设备先连接到集中器上，再通过高速主干线路与主机连接。
- 通信线路：是传输信息的载波媒体，计算机网络中的通信线路包括有线线路（如双绞线、同轴电线、光纤等）和无线线路（如红外、微波、卫星等）。

2. 网络软件

- 网络操作系统（Network Operating System，NOS）：是为计算机网络配置的操作系统，与网络的硬件结构相联系。网络操作系统除了具有常规操作系统所具有的功能外，还具有网络通信管理功能，以及网络范围内的资源管理功能和网络服务功能等。
- 网络协议软件：是计算机网络中通信各部分之间所必须遵守的规则的集合。它定义了各部分交换信息时的顺序、格式和词汇，如 Internet 网络中使用 TCP/P 作为网络协议。
- 网络管理软件：提供性能管理、配置管理、故障管理、计费管理、安全管理和网络运行状态监视与统计等功能的软件，如 HP 公司的 HP OpenView、IBM 公司的 Net View 等。
- 网络通信软件：通过网络将各个孤立的设备进行连接，通过信息交换实现人与人、人与计算机、计算机与计算机之间通信的软件，如 QQ、微信等。
- 网络应用软件：是指在网络环境下使用，直接面向用户的软件，拥有多种功能与分类，最为用户所熟悉。当前个人计算机和手机上的各种应用软件与 App 多为网络应用软件。

任务1.2 计算机网络的体系结构

【任务目标】本任务要求学生掌握 TCP/IP 协议的层次体系结构。

在计算机网络中，用于规定信息格式及如何发送和接收信息的一系列规则或约定称为网络协议。简单地说，网络协议就是机器之间交谈的语言。

为了降低网络通信的复杂性，专家们将网络通信过程划分为许多小问题，然后为每一个小问题设计一个通信协议，使得每个协议的设计、编码和测试都比较容易，这样网络通信就需要许多协议。同时，专家们又将网络功能划分为多个不同的层次，每层都提供一定的服务，使整个网络协议形成层次结构模型。

网络层次模型和通信协议的集合称为网络体系结构，常见的网络体系结构有 OSI/ RM（开放系统互连/参考模型）、TCP/IP（传输控制协议/网间协议）等。

（1）OSI/RM。国际标准化组织（International Organization for Standardization，ISO）于

1981 年制定的 OSI/RM（Open System Interconnection/Reference Model）模型，将网络体系结构划分为 7 个层次，它们分别是物理层、数据链路层、网络层、传输层、会话层、表示层和应用层。OSI/RM 模型还规定了每层的功能，以及不同层之间如何进行通信协调。

通过 OSI/RM 模型，信息可从一台计算机的应用程序传输到另一台计算机的应用程序、例如，计算机 A 上的应用程序要将信息发送给计算机 B 的应用程序，则计算机 A 中的应用程序需要将信息先发送到其应用层（第 7 层），然后此层再将信息发送到表示层（第 6 层），表示层再将信息发送到会话层（第 5 层），如此继续，直至物理层（第 1 层）。在物理层，信息放置在物理网络介质中，并被发送至计算机 B。计算机 B 的物理层接收来自物理介质的数据，然后将数据向上发送至数据链路层（第 2 层），数据链路层再发送至网络层，如此继续，直至信息到计算机 B 的应用层。最后，计算机 B 的应用层再将数据传送给应用程序接收端，从而完成通信过程。

由于各方面的原因，OSI/RM 模型并没有在计算机网络中得到实际应用，它往往作为一个理论模型进行网络分析。

（2）TCP/IP。从协议层次体系结构来讲，TCP/IP 由 4 个层次组成：网络接口层、网络层、传输层、应用层。

TCP/IP 协议并不完全符合 OSI 的 7 层参考模型。传统的开放式系统互连参考模型是一种通信协议的 7 层抽象的参考模型，其中每一层执行某一特定任务。该模型的目的是使各种硬件在相同的层次上相互通信。而 TCP/IP 通信协议采用了 4 层的层级结构，每一层都呼叫它的下一层所提供的网络来完成自己的需求。这 4 层具体如下：

1．网络接口层

网络接口层接收 IP 数据报并进行传输，从网络上接收物理帧，抽取 IP 数据报转交给下一层，对实际的网络媒体进行管理，定义如何使用实际网络（如 Ethernet、Serial Line 等）来传送数据。

物理层定义物理介质的各种特性，具体包括机械特性、电子特性、功能特性、规程特性。

数据链路层负责接收 IP 数据报并通过网络发送，或者从网络上接收物理帧，抽出 IP 数据报，交给 IP 层。

常见的接口层协议有 Ethernet 802.3、Token Ring 802.5、X.25、Frame relay、HDLC、PPP ATM 等。

2．网络层

网络层负责提供基本的数据封包传送功能，让每一个数据报都能够到达目的主机（但不检查是否被正确接收），如网际协议（IP）。其功能体现在 3 个方面。

（1）处理来自传输层的分组发送请求。其收到请求后，将分组装入 IP 数据报，填充报头，选择去往信宿机的路径，然后将数据报发往适当的网络接口。

（2）处理输入数据报。首先检查其合法性，然后进行寻径。假如该数据报已到达信宿机，则去掉报头，将剩下部分交给适当的传输协议；假如该数据报尚未到达信宿机，则转发该数据报。

（3）处理路径、流控、拥塞等问题。

网络层包括 IP（Internet Protocol）协议、ICMP（Internet Control Message Protocol）、控制报文协议、ARP（Address Resolution Protocol）地址转换协议、RARP（Reverse ARP）反向地址转换协议。

- IP 是网络层的核心，通过路由选择将下一条 IP 封装后交给接口层。IP 数据报是无连接服务。
- ICMP 是网络层的补充，可以回送报文。用来检测网络是否通畅。Ping 命令就是发送 ICMP 的 echo 包，通过回送的 echo relay 进行网络测试。
- ARP 是正向地址解析协议，通过已知的 IP，寻找对应主机的 MAC 地址。
- RARP 是反向地址解析协议，通过 MAC 地址确定 IP 地址。例如，无盘工作站还有 DHCP 服务。

3. 传输层

在此层中，它提供了节点间的数据传送、应用程序之间的通信服务，主要功能是数据格式化、数据确认和丢失重传等。如传输控制协议（TCP）、用户数据报报议（UDP）给数据报加入传输数据并把它传输到下一层中，这一层负责传送数据，并且确定数据已被送达并接收。其功能包括：格式化信息流和提供可靠传输。为实现后者，传输层协议规定接收端必须发回确认，并且假如分组丢失，必须重新发送，即耳熟能详的"三次握手"过程，从而提供可靠的数据传输。

传输层协议主要指传输控制协议（Transmission Control Protocol，TCP）和用户数据报协议（User Datagram Protocol，UDP）。

4. 应用层

应用层指应用程序间沟通的层。应用层协议主要包括 FTP、Telnet、DNS、SMTP、NFS、HTTP。

- FTP（File Transfer Protocol）是文件传输协议，一般上传下载用 FTP 服务，数据端口是 20H，控制端口是 21H。文件传输访问 FTP 使用 FTP 协议来提供网络内机器间的文件复制功能。
- Telnet 服务是用户远程登录服务，使用 23H 端口，使用明码传送，保密性差，简单方便。远程登录 Telnet 使用 Telnet 协议提供在网络其他主机上注册的接口。Telnet 会话提供了基于字符的虚拟终端。
- DNS（Domain Name Service）是域名解析服务，提供域名到 IP 地址之间的转换，使用端口 53。
- SMTP（Simple Mail Transfer Protocol）是简单邮件传输协议，用来控制信件的发送、中转，使用端口 25。
- NFS（Network File System）是网络文件系统，用于网络中不同主机间的文件共享。
- HTTP（Hypertext Transfer Protocol）是超文本传输协议，用于实现互联网中的 WWW 服务，使用端口 80。

任务 1.3 网络设备与传输介质

【任务目标】本任务要求学生了解网络设备与传输介质。

1. 网络设备

网络设备及部件是指连接到网络中的物理实体，其种类繁多，且与日俱增，基本的网络设备包括计算机、网卡、集线器、交换机、路由器等，下面对后 4 种进行介绍。

（1）网卡。网卡也称网络适配器，它的作用是将计算机与通信设备相连接，将计算机的数字信号与通信线路能够传送的电子信号互相转换，通常工作在 OSI 模型的物理层和数据链路层。网络有多种不同的类型，不同的网络必须采用与之相适应的网卡，现在使用最多的仍然是以太网卡。

网卡的物理地址（Medium Access Control，MAC），即"媒体访问控制"地址，负责标识局域网上的一台主机，使数据帧能在局域网中正确传送，每块网卡的 MAC 在全世界是独一无二的编号。

（2）集线器。网络信号在传输时，因受各种因素影响，必然会发生减损，这就意味着信号在传输时只能传输一段有限的距离。

集线器又称集中器，具有多个端口，相当于一个多口的中继器，可连接多台计算机，工作在 OSI 模型的物理层，主要功能是对接收到的网络信号进行再生、整形、放大，以扩大信号的传输距离，同时把所有节点集中在以它为中心的节点上。

集线器属于网络层设备，只能连接同构网络，用于扩大网络传输距离。集线器在传输数据时是以毫无目标的广播方式进行的，广播会占网络性能，且安全性也不高，随着技术的进步和用户需求的变化，集线器现已淘汰。

（3）交换机。交换机又称交换式集线器，工作在 OSI 模型的数据链路层，是一种基于 MAC 地址识别，能够在通信系统中完成信息交换功能的设备。

交换机通常采用存储转发机制，即利用内部的 MAC 地址表对数据进行控制转发。交换机拥有一条很高带宽的背部总线和内部交换矩阵，交换机的所有端口都挂接在这条背部总线上。交换机会在每个端口成功连接时，将 MAC 地址和端口对应关系进行记录，形成一张 MAC 地址表。控制电路接收到数据后，提取、分析数据帧的目的 MAC 地址，并根据交换机中的 MAC 地址表，确定目的 MAC 地址挂接在哪个端口上，然后通过内部交换矩阵迅速将数据报传送到对应的目的端口，而不是所有端口。如果目的 MAC 地址在地址表中不存在，则广播到所有端口，接收端口回应后，交换机会"学习"新的 MAC 地址，并把它添加到 MAC 地址表中。

交换机不再使用广播形式进行数据传输，安全性更高。交换机还支持对广播域进行切割，从而减小广播影响范围，有效减小广播风暴发生的可能性。

（4）路由器。路由器是一种多端口设备，可以连接不同传输速率并运行在不同环境下的局域网和广域网。其主要功能是解析网络层信息，根据 IP 地址进行数据包的转发，并找出网络上从一个节点到另一个节点的最优数据传输路径，另外还可提供网络配置管理、容错管理和性能管理的支持。

2．网络传输介质

网络传输介质是网络中传输信息的物理通道，是不可缺少的物质基础。传输介质的性能对网络的传输速率、通信距离、网络节点数、传输可靠性以及价格都有很大影响。因此，必须根据网络的具体要求，选择适当的传输介质。

常用的网络传输介质有多种，可分为两大类：一类是有线传输介质，如双绞线、同轴电缆、光纤等；另一类是无线传输介质，如微波和卫星信道。

（1）双绞线。双绞线（Twisted Pair）是由两条相互绝缘的铜导线按照一定的规格互相缠绕（一般以顺时针缠绕）在一起而制成的一种通用配线。一对双绞线形成一条通信链路，通常把 4 对双绞线组合在一起，并用塑料套装，组成双绞线电缆，称为非屏散双绞线（UTP）；而采用铝箔套管或铜丝编织层套装的双纹线称为屏蔽式双绞线（STP）。

非屏蔽式双绞线具有成本低、重量轻、易弯曲、易安装、阻燃性好、适于结构化综合布线等优点，因此，在一般的局域网建设中被普遍采用；但它也存在传输距离短、容易被窃听的缺点，所以，在保密级别要求高的场合，还需采取一些辅助屏蔽措施。

屏蔽式双绞线具有抗电磁干扰能力强、传输质量高等优点，但它也存在接地要求高、安装复杂、弯曲半径大、成本高的缺点。因此，屏蔽双绞线的实际应用并不普遍。

（2）同轴电缆。同轴电缆（Coaxial Cable）是由圆柱形金属网导体（外导体）及其所包围的单根铜芯线（内导体）组成的，金属网与铜导线之间由绝缘材料隔开，金属网外也有一层绝缘保护套。

同轴电缆是计算机网络中常见的传输介质之一，它是一种误码率低、性价比高的传输介质，在早期的局域网中应用广泛，同轴电缆主要有"粗缆"和"细缆"两大类，粗缆具有传输损耗小、可靠性高、传输距离长等优点，适于比较大型的局域网；细缆由于功率损耗较大，一般传输距离不超过 185m。

（3）光纤。光导纤维（Optical Fiber）简称光纤，通常由石英玻璃拉成细丝，由纤芯和包层构成双层通信圆柱体。一根或多根光纤组合在一起形成光缆。

相对于其他传输介质而言，光纤具有很多优点，频带宽、传输速率高、传输距离远、抗冲击和电磁干扰性能好、数据保密性好、损耗和误码率低、体积小、重量轻等。

但它也存在一定的缺点，连接和分支困难、工艺和技术要求高、要配备光/电转换设备、单向传输等。由于光纤单向传输，要实现双向传输就需要两根光纤或一根光纤上有两个频段。

（4）微波信道。计算机网络中的无线通信主要是指微波通信，即通过无线电波在大气层的传播而实现的通信。微波是一种频率很高的电磁波，主要使用 2～40GHz 的频率范围。

微波一般沿直线传输，由于地球表面为曲面，因此微波在地画的传输距离有限，一般为40～60km。

微被具有频带宽、信道容量大、初建费用低、建设速度快、应用范围广等优点。其缺点是保密性差、抗干扰性能差，两微波站天线间不能被建筑物阻挡。微波通信逐渐被很多计算机网络所采用，有时在大型互联网中与有线介质混用。

（5）卫星信道。卫星通信实际上是使用人造地球卫星作为中继器来转发信号，通信卫星通常被定位在几万千米的高空，因此，卫星作为中继器可使信息的传输距离很远（几千至上万千米），卫星通信的地面站使用小口径天线终编设备（Very Small Aperture Terminal，VSAT）来发送和接收数据。

卫星通信具有通信容量极大、传输距离远、可靠性高、一次性投资大、传输距离与成本无关等特点。

任务 1.4　无线网络

【任务目标】本任务要求学生了解无线网络和 5G 网络。

无线网络的最大优点是让人们摆脱了有线网络的束缚，可以自由地进行移动通信和移动计算，无线网络的数据传输速率目前达到了每秒数百兆位（Mb/s），有线网络的数据传输速率达到了每秒数太位（Tb/s），两者相差了三四个数量级，因此，无线网络作为有线网络的补充，将与有线网络长期并存，最终实现无线网络覆盖的区域连接至主干有线网络。

1．无线网络的发展

无线通信起源于第二次世界大战，当时美军利用无线电信号结合高强度加密技术实现了文件资料的传输，并在军事领域广泛应用。

1971年，夏威夷大学的研究人员设计了第一个基于数据报技术的无线通信网络ALOHAnet，它包含7台计算机，采用双向星型网络结构，横跨4座夏威夷岛屿，中心计算机放置在瓦胡岛上，它标志着无线局域网（WLAN）的诞生。

1990年，IEEE启动了无线网络标准IEEE 802.11系列项目的研究工作，提出了802.11a、802.11b、802.11g、802.11n等WLAN标准。

1999年，无线以太网兼容性联盟（WECA）成立，后来更名为WiFi联盟，该联盟建立了用于验证IEEE 802.11产品兼容性的一套测试程序。从2004年起，经过WiFi联盟认证的IEEE 802.11系列产品，就使用WiFi这个名称。

2．无线网络的类型

IEEE按网络的覆盖范围，将无线网络分为无线广域网（WWAN）、无线城域网（WMAN）、无线局域网（WLAN）、无线个人网（WPAN）等。

（1）WWAN和WMAN。WWAN和WMAN在技术上并无太大区别，只是信号覆盖范围不同而已，因此往往将WWAN和WMAN放在一起讨论。WWAN也成为宽带移动网络，是一种Internet高速数字移动通信蜂窝网络，需要使用移动通信服务商（如中国移动、中国联通等）提供的通信网络（如4G、5G网络）。计算机只要处于移动通信网络服务区内，就能保证移动宽带接入，一般基于时长或流量来收费。WMAN主要用于主干连接和用户覆盖。

（2）WLAN。WLAN可以在单位或个人用户家中自由创建，通常用于接入Internet，WLAN的传输距离可达100～300m，无线信号的具体覆盖范围视用户数量、干扰和传输障碍（如墙体和建筑材料）等因素而定。在公共区城中提供WLAN的位置成为接入热点，接入热点的范围和速度视环境和其他因素而定。我们熟悉的WiFi及无线校园网络使用的就是WLAN技术。

（3）WPAN。WPAN是指通过短距离的无线电波，将计算机与周边设备连接起来的网络，如WUSB（无线USB）、Bluetooth（蓝牙）、ZigBee（紫蜂）、RFID（频射识别）、IrDA（红外线数据通信）等网络。WPAN具有易用、低费用、便携等特点，一般是点对点连接。例如，在办公环境中使用蓝牙技术将个人计算机、打印机和移动电话相连接。

3．5G网络

5G（第五代移动通信技术）是最新一代蜂窝移动通信技术，是4G、3G和2G系统后的延伸，5G的性能目标是高数据速率、减少延迟、节省能源、降低成本、提高系统容量和大规模设备连接。

5G网络与早期的2G、3G和4G移动网络一样，是数字蜂窝网络，在这种网络中，供应商覆盖的服务区域被划分为许多被称为蜂窝的小地理区域，表示声音和图像的模拟信号在手机中被数字化，由模数转换器转换并作为比特流传输，蜂窝中的所有5G无线设备通过无线电波与蜂窝中的本地天线阵和低功率自动收发器（发射机和接收机）进行通信。收发器从公共频率池中分配频道，这些频道在地理上分离的蜂窝中可以重复使用。本地天线通过高带宽光纤或无线回程连接与电话网络和互联网连接。与现有的手机一样，当用户从一个蜂窝穿越到另一个蜂窝时，他们的移动设备将自动"切换"到新蜂窝中的天线。

5G网络的主要优势在于，数据传输率远远高于以前的蜂窝网络，最高可达10Gb/s，比当前的有线互联网要快，比先前的 4G 蜂窝网络快 100 倍；另一个优点是较低的网络延迟（更快的响应时间），网络延迟低于 1ms，而 4G 网络的延迟为 30～70ms。由于数据传输更快，5G 网络将不仅仅为手机提供服务，而且还将成为一般性的家庭事务和办公网络提供商。

项目 2　Internet 基础知识

 项目分析

本项目要求了解 Internet 的基础知识、网络安全与法规，掌握 IP 地址的概念和分类、域名的注册过程和方法。

任务 2.1　Internet 概述

【任务目标】本任务要求学生了解 Internet 的起源和发展。

Internet 即因特网，是在 TCP/IP 协议基础上建立的国际互联网，它是"计算机网络的网络"，即将全世界不同国家、不同地区、不同部门和机构的不同类型的计算机网络互联在一起，形成一个世界范围的信息网络。

Internet 是全球信息基础设施的重要组成部分，作为全球信息高速公路的雏形，它将全世界范围内几乎所有国家与地区各领域的信息资源连为一体，组成一个庞大的电子资源数据库，供全世界的网上用户共享，它对全人类社会发展和文明进步起到了巨大的推动作用。

Internet 的发展主要经历了 3 个阶段。

（1）第一阶段，从单个网络 ARPANet 向互联网发展的过程。ARPANet 是 1969 年美国国防部创建的第一个分组交换网，最开始的时候，这个小型网络结构非常简单，整个网络只有 4 个节点。1983 年，TCP/IP 协议成为 ARPANet 上的标准协议，从此所有使用 TCP/IP 协议的计算机都能进行网络通信。1990 年，ARPANet 正式宣布关闭，完成了自己的试验使命。

（2）第二阶段，建成了三级结构的因特网。1985 年，美国国家科学基金会（National Science Foundation，NSF）围绕 6 个大型计算机中心建设计算机网络，即国家科学基金网 NSFNET，它是一个三级计算机网络，分为主干网、地区网和校园网（企业网），这种类型的三级计算机网络覆盖了全美国主要的大学和研究所，成为因特网中的主要组成部分。1991 年是因特网的爆发期，网络不再局限于美国，世界上的大量公司纷纷接入因特网。

（3）第三阶段，逐渐形成了多层次 ISP 结构的因特网。从 1993 年开始，由美国政府资助的 NSFNET 逐渐被若干个商用的因特网主干网替代，政府机构不再负责因特网的运营，出现了因特网服务提供商（Internet Service Provider，ISP），ISP 拥有从因特网管理机构申请到的多个 IP 地址，同时拥有通信线路（自己建造或租用）和路由器等联网设备。任何机构或个人，只要向 ISP 交纳规定的费用，就可以从 ISP 获得 IP 地址，通过 ISP 接入因特网。

任务 2.2　IP 地址

【任务目标】本任务要求学生掌握 IP 地址的含义和分类。

IP 是英文 Internet Protocol 的缩写，意思是"网络之间互连的协议"，也就是为计算机网络相互连接进行通信而设计的协议。在因特网中，它是能使连接到网上的所有计算机网络实

现相互通信的一套规则，规定了计算机在因特网上进行通信时应当遵守的规则。任何厂家生产的计算机系统，只要遵守 IP 协议就可以与因特网互联互通。正是因为有了 IP 协议，因特网才得以迅速发展成为世界上最大的、开放的计算机通信网络。因此，IP 协议也可以叫作"因特网协议"。

IP 地址被用来给 Internet 上的计算机编号。大家日常见到的情况是每台联网的 PC 上都需要有 IP 地址，才能正常通信。我们可以把"个人计算机"比作"一台电话"，那么"IP 地址"就相当于"电话号码"，而 Internet 中的路由器就相当于电信局的"程控式交换机"。 IP 地址是一个 32 位的二进制数，通常被分割为 4 个"8 位二进制数"（也就是 4 个字节）。IP 地址通常用"点分十进制"表示成（a.b.c.d）的形式，其中，a、b、c、d 都是 0～255 之间的十进制整数。例如：点分十进 IP 地址（100.4.5.6），实际上是 32 位二进制数（01100100.00000100.00000101.00000110）。IP 地址具有唯一性，根据用户性质的不同，可以分为 5 类，如图 6-1 所示。

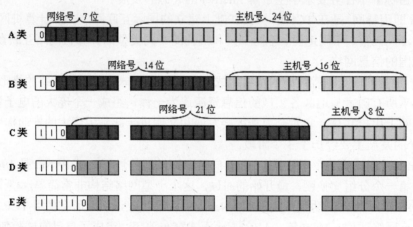

图 6-1　IP 地址分类

（1）A 类地址。

1）A 类地址第一个字节为网络地址，其他 3 个字节为主机地址。它的第一个字节的第一位固定为 0。

2）A 类地址范围：1.0.0.1～126.255.255.254。

3）A 类地址中的私有地址和保留地址。

● 10.×.×.×是私有地址（私有地址就是在互联网上不使用，而被用在局域网络中的地址）。范围：10.0.0.1---10.255.255.254。

● 127.×.×.×是保留地址，用于循环测试。

（2）B 类地址。

1）B 类地址第一个字节和第二个字节为网络地址，其他两个字节为主机地址。它的第一个字节的前两位固定为 10。

2）B 类地址范围：128.0.0.1～191.255.255.254。

3）B 类地址的私有地址和保留地址。

● 172.16.0.0～172.31.255.254 是私有地址。

- 169.254.×.×是保留地址。如果你是自动获取 IP 地址，而你在网络上又没有找到可用的 DHCP 服务器，就会得到其中一个 IP。

191.255.255.255 是广播地址，不能分配。

（3）C 类地址。

1）C 类地址第一个字节、第二个字节和第三个字节为网络地址，第四个字节为主机地址。另外第 1 个字节的前三位固定为 110。

2）C 类地址范围：192.0.0.1～223.255.255.254。

3）C 类地址中的私有地址：

192.168.×.×（192.168.0.1～192.168.255.255）是私有地址。

（4）D 类地址。

1）D 类地址不分网络地址和主机地址，它的第一个字节的前 4 位固定为 1110。

2）D 类地址范围：224.0.0.1～239.255.255.254。

（5）E 类地址。

1）E 类地址不分网络地址和主机地址，它的第一个字节的前 4 位固定为 1111。

2）E 类地址范围：240.0.0.1～255.255.255.254。

 知识拓展

IPv6 是 Internet Protocol Version 6 的缩写，其中 Internet Protocol 译为"互联网协议"。IPv6 是互联网工程任务组（Internet Engineering Task Force，IETF）设计的用于替代现行版本 IP 协议（IPv4）的下一代 IP 协议。目前 IP 协议的版本号是 4（简称为 IPv4），它的下一个版本就是 IPv6。

我们使用的第二代互联网 IPv4 技术，核心技术属于美国。它的最大问题是网络地址资源有限，从理论上讲，仅能满足编址 1600 万个网络、40 亿台主机。但采用 A、B、C 三类编址方式后，可用的网络地址和主机地址的数目大打折扣，以至 IP 地址已于 2011 年 2 月 3 日分配完毕。其中北美占有 3/4，约 30 亿个，而人口最多的亚洲只有不到 4 亿个，中国截至 2010 年 6 月 IPv4 地址数量达到 2.5 亿，落后于 4.2 亿网民的需求。地址不足严重地制约了中国及其他国家互联网的应用和发展。

而 IPv6 协议可以提供 2 的 128 次方的海量地址空间，有人甚至称使用 IPv6 后地球上的每一粒沙子都可以拥有一个 IP 地址。

据了解，目前中国互联网运营商已经提出了向 IPv6 过渡的计划，计划共分三步走。试商用阶段：启动网络和平台支持 IPv6 的改造，确定网络及业务过渡方案、现网商业化试点，基本具备引入 IPv6 业务的网络条件。规模商用阶段：IPv4/IPv6 网络和业务共存，网络和平台规模改造，业务逐步迁移，新型应用和用户规模持续扩大。全面商用阶段：新型应用占据主导，IPv4 网络和业务平台逐步退出。

多年来，在中国 IPv6 网络发展缓慢，"商业应用匮乏"一直被业界认为是主要原因。但随着国家层面希望在下一代互联网上争取更多的技术话语权，以及物联网的加速应用，使得 IPv6 网络尽快落地成为可能。

设置本机 IP 的方法如下：

- 单击开始→运行，输入 cmd→ipconfig /all 可以查询本机的 IP 地址，以及子网掩码、网关、物理地址（MAC 地址）、DNS 等详细情况。
- 设置本机的 IP 地址可以通过单击网上邻居→本地连接→属性→TCP/IP 实现。

子网的计算方法如下：

首先，我们看一个 CCNA 考试中常见的题型：一个主机的 IP 地址是 202.112.14.137，掩码是 255.255.255.224，要求计算这个主机所在网络的网络地址和广播地址。

常规办法是把这个主机地址和子网掩码都换算成二进制数，两者进行逻辑与运算后即可得到网络地址。其实大家只要仔细想想，可以得到另一个方法：255.255.255.224 的掩码所容纳的 IP 地址有 256－224=32 个（包括网络地址和广播地址），那么具有这种掩码的网络地址一定是 32 的倍数。而网络地址是子网 IP 地址的开始，广播地址是结束，可使用的主机地址在这个范围内，因此略小于 137 而又是 32 的倍数的只有 128，所以得出网络地址是 202.112.14.128。而广播地址就是下一个网络的网络地址减 1。而下一个 32 的倍数是 160，因此可以得到广播地址为 202.112.14.159。

还有一种题型，要求根据每个网络的主机数量进行子网地址的规划和计算子网掩码。这也可按上述原则进行计算。例如，一个子网有 10 台主机，那么这个子网就需要 10+1+1+1=13 个 IP 地址（注意加的第一个 1 是指这个网络连接时所需的网关地址，接着的两个 1 分别是指网络地址和广播地址）。13 小于 16（16 等于 2 的 4 次方），所以主机位为 4 位。而 256－16=240，所以该子网掩码为 255.255.255.240。

如果一个子网有 14 台主机，不少同学常犯的错误是依然分配具有 16 个地址空间的子网，而忘记了给网关分配地址。因为 14+1+1+1=17，大于 16，所以只能分配具有 32 个地址（32 等于 2 的 5 次方）空间的子网。这时子网掩码为 255.255.255.224。

任务 2.3　域名系统的组成

【任务目标】本任务要求学生掌握域名系统各部分所代表的含义。

网络是基于 TCP/IP 协议进行通信和连接的，每一台主机都有一个唯一的标识固定的 IP 地址，以区别在网络上成千上万个用户和计算机。网络在区分所有与之相连的网络和主机时，均采用了一种唯一、通用的地址格式，即每一个与网络相连接的计算机和服务器都被指派了一个独一无二的地址。为了保证网络上每台计算机的 IP 地址的唯一性，用户必须向特定机构申请注册，分配 IP 地址。网络中的地址方案分为两套：IP 地址系统和域名地址系统。这两套地址系统其实是一一对应的关系。IP 地址用二进制数来表示，每个 IP 地址长 32 比特，由 4 个小于 256 的数字组成，数字之间用点间隔，如 100.10.0.1 表示一个 IP 地址。由于 IP 地址是数字标识，使用时难以记忆和书写，因此在 IP 地址的基础上又发展出一种符号化的地址方案来代替数字型的 IP 地址。每一个符号化的地址都与特定的 IP 地址对应，这样网络上的资源访问起来就容易得多了。这个与网络上的数字型 IP 地址相对应的字符型地址，就被称为域名。

可见域名就是上网单位的名称，是一个通过计算机登上网络的单位在该网络中的地址。一个公司如果希望在网络上建立自己的主页，就必须取得一个域名，域名也是由若干部分组成的，包括数字和字母。通过该地址，人们可以在网络上找到所需的详细资料。域名是上网单位和个人在网络上的重要标识，起着识别作用，便于他人识别和检索某一企业、组织或个人的信息资源，从而更好地实现网络上的资源共享。除了识别功能外，在虚拟环境下，域名还可以起到引导、宣传、代表等作用。

通俗地说，域名就相当于一个家庭的门牌号码，别人通过这个号码可以很容易地找到你。

要把计算机连入 Interne 必须获得网上唯一的 IP 地址和对应的域名地址，域名地址由域名系统（DNS）管理。由于通信线路上传输的信息只能使用 IP 地址，不能用域名地址，因此，用户所使用的域名需要翻译成 IP 地址，翻译过程由域名服务器来完成。

域名地址是分级表示的，每级分别授权给不同的机构管理，各级之间用圆点分隔。与 IP 地址相反，各级自左至右越来越高。例如，tsinghua.edu.cn 指的是中国（cn）教育网（edu）清华学校（tsinghua）。

域名常以三个字母或两个字母结尾。两个字母结尾一般代表国家或地区，如 cn 代表中国，fr 代表法国，jp 代表日本，us 代表美国等。三个字母结尾通常意味着该站点来自或源于美国，如 com 是工商界域名，edu 是教育界域名，gov 是政府部门域名，net 代表网络服务提供者等。

任务 2.4　域名的申请注册

【任务目标】本任务要求学生掌握注册域名的步骤和注意事项。

域名申请的步骤如下：

（1）准备申请资料：com 域名无须提供身份证、营业执照等资料；2012 年 6 月 3 日起，cn 域名已开放个人申请注册，申请需要提供身份证或企业营业执照。

（2）寻找域名注册商：由于 com、cn 域名等不同后缀均属于不同注册管理机构所管理，如要注册不同后缀域名则需要从注册管理机构寻找经过其授权的顶级域名注册服务机构。例如，com 域名的管理机构为 ICANN，cn 域名的管理机构为 CNNIC（中国互联网络信息中心）。域名注册查询商已经通过 ICANN、CNNIC 双重认证，则无须分别到其他注册服务机构申请域名。

（3）查询域名：在注册网站单击查询域名，选择注册的域名，并单击域名注册查询。

（4）正式申请：查到想要注册的域名，并且确认域名为可申请的状态后，提交注册，并交纳年费。

（5）申请成功：正式申请成功后，即开始进入 DNS 解析管理、设置解析记录等操作。

⊠ 说明提示

域名存在有效期，若是申请一年有效期（通常会有一段续费通知期），则在有效期过后，就需要及时进行续费，否则域名将会在到期后自动删除，申请者就无法再拥有所有权，网站等其他服务也将会被迫停止，所以应及时进行续费。

在国内申请 cn 域名需要出具多个证明。需要注册域名的，必须有工商营业执照及身份证复印或扫描件，必须分析和确定域名的分类，寻找正规的网络公司注册域名。

由于 Internet 上的各级域名是分别由不同机构管理的，因此，各个机构管理域名的方式和域名命名的规则也有所不同。但域名的命名也有一些共同的规则。

（1）域名中只能包含以下字符：

● 26 个英文字母。

● 0、1、2、3、4、5、6、7、8、9 十个数字。

- "-"（英文中的连词号）。

（2）字符组合规则如下：

- 在域名中，不区分英文字母的大小写。
- 对于一个域名的长度是有一定限制的。

任务 2.5　网络安全与法规

【任务目标】本任务要求学生了解并遵守网络法规。

网络不仅仅是一个简单的网络，它更像是一个由很多人组成的网络"社会"。为了保证这个"社会"的秩序，所有网络参与者都要对自己的"网络行为"有一个正确的认识，并遵循网络社会中的规范与法规。

随着 Internet 的发展，各项涉及网络信息安全的法律法规相继出台。我国在涉及网络信息安全方面的条例和办法很多，如《中国公用计算机互联网国际联网管理办法》《中华人民共和国网络安全法》等。

《中华人民共和国网络安全法》是为了保障网络安全，维护网络空间主权和国家安全、社会公共利益，保护公民、法人和其他组织的合法权益，促进经济社会信息化健康发展而制定的法律，共有 7 章 79 条。

项目 3　接入 Internet

 项目分析

本项目要求了解提供互联网接入的 ISP 的概念，掌握使用电话线 ADSL 拨号接入 Internet 的方法和步骤。

任务 3.1　了解 Internet 服务提供商（ISP）

【任务目标】本任务要求学生了解什么是 ISP 和 ISP 如何提供互联网服务。

ISP 全称为 Internet Service Provider，即因特网服务提供商，能提供拨号上网服务、网上浏览、下载文件、收发电子邮件等服务，是网络最终用户进入 Internet 的入口和桥梁。它包括 Internet 接入服务和 Internet 内容提供服务。这里主要是 Internet 接入服务，即通过电话线把计算机或其他终端设备连入 Internet。

由于接驳国际互联网需要租用国际信道，其成本对于一般用户来说是无法承担的。Internet 接入提供商作为提供接驳服务的中介，需投入大量资金建立中转站，租用国际信道和大量的当地电话线，购置一系列计算机设备，通过集中使用、分散压力的方式，向本地用户提供接驳服务。较大的 ISP 拥有它们自己的高速租用线路以至于它们很少依赖电信供应商，并且能够为它们的客户提供更好的服务。最大的国际和地域性因特网服务提供商有 AT&T WorldNet、IBM 全球网、MCI、Netcom、UUNet 和 PSINet。

在 ISP 证书上 ISP 指的是"第二类增值电信业务中的因特网接入服务业务"，可以这么理解，这个"接入服务"指的是"为接入互联网而进行的一系列配套服务"，这个接入概念并不

仅仅指连接一个宽带光纤等物理接入，也指把一个网站等信息载体成功和互联网连接，为接入互联网而进行的一系列配套增值服务，如空间出租、服务器托管等。因此信息产业部的表达比仅仅用"技术服务商"解释 ISP 要完整。

使用 Internet 的前提条件是接入 Internet。接入方式有很多种，如拨号、DDN 专线和 ISND 等，但由于受国内通信条件的限制，对于广大用户来讲，最简单、最容易而且现在使用最多的是拨号入网，即将计算机通过调制解调器和电话线与 Internet 建立连接。用户若想成为 Internet 的长期固定用户，就需向 ISP 提出申请。不同的 ISP 所提供的 Internet 服务及收费标准均有不同，用户可选择适合自己的 ISP。当 ISP 接受申请后，则应向用户提供以下上网所需的信息：

- 用户名（账号）。
- 密码。
- 域名服务器（DNS）地址。
- 电子邮件（E-mail）地址。
- 上网电话。

任务 3.2 建立 Internet 连接

【任务目标】本任务要求学生掌握建立 Internet 连接的方法和步骤。

通过 Windows 10 提供的"网络和共享中心"工具，用户可以非常方便地设置与 Internet 的连接，具体操作如下：

（1）单击"开始"→"控制面板"→"网络和共享中心"，打开"网络和共享中心"窗口，如图 6-2 所示。

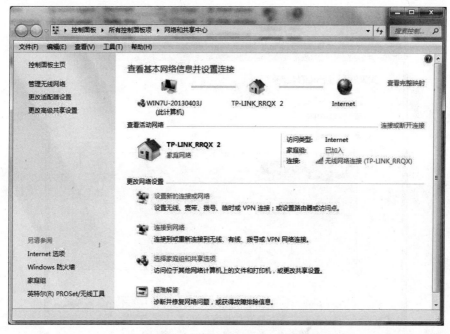

图 6-2 "网络和共享中心"窗口

（2）在该窗口中有"设置新的连接或网络""连接到网络""选择家庭组和共享选项"和"疑难解答"4个选项。这里用户需选择"设置新的连接或网络"选项，打开"设置连接或网络"窗口，如图6-3所示，以建立与Internet的连接。

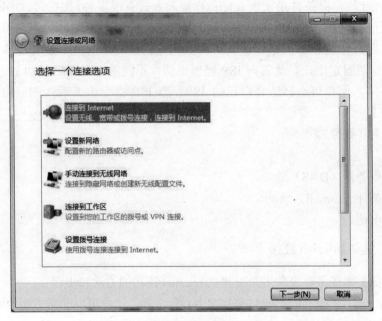

图6-3 "设置连接或网络"窗口

（3）选择"连接到Internet"，单击"下一步"按钮，打开"连接到Internet"窗口1，如图6-4所示。

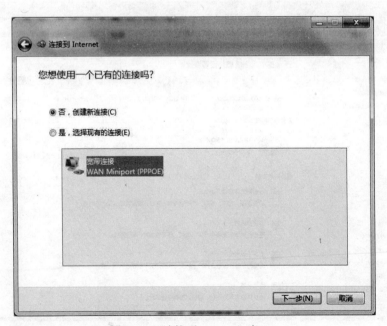

图6-4 "连接到Internet"窗口1

（4）在该窗口中用户可选择"否，创建新连接"，"是，选择现有的连接"两个选项。这里选择"否，创建新连接"选项。单击"下一步"按钮，打开"连接到 Internet"窗口 2，如图 6-5 所示。

图 6-5　"连接到 Internet"窗口 2

（5）在该窗口中用户需选择连接到 Internet 的方式，在目前情况下一般用户使用的都是宽带，选择第二项。

（6）单击"宽带"，打开"连接到 Internet"窗口 3，如图 6-6 所示。

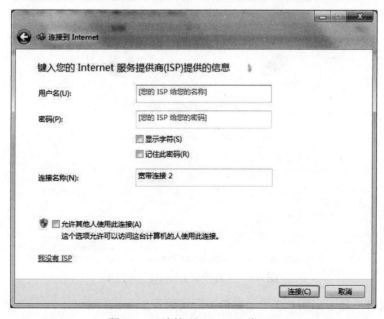

图 6-6　"连接到 Internet"窗口 3

（7）在该窗口中用户需输入 ISP 提供的用户名、密码，如图 6-7 所示。

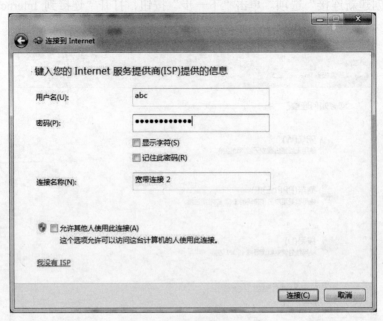

图 6-7　输入用户名和密码

（8）在设置好用户名（账号）后，还可勾选"允许其他人使用此连接"复选框。单击"连接"按钮，打开"连接到 Internet"窗口 4，进行网络连接，如图 6-8 所示。

图 6-8　"连接到 Internet"窗口 4

（9）完成以后显示如图 6-9 所示窗口，即可进行 Internet 浏览。

图 6-9　完成 Internet 连接

知识拓展

接入因特网的方式多种多样，一般都是通过提供因特网接入服务的 ISP（Internet Service Provider）接入因特网。主要的接入方式如下：

1. 局域网接入

一般单位的局域网都已接入 Internet，局域网用户即可通过局域网接入 Internet。局域网接入传输容量较大，可提供高速、高效、安全、稳定的网络连接。现在许多住宅小区也可以利用局域网提供宽带接入。

2. 电话拨号接入

电话拨号入网可分为两种：一种是个人计算机经过调制解调器和普通模拟电话线，与公用电话网连接；另一种是个人计算机经过专用终端设备和数字电话线，与综合业务数字网（ISDN，Integrated Service Digital Network）连接。通过普通模拟电话拨号入网方式，数据传输能力有限，传输速率较低（最高 56kb/s），传输质量不稳，上网时不能使用电话。通过 ISDN 拨号入网方式，信息传输能力强，传输速率较高（128kb/s），传输质量可靠，上网时还可使用电话。

3. ADSL 接入

非对称数字用户线路（Asymmetric Digital Subscriber Line，ADSL）是一种新兴的高速通信技术。上行（指从用户计算机端向网络传送信息）速率最高可达 1Mb/s，下行（指浏览 www 网页、下载文件）速率最高可达 8Mb/s。上网同时可以打电话，互不影响，而且上网时不需要另交电话费。安装 ADSL 也极其方便快捷，只需在现有电话线上安装 ADSL Modem，而用户现有线路不需改动（改动只在交换机房内进行）即可使用。

4. Cable Modem 接入

基于有线电视的线缆调制解调器（Cable Modem）接入方式可以达到下行 8Mb/s、上行 2Mb/s 的高速率接入。要实现基于有线电视网络的高速互联网接入业务还要对现有的 CATV 网络进行相应的改造。基于有线电视网络的高速互联网接入系统有两种信号上行传送方式：一种是通过 CATV 网络本身采用上下行信号分频技术来实现；另一种通过 CATV 网传送下行信号，通过普通电话线路传送上行信号。

项目 4　IE 浏览器

 项目分析

本项目要求了解什么是 IE 浏览器，掌握通过 IE 浏览器查看 Web 页面的操作方法、简单的 IE 浏览器的配置方法。

任务 4.1　使用 IE 10.0 浏览 Web 网页

【任务目标】本任务要求学生掌握使用 IE 浏览器查看 Web 网页的方法。

【任务操作 1】使用 IE10.0 浏览网页。

使用 IE 浏览器浏览 Web 网页，是 IE 浏览器使用最多、最重要的功能。用户只需双击桌面上的"IE 浏览器"的图标，或单击"开始"→"所有程序"→Internet Explorer 命令，即可打开 Microsoft Internet Explorer 窗口，如图 6-10 所示。

图 6-10　Microsoft Internet Explorer 窗口

在该窗口中，用户可在地址栏中输入要浏览的 Web 站点的 URL 地址（统一资源地址），以打开其对应的 Web 主页。

 知识链接

URL 地址（统一资源地址），是 Internet 上 Web 服务程序中提供访问的各类资源的地址，

是 Web 浏览器寻找特定网页的必要条件。每个 Web 站点都有唯一的一个 Internet 地址，简称为网址，其格式都应符合 URL 格式的约定。

在打开的 Web 网页中，常常会有一些文字、图片、标题等，将鼠标指针放到上面，鼠标指针会变成"🖑"形，这表明此处是一个超链接。单击该超链接，即可进入其所指向的新的 Web 页。

在浏览 Web 页时，若用户想回到上一个浏览过的 Web 页，可单击工具栏上的"后退"按钮；若想转到下一个浏览过的 Web 页，可单击"前进"按钮。

若用户想快速打开某个 Web 站点，可单击地址栏右侧的小三角，在其下拉列表中选择该 Web 站点地址即可，或单击工具栏上的"收藏"→"添加到收藏夹"，在弹出的如图 6-11 所示的"添加收藏"对话框中输入 Web 站点地址，单击"确定"按钮，将该 Web 站点地址添加到收藏夹中。

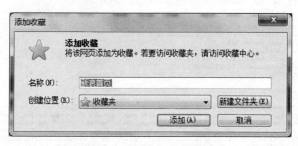

图 6-11 "添加收藏"对话框

若要打开该 Web 站点，只需单击屏幕右上角的■按钮，打开"收藏夹"窗格，在其中单击该 Web 站点地址，或单击"收藏夹"菜单，在其下拉菜单中选择该 Web 站点地址即可快速打开该 Web 网页。

【任务操作 2】查看历史记录。

若用户想知道自己这一段时间内浏览过哪些 Web 网页，可通过查看历史记录获得，具体操作如下：

（1）启动 IE 浏览器。

（2）单击屏幕右上角的■按钮，选择"历史记录"窗格，或选择"查看"→"浏览器栏"→"历史记录"命令，或按 Ctrl+H 快捷键，打开"历史记录"窗格，如图 6-12 所示。

（3）在该窗格中用户可看到这一段时间内所访问过的 Web 站点。单击"查看"按钮，在其下拉菜单中用户可选择按日期查看、按站点查看、按访问次数或按今天的访问顺序查看。选择"搜索历史记录"按钮，可对 Web 页进行搜索。

【任务操作 3】查看 Web 网页的源文件。

用户所看到的各种设计精美的 Web 网页，其实都是使用 HTML 语言编写的。HTML（HyperText Markup Language）就是超文本描述语言。在 Internet 上几乎所有的

图 6-12 打开"历史记录"窗格

Web 网页都是使用这种语言所编写的。用户可通过"源文件"命令查看 Web 网页的源文件，具体操作如下：

（1）启动"IE 浏览器"。

（2）打开要查看其源文件的 Web 网页。

（3）选择"查看"→"源"命令，即可在弹出的"记事本"窗口中查看该网页的源文件信息，如图 6-13 所示。

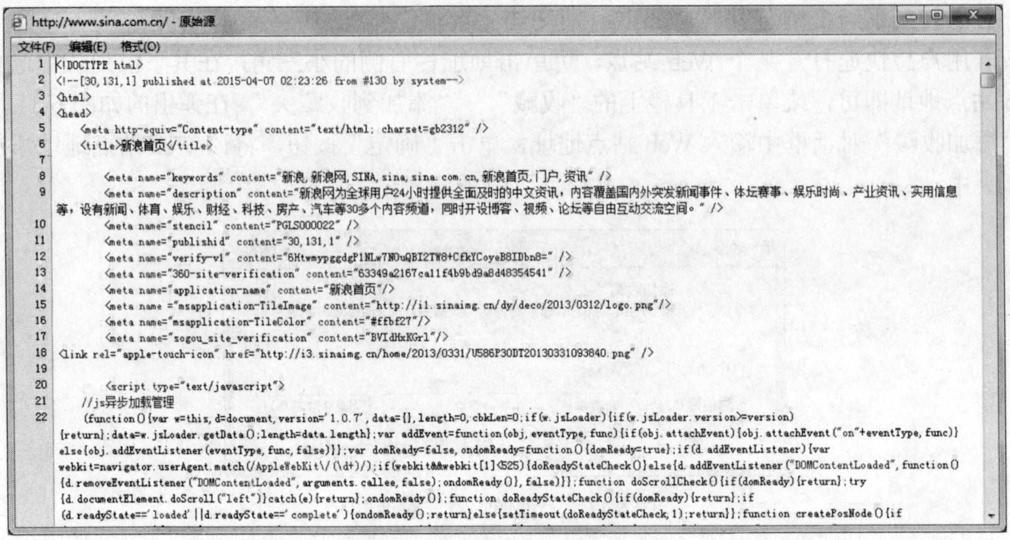

图 6-13　源文件窗口

【任务操作 4】 改变 Web 网页的文字大小。

在打开的 Web 网页中，默认显示的文字大小是中号，用户也可以更改显示的文字大小，使其浏览更符合用户的阅览习惯，具体操作如下：

（1）启动"IE 浏览器"。

（2）打开 Web 网页。

（3）选择"查看"→"文字大小"命令，在其下一级子菜单中选择合适的字号。

（4）设置完毕后，按 F5 键刷新屏幕即可。

【任务操作 5】 解决显示乱码的问题。

在用户浏览 Web 网页的过程中，可能会遇到这样的问题，有些打开的网页所显示的并不是正常的文字，而是一段段的乱码，这是因为使用了不同的编码方式，用户可执行下列步骤使其恢复正常显示：

（1）打开该乱码显示的 Web 网页。

（2）选择"查看"→"编码"命令，在下一级子菜单中选择合适的编码方式即可。

若用户不知道应选择哪种编码方式，也可选中"自动选择"命令，让其自动选择合适的编码方式。

任务 4.2　设置 IE 浏览器

【任务目标】 本任务要求学生了解 IE 浏览器简单的配置方法。

若用户对 IE 浏览器的默认设置不满意，也可以更改其设置，使其更符合用户的个人使用习惯。

【任务操作 1】更改启动 IE 浏览器的默认主页。

在启动 IE 浏览器的同时，IE 浏览器会自动打开其默认主页，通常为 Microsoft 公司的主页。其实用户也可以自己设定在启动 IE 浏览器时打开其他的 Web 网页，具体设置可参考以下步骤：

（1）启动"IE 浏览器"。

（2）打开要设置为默认主页的 Web 网页。

（3）选择"工具"→"Internet 选项"→"常规"命令，打开"常规"选项卡，如图 6-14 所示。

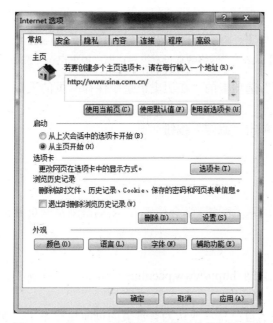

图 6-14　"Internet 选项"对话框"常规"选项卡

（4）在"主页"选项组中单击"使用当前页"按钮，可将启动 IE 浏览器时打开的默认主页设置为当前打开的 Web 网页；若单击"使用默认值"按钮，可在启动 IE 浏览器时打开默认主页；若单击"使用新选项卡"按钮，可在启动 IE 浏览器时不打开任何网页。

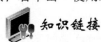 知识链接

用户也可以在"地址"文本框中直接输入某 Web 网站的地址，将其设置为默认的主页。

【任务操作 2】设置历史记录的保存时间。

在 IE 浏览器中，用户只要单击工具栏上的"历史"按钮就可查看所有浏览过的网站的记录，长期下来历史记录会越来越多。这时用户可以在"Internet 选项"对话框中设定历史记录的保存时间，这样一段时间后，系统会自动清除这一段时间的历史记录。

设置历史记录的保存时间，可执行下列步骤：

（1）启动"IE 浏览器"。

（2）选择"工具"→"Internet 选项"→"常规"命令，打开"常规"选项卡，单击"设

置"按钮，在打开的"网络数据设置"对话框中选择"历史记录"选项卡，如图 6-15 所示。

图 6-15 "网络数据设置"对话框"历史记录"选项卡

（3）在"历史记录"选项卡的"在历史记录中保存网页的天数"文本框中输入历史记录的保存天数即可。

（4）设置完毕后，单击"确定"按钮即可。

案例实训

【实训要求】

熟练掌握 IE 浏览器的基本配置，学会使用 IE 浏览器浏览网页并保存与管理网页上有价值的信息。

【实训步骤】

（1）浏览太平洋电脑网 http://www.pconline.com.cn，在各种栏目中下载自己喜欢的五张图片，保存在自己的文件夹里。

（2）在网站中找两篇自己喜欢或认为有价值的页面保存下来，保存在自己的文件夹里。

（3）在网站中找两篇自己喜欢或认为有价值的文字，一份保存成 Word 文档，一份保存成文本文档，保存在自己的文件夹里。

（4）将 http://www.163.com 和 http://www.sina.com.cn 网址收藏在收藏夹中。

（5）将 http://www.sdlvtc.cn 作为自己的主页。

（6）选择自己喜欢的网站收藏起来，并设置脱机浏览两层。

（7）删除本机上的 Internet 临时文件，包括所有脱机内容，并将 Internet 临时文件存放的默认目录改为 D://temp，设置 IE 临时文件夹使用的磁盘空间为 300MB。

（8）设置网页保存在历史记录中的天数为 5 天，删除自己今天浏览的历史记录。

项目 5　信息检索

 项目分析

本项目要求理解信息检索的基本概念，了解信息检索的基本流程，掌握常用搜索引擎的

自定义搜索方法，掌握通过不同信息平台和专用平台进行信息检索的方法。

任务 5.1 信息检索的概念

【任务目标】本任务要求学生理解信息检索的基本概念，了解信息检索的基本流程。

1. 信息检索的概念

信息检索（Information Retrieval）是用户进行信息查询和获取的主要方式，是查找信息的方法和手段。狭义的信息检索仅指信息查询（Information Search）。即用户根据需要，采用一定的方法，借助检索工具，从信息集合中找出所需要信息的查找过程。广义的信息检索是信息按一定的方式进行加工、整理、组织并存储起来，再根据信息用户特定的需要将相关信息准确地查找出来的过程，又称信息的存储与检索。一般情况下，信息检索指的就是广义的信息检索。

信息检索起源于图书馆的参考咨询和文摘索引工作，从 19 世纪下半叶首先开始发展，至 20 世纪 40 年代，索引和检索已成为图书馆独立的工具和用户服务项目。随着 1946 年世界上第一台电子计算机问世，计算机技术逐步走进信息检索领域，并与信息检索理论紧密结合起来；脱机批量情报检索系统、联机实时情报检索系统相继研制成功并商业化，20 世纪 60 年代到 80 年代，在信息处理技术、通信技术、计算机和数据库技术的推动下，信息检索在教育、军事和商业等各领域高速发展，得到了广泛的应用。Dialog 国际联机情报检索系统是这一时期的信息检索领域的代表，至今仍是世界上最著名的系统之一。

由信息检索原理可知，信息的存储是实现信息检索的基础。这里要存储的信息不仅包括原始文档数据，还包括图片、视频和音频等，首先要将这些原始信息进行计算机语言的转换，并将其存储在数据库中，否则无法进行机器识别。待用户根据意图输入查询请求后，检索系统根据用户的查询请求在数据库中搜索与查询相关的信息，通过一定的匹配机制计算出信息的相似度大小，并按从大到小的顺序将信息转换输出。

2. 信息检索的流程

（1）分析用户的信息检索请求。明确检索目的；检索请求的内容特征分析；检索请求的形式特征分析。

（2）了解检索工具/系统的基本情况。明确检索工具或检索系统的研制者情况；检索工具或数据库的收录范围；检索工具或系统提供的主要检索途径（检索途径按内容可分为两类：一类是泛指性强、做选题时常用的分类检索；另一类是选题成功、专指性较强时使用的主题检索）及相应功能。

（3）制订检索策略。检索策略，就是在分析检索提问的基础上，确定检索的数据库、检索的用词，并明确检索词之间的逻辑关系和查找步骤的科学安排。

常用的联机检索策略如下：

- 积木型（Build_In）：相关词、同义词、近义词用 Or 连接成子检索式。
- 引文珠形增长（Citation Pearl Growth）：从已知的关于检索课题的少数几个专指词开始检索，找到新的检索词，补充到检索式中去。
- 逐次分馏（Successive Fraction）：逐渐提高专指度。

（4）拟定并执行具体检索步骤。检索步骤如图 6-16 所示。

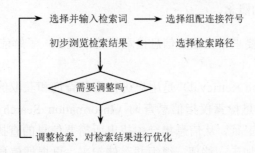

图 6-16　检索步骤

（5）获取并整理检索结果。

（6）分析评价检索操作与检索结果。

查全率（Recall Ratio，R），R=检出的相关文献数量/系统中全部的相关文献数量。

查准率（Precision Ratio，P），P=检出的相关文献数量/检出文献总量。

任务 5.2　信息检索的方法

【任务目标】本任务要求学生掌握常用搜索引擎的自定义搜索方法，掌握布尔逻辑检索、截词检索、位置检索、限制检索等检索方法。

1. 自定义搜索方法

（1）Google 搜索引擎。Google 是由两个斯坦福大学博士生 Larry Page 与 Sergey Brin 于 1998 年 9 月在美国硅谷创建的高科技公司，他们所设计的 Google 搜索引擎，旨在提供全球最优秀的搜索引擎服务，其强大、迅速而方便，在网上为用户提供准确、翔实、符合需要的信息。

Google 支持中文搜索，其中文搜索引擎是收集亚洲网站最多的搜索引擎之一，并成为它借此拓展全球信息市场的重要基础。

Google（http://www.google.com）的主页非常简洁，Google 标志下面排列了四大功能模块：网站、图像、新闻群组和网页目录服务。主页默认是网站搜索。功能模块以下为检索输入框，可限定所搜索范围为搜索所有网站、搜索所有中文网页或搜索中文（简体）网页，并提供高级搜索、使用偏好、语言工具三种设定功能。

Google 查询简洁方便，仅需输入查询内容并按回车键，或单击"Google 搜索"按钮即可得到相关资料。Google 提供如下一些搜索功能。

- 自动使用 and 进行查询。Google 只会返回那些符合全部查询条件的网页。不需要在关键词之间加上 and 或"+"。如果想缩小搜索范围，只需输入更多的关键词，只要在关键词中间留空格就行。

- 忽略词。Google 会忽略最常用的词和字符，这些词和字符称为忽略词。Google 自动忽略 http、.com 和"的"等字符以及数字和单字，这类字词不仅无助于缩小查询范围，而且会大大降低搜索速度。使用英文双引号可将这些忽略词强加于搜索项，例如：输入"柳堡的故事"时，加上英文双引号会使"的"强加于搜索项中。

除一般网页外，Google 现在还可以查找 Adobe 的可移植文档格式（PDF）文件。虽然 PDF 文件不像 HTML 文件那样多，但这些文件通常会包含一些别处没有的重要资料。如果某个搜索结果是 PDF 文件而不是网页，只需在搜索关键词后加上 filetype:pdf 就可以，它的标题前面会出现以蓝色字体标明的[PDF]。这样，用户就知道需要启动 Acrobat Reader 程序才能浏览该文件。单击[PDF]右侧的标题链接就可以访问这个 PDF 文档了。

（2）Baidu 搜索引擎。"百度"搜索引擎使用了高性能的"网络蜘蛛"程序自动地在互联网中搜索信息，可定制、高扩展性的调度算法使得搜索器能在极短的时间内收集到最大数量的互联网信息。百度在中国各地和美国均设有服务器，搜索范围涵盖了中国、新加坡等华语地区以及北美、欧洲的部分站点。百度是全球最优秀的中文信息检索与传递技术供应商，公司号称"全球最大的中文搜索技术提供商"。中国所有提供搜索引擎的门户网站中，超过 90%以上都由"百度"提供搜索引擎技术支持。

百度搜索引擎的特点如下：

1）基于字词结合的信息处理方式：巧妙解决了中文信息的理解问题，极大地提高了搜索的准确性和查全率。

2）支持主流的中文编码标准：包括 GBK（汉字内码扩展规范）、GB2312（简体）、BIG5（繁体），并且能够在不同的编码之间转换。

3）智能相关度算法：采用了基于内容和基于超链分析相结合的方法进行相关度评价，能够客观分析网页所包含的信息，从而最大限度地保证了检索结果相关性。

4）检索结果能标示丰富的网页属性（如标题、网址、时间、大小、编码、摘要等），并突出用户的查询串，便于用户判断是否阅读原文。

5）百度搜索支持二次检索（又称渐进检索或逼近检索）：可在上次检索结果中继续检索，逐步缩小查找范围，直至达到最小、最准确的结果集，利于用户更加方便地在海量信息中找到自己真正感兴趣的内容。

6）相关检索词智能推荐技术：在用户第一次检索后，会提示相关的检索词，帮助用户查找更相关的结果，统计表明可以促进检索量提升 10%～20%。

2. 布尔逻辑检索

布尔逻辑检索也称作布尔逻辑搜索，严格意义上的布尔检索法是指利用布尔逻辑运算符连接各个检索词，然后由计算机进行相应逻辑运算，以找出所需信息的方法。它使用面最广、使用频率最高。布尔逻辑运算符的作用是把检索词连接起来，构成一个逻辑检索式。

- 用 and 与"*"表示：可用来表示其所连接的两个检索项的交叉部分，即交集部分。如果用 and 连接检索词 A 和检索词 B，则检索式为 A and B（或 A*B），表示让系统检索同时包含检索词 A 和检索词 B 的信息集合 C。

- 用 or 或"+"表示：用于连接并列关系的检索词。用 or 连接检索词 A 和检索词 B，则检索式为 A or B（或 A+B），表示让系统查找含有检索词 A、B 之一，或同时包括检索词 A 和检索词 B 的信息。

- 用 not 或"-"号表示：用于连接排除关系的检索词，即排除不需要的和影响检索结果的概念。用 not 连接检索词 A 和检索词 B，检索式为 A not B（或 A-B），表示检索含有检索词 A 而不含检索词 B 的信息，即将包含检索词 B 的信息集合排除掉。

布尔逻辑的 4 种表达式（前 3 种常用，第 4 种罕见）（图 6-17）：

①A 与 B：A and B；A×B；A*B。

②A 或 B：A or B；A+B。

③A 非 B：A not B；A-B。

④A 异或 B：A andor B；A ×or B；（A+B）-A×B。

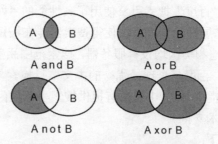

图 6-17　布尔逻辑 4 种表达式示意

3. 截词检索

截词检索是预防漏检、提高查全率的一种常用检索技术，大多数系统都提供截词检索的功能。截词是指在检索词的合适位置进行截断，然后使用截词符进行处理，这样既可节省输入的字符数目，又可达到较高的查全率。尤其是在西文检索系统中，使用截词符处理自由词，对提高查全率的效果非常显著。截词检索一般是指右截词，部分支持中间截词。截词检索能够帮助提高检索的查全率。

截词检索的方式有多种，可以分为有限截词、无限截词和中间截词。

- 有限截词：有限截词主要用于词的单、复数，动词的词尾变化等。将 n 个截词符放在检索词（关键词、主题词）的词干或词尾可能变化的位置上。

- 中间截词：一般来说，中间截词仅允许有限截词，主要用于英、美拼写不同的词和单复数拼写不同的词。例如：wom?n woman women。

- 无限截词：截去某个词的尾部，是词的前方一致比较，也称前方一致检索。在检索词（关键词、主题词）干后加 1 个截词符"？"或"*"。表示该词尾允许变化的字符数不受任何限制。例如：comput* 可检索出 computer、computing、computers、computering、computeriation 等词的记录。任何一种截词检索，都隐含着布尔逻辑检索的"或"运算。采用截词检索时，既要灵活，又要谨慎，截词的部位要适当，如果截得太短（输入的字符不得少于 3 个），将影响查准率。另外，不同的检索系统使用的截词符不同，各数据库所支持的截断类型也不同。

4. 位置检索

位置检索也叫邻近检索。文献记录中词语的相对次序或位置不同，所表达的意思可能不同，而同样一个检索表达式中词语的相对次序不同，其表达的检索意图也不一样。布尔逻辑运算符有时难以表达某些检索课题确切的提问要求。字段限制检索虽能使检索结果在一定程度上进一步满足提问要求，但无法对检索词之间的相对位置进行限制。位置算符检索是用一些特定的算符（位置算符）来表达检索词与检索词之间的临近关系，并且可以不依赖主题词表而直接使用自由词进行检索的技术方法。

按照两个检索出现的顺序和距离，可以有多种位置算符。而且对同一位置算符，检索系统不同，规定的位置算符也不同。以美国 dialog 检索系统使用的位置算符为例，介绍如下。

（1）（W）算符。W 的含义为 with。这个算符表示其两侧的检索词必须紧密相连，除空格和标点符号外，不得插入其他词或字母，两词的词序不可以颠倒。（W）算符还可以使用其简略形式（）。例如，检索式为 communication（W）satellite 时，系统只检索含有 communication satellite 词组的记录。

（2）（nw）算符。（nw）中的 w 的含义为 word，表示此算符两侧的检索词必须按此前后邻接的顺序排列，顺序不可颠倒，而且检索词之间最多有 n 个其他词。例如：laser（1W）printer 可检索出包含 laser printer、laser color printer 和 laser and printer 的记录。

（3）（N）算符。（N）中的 N 的含义为 near。这个算符表示其两侧的检索词必须紧密相连，除空格和标点符号外，不得插入其他词或字母，两词的词序可以颠倒。

（4）（nN）算符。（nN）表示允许两词间插入最多为 n 个其他词，包括实词和系统禁用词。

（5）（F）算符。（F）中的 F 的含义为 field。这个算符表示其两侧的检索词必须在同一字段（例如同在题目字段或文摘字段）中出现，词序不限，中间可插任意检索词项。

（6）（S）算符。（S）中的 S 算符是 Sub-field/sentence 的缩写，表示在此运算符两侧的检索词只要出现在记录的同一个子字段内（例如，在文摘中的一个句子就是一个子字段），此信息即被命中。要求被连接的检索词必须同时出现在记录的同一句子（同一子字段）中，不限制它们在此子字段中的相对次序，中间插入词的数量也不限。例如 high（W）strength（S）steel 表示只要在同一句子中检索出含有"high strength 和 steel"形式的均为命中记录。

5. 限制检索

限制检索是缩小或约束检索结果的方法，主要是指限定字段检索，即指定检索词在记录中出现的字段。限制检索的方法很多，如利用前、后缀符进行的字段检索；利用系统规定的限制符、限制检索命令进行的限制检索等。

限制检索是缩小或约束检索结果的方法，主要是指限定字段检索，即指定检索词在记录中出现的字段。

常用的字段代码有：

TI（题名）	AU（作者）
AB（文摘）	JN（刊名）
PY（年代）	LA（语种）

……

如：information/TI

LA=english

文摘=网络信息资源

任务 5.3 平台信息检索方法

【任务目标】本任务要求学生掌握通过网页、社交媒体等不同信息平台进行信息检索的方法；掌握通过期刊、论文、专利、商标、数字信息资源平台等专用平台进行信息检索的方法。

1．使用不同信息平台进行信息检索

以 CSDN 网站为例，进入主页，首先是搜索"论文"关键字可以看到很多关于论文设计和论文编写的推荐网站，如图 6-18 所示。这些内容都是由 CSDN 的博主自己编写的。

图 6-18　CSDN 网站搜索页

点开一个相关链接会有很多相关介绍，包括每一个网站的详细功能、网址、特点，如图 6-19 和图 6-20 所示。其内容的模式也像极了杂志或者微信公众号的介绍。

图 6-19　CDSN 空间内容页 1

进入 CSDN 主页，搜索 aws ec2 关键字会有很多的相关文章，如图 6-21 所示。

点开一个相关链接，里面的内容类似于自己的使用心得以及使用技巧和特点，如图 6-22 所示。

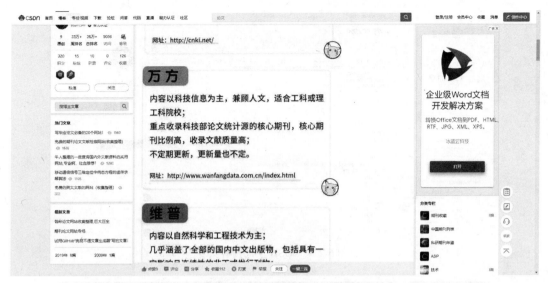

图 6-20　CDSN 空间内容页 2

图 6-21　CDSN 搜索页

2. 使用专用平台进行信息检索

举例：检索有关"当前游泳池的各种净化技术研究"的 10 年内的中文期刊论文，目的是编写该题目研究发展现状的论文，要求能直接看到论文原文，且论文数量尽可能多。

选择：①维普期刊全文数据库

　　　　②中国知网的中国期刊全文数据库

统计，目前全世界所有中文网页内容的总和，还不及 CNKI 网站的内容多。中文期刊数据库是最大的、最有影响的全文数据库，收录学术期刊 7700 种，共 3400 多万篇论文。实践中往往和维普结合使用，能保证查全中文学术期刊论文全文。

中国知网首页如图 6-23 所示。中国知网期刊搜索如图 6-24 所示。中国知网检索页如图 6-25所示。中国知网检索结果页如图 6-26 所示。

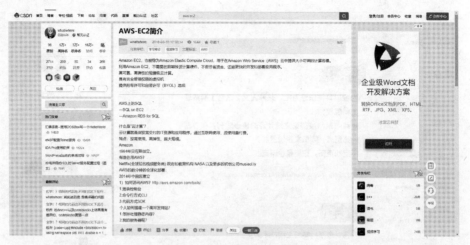

图 6-22　CDSN 空间内容页 3

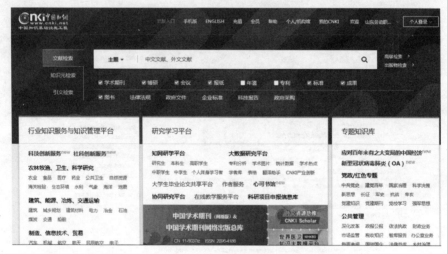

图 6-23　中国知网首页

图 6-24　中国知网期刊搜索页

图 6-25 中国知网检索页

图 6-26 中国知网检索结果页

选择论文，单击论文标题显示详细信息，其中有两种下载格式，如图 6-27 所示。

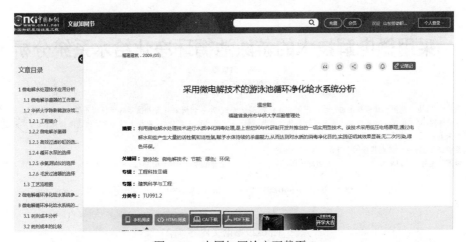

图 6-27 中国知网论文下载页 1

　　CAJ 格式是中国知网专用格式，基本具备 PDF 格式功能，提供处理早期图像文档的文字识别等特有功能，兼容流行的 PDF 格式。单击"CAJ 下载"按钮后的页面如图 6-28 所示。

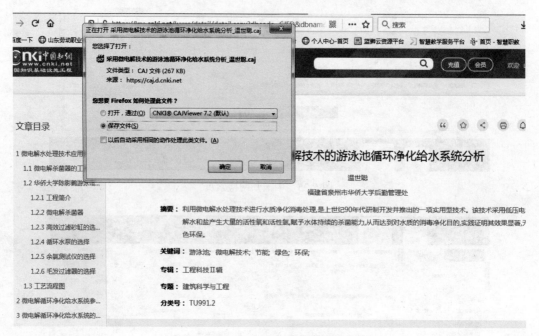

图 6-28　中国知网论文下载页 2

　　单击"确定"按钮，打开下载的文件，如图 6-29 所示。

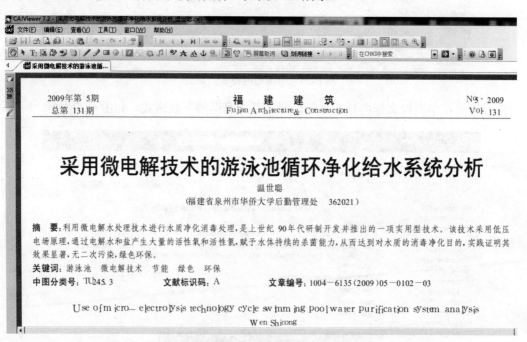

图 6-29　论文内容

模块实训

【实训要求】 使用百度搜索引擎检索 Internet 上的信息。

（1）检索"大学生心理健康论文"资料，并将该检索网页以"大学生心理健康论文.htm"保存到工作文件夹中。

（2）水立方夜景流光溢彩，魅力无穷，搜索相关图片，并以"水立方+学号"命名保存该图片。

【实训步骤】

略。

课后习题

一、选择题

1. 在 OSI 七层结构模型中，处于数据链路层与运输层之间的是（   ）。

    A．物理层   B．网络层

    C．会话层   D．表示层

2. TCP/IP 协议簇的层次中，解决计算机之间通信问题是在（   ）。

    A．网络接口层   B．网际层

    C．传输层   D．应用层

3. 请问 IP 地址 192.168.1.1/24 的网络 ID 是（   ）。

    A．192.168.1.1/24   B．192.168.0.0/24

    C．192.168.1.0/24   D．以上都不是

4. 如果网址为 http://www.ynjy.edu.cn，则可知这个是（   ）网站。

    A．商业部门   B．教育机构

    C．政府部门   D．科研机构

5. 下面关于域名的说法正确的是（   ）。

    A．域名必须转换成 IP 地址才能实现对网站的访问

    B．域名可以自己任意取

    C．域名的字符长度没有限制

    D．域名就是 IP 地址

二、填空题

1. 因特网中最基本的 IP 地址分为 A、B、C 三类，其中 C 类地址的网络地址占_____个字节。

2. 按照 TCP/IP 协议，接入 Internet 的每一台计算机都有一个唯一的地址标识，这个地址标识为_____。

3．IP 地址由_____个二进制位构成，其组成结构为_____。_____类地址用前 8 位作为网络地址，后 24 位作为主机地址；B 类地址用_____位作为网络地址，后 16 位作为主机地址；一个 C 类网络的最大主机数为_____。子网划分可导致实际可分配 IP 地址数目的_____。

4．从传输范围的角度来划分计算机网络，计算机网络可以分为局域网、城域网和广域网，其中，Internet 属于_____。

5．面向连接服务具有_____、_____和_____这 3 个阶段。

模块七　信息素养与社会责任

模块重点

- 信息素养和社会责任
- 信息伦理
- 信息安全及自主可控
- 职业道德

教学目标

- 了解信息素养的概念和内容
- 了解信息伦理
- 了解信息安全及自主可控的要求
- 了解相关法律法规
- 了解职业道德

项目1　信息素养和社会责任

　项目分析

本项目主要介绍信息素养的发展、定义、内容、要素、特征和信息社会责任。

任务1.1　信息素养的发展、定义、内容、要素、特征

【任务目标】本任务要求学生了解信息素养的发展、定义、内容、要素、特征。

1. 信息素养的发展

信息素养概念的酝酿始于美国图书检索技能的演变。1974年,美国信息产业协会主席 Paul Zurkowski 率先提出了信息素养这一全新概念,并解释为"利用大量的信息工具及主要信息源使问题得到解答的技能"。信息素养概念一经提出,便得到广泛传播和使用。世界各国的研究机构纷纷围绕如何提高信息素养展开了广泛的探索和深入的研究,对信息素养概念的界定、内涵和评价标准等提出了一系列新的见解。

1987年,信息学家 Patrieia Breivik 将信息素养概括为一种"了解提供信息的系统并能鉴别信息价值、选择获取信息的最佳渠道、掌握获取和存储信息的基本技能"。

1989年,美国图书馆协会(ALA)下设的"信息素养总统委员会"在其年度报告中对信息素养的含义进行了重新概括:要成为一个有信息素养的人,就必须能够确定何时需要信息并且能够有效地查寻、评价和使用所需要的信息。

1992 年，Doyle 在《信息素养全美论坛的终结报告》中将信息素养定义为：一个具有信息素养的人，他能够认识到精确的和完整的信息是作出合理决策的基础，确定对信息的需求，形成基于信息需求的问题，确定潜在的信息源，制订成功的检索方案，包括基于计算机和其他信息源获取信息、评价信息、组织信息以便实际应用，将新信息与原有的知识体系进行融合以及在批判性思考和问题解决的过程中使用信息。

2．信息素养的定义

信息素养更确切的名称应该是信息文化。

信息素养是一种基本能力：信息素养是一种对信息社会的适应能力。美国教育技术 CEO 论坛 2001 年第 4 季度报告提出 21 世纪的能力素质，包括基本学习技能（指读、写、算）、信息素养、创新思维能力、人际交往与合作精神、实践能力。信息素养是其中一个方面，它涉及信息的意识、信息的能力和信息的应用。

信息素养是一种综合能力：信息素养涉及各方面的知识，是一个特殊的、涵盖面很宽的能力，它包含人文的、技术的、经济的、法律的诸多因素，和许多学科有着紧密的联系。信息技术支持信息素养，通晓信息技术强调对技术的理解、认识和使用技能。而信息素养的重点是内容、传播、分析，包括信息检索以及评价，涉及更宽的方面。它是一种了解、搜集、评估和利用信息的知识结构，既需要通过熟练的信息技术，也需要通过完善的调查方法、通过鉴别和推理来完成。信息素养是一种信息能力，信息技术是它的一种工具。

3．信息素养的内容

信息素养包括关于信息和信息技术的基本知识和基本技能，运用信息技术进行学习、合作、交流和解决问题的能力，以及信息的意识和社会伦理道德问题。具体而言，信息素养应包含以下 5 个方面的内容：

（1）热爱生活，有获取新信息的意愿，能够主动地从生活实践中不断地查找、探究新信息。

（2）具有基本的科学和文化常识，能够较为自如地对获得的信息进行辨别和分析，正确地加以评估。

（3）可灵活地支配信息，较好地掌握选择信息、拒绝信息的技能。

（4）能够有效地利用信息，表达个人的思想和观念，并乐意与他人分享不同的见解或资讯。

（5）无论面对何种情境，能够充满自信地运用各类信息解决问题，有较强的创新意识和进取精神。

4．信息素养的要素

信息素养的 4 个要素共同构成一个不可分割的统一整体，其中信息意识是先导，信息知识是基础，信息能力是核心，信息道德是保证。

信息素养中信息道德包含了知识产权内容，知识产权制度反过来增强人们信息意识，促进信息道德的建立；知识产权本身作为信息资源中最具价值的部分，是推动知识经济和信息化社会发展的中坚力量，而知识产权制度又是知识经济和信息化社会有效的动力和保障机制。

5．信息素养的特征

在信息社会中，物质世界正在隐退到信息世界的背后，各类信息组成人类的基本生存环境，影响着芸芸众生的日常生活方式，因而构成了人们日常经验的重要组成部分。虽然信息

模块七　信息素养与社会责任

模块重点

- 信息素养和社会责任
- 信息伦理
- 信息安全及自主可控
- 职业道德

教学目标

- 了解信息素养的概念和内容
- 了解信息伦理
- 了解信息安全及自主可控的要求
- 了解相关法律法规
- 了解职业道德

项目1　信息素养和社会责任

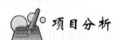

项目分析

本项目主要介绍信息素养的发展、定义、内容、要素、特征和信息社会责任。

任务1.1　信息素养的发展、定义、内容、要素、特征

【任务目标】本任务要求学生了解信息素养的发展、定义、内容、要素、特征。

1. 信息素养的发展

信息素养概念的酝酿始于美国图书检索技能的演变。1974年,美国信息产业协会主席Paul Zurkowski率先提出了信息素养这一全新概念,并解释为"利用大量的信息工具及主要信息源使问题得到解答的技能"。信息素养概念一经提出,便得到广泛传播和使用。世界各国的研究机构纷纷围绕如何提高信息素养展开了广泛的探索和深入的研究,对信息素养概念的界定、内涵和评价标准等提出了一系列新的见解。

1987年,信息学家Patrieia Breivik将信息素养概括为一种"了解提供信息的系统并能鉴别信息价值、选择获取信息的最佳渠道、掌握获取和存储信息的基本技能"。

1989年,美国图书馆协会(ALA)下设的"信息素养总统委员会"在其年度报告中对信息素养的含义进行了重新概括:要成为一个有信息素养的人,就必须能够确定何时需要信息并且能够有效地查寻、评价和使用所需要的信息。

1992 年，Doyle 在《信息素养全美论坛的终结报告》中将信息素养定义为：一个具有信息素养的人，他能够认识到精确的和完整的信息是作出合理决策的基础，确定对信息的需求，形成基于信息需求的问题，确定潜在的信息源，制订成功的检索方案，包括基于计算机和其他信息源获取信息、评价信息、组织信息以便实际应用，将新信息与原有的知识体系进行融合以及在批判性思考和问题解决的过程中使用信息。

2. 信息素养的定义

信息素养更确切的名称应该是信息文化。

信息素养是一种基本能力：信息素养是一种对信息社会的适应能力。美国教育技术 CEO 论坛 2001 年第 4 季度报告提出 21 世纪的能力素质，包括基本学习技能（指读、写、算）、信息素养、创新思维能力、人际交往与合作精神、实践能力。信息素养是其中一个方面，它涉及信息的意识、信息的能力和信息的应用。

信息素养是一种综合能力：信息素养涉及各方面的知识，是一个特殊的、涵盖面很宽的能力，它包含人文的、技术的、经济的、法律的诸多因素，和许多学科有着紧密的联系。信息技术支持信息素养，通晓信息技术强调对技术的理解、认识和使用技能。而信息素养的重点是内容、传播、分析，包括信息检索以及评价，涉及更宽的方面。它是一种了解、搜集、评估和利用信息的知识结构，既需要通过熟练的信息技术，也需要通过完善的调查方法、通过鉴别和推理来完成。信息素养是一种信息能力，信息技术是它的一种工具。

3. 信息素养的内容

信息素养包括关于信息和信息技术的基本知识和基本技能，运用信息技术进行学习、合作、交流和解决问题的能力，以及信息的意识和社会伦理道德问题。具体而言，信息素养应包含以下 5 个方面的内容：

（1）热爱生活，有获取新信息的意愿，能够主动地从生活实践中不断地查找、探究新信息。

（2）具有基本的科学和文化常识，能够较为自如地对获得的信息进行辨别和分析，正确地加以评估。

（3）可灵活地支配信息，较好地掌握选择信息、拒绝信息的技能。

（4）能够有效地利用信息，表达个人的思想和观念，并乐意与他人分享不同的见解或资讯。

（5）无论面对何种情境，能够充满自信地运用各类信息解决问题，有较强的创新意识和进取精神。

4. 信息素养的要素

信息素养的 4 个要素共同构成一个不可分割的统一整体，其中信息意识是先导，信息知识是基础，信息能力是核心，信息道德是保证。

信息素养中信息道德包含了知识产权内容，知识产权制度反过来增强人们信息意识，促进信息道德的建立；知识产权本身作为信息资源中最具价值的部分，是推动知识经济和信息化社会发展的中坚力量，而知识产权制度又是知识经济和信息化社会有效的动力和保障机制。

5. 信息素养的特征

在信息社会中，物质世界正在隐退到信息世界的背后，各类信息组成人类的基本生存环境，影响着芸芸众生的日常生活方式，因而构成了人们日常经验的重要组成部分。虽然信息素养在不同层次的人们身上体现的侧重面不一样，但概括起来，它主要具有五大特征：捕捉信息的敏锐性、筛选信息的果断性、评估信息的准确性、交流信息的自如性和应用信息的独创性。

 **知识拓展**

1. 信息素养的标准

1998 年，美国图书馆协会和教育传播协会制定了学生学习的九大信息素养标准，概括了信息素养的具体内容。

标准一：具有信息素养的学生能够有效地和高效地获取信息。

标准二：具有信息素养的学生能够熟练地和批判地评价信息。

标准三：具有信息素养的学生能够精确地、创造性地使用信息。

标准四：作为一个独立学习者的学生具有信息素养，并能探求与个人兴趣有关的信息。

标准五：作为一个独立学习者的学生具有信息素养，并能欣赏作品和其他对信息进行创造性表达的内容。

标准六：作为一个独立学习者的学生具有信息素养，并能力争在信息查询和知识创新中做得最好。

标准七：对学习社区和社会有积极贡献的学生具有信息素养，并能认识信息对民主化社会的重要性。

标准八：对学习社区和社会有积极贡献的学生具有信息素养，并能实行与信息和信息技术相关的符合伦理道德的行为。

标准九：对学习社区和社会有积极贡献的学生具有信息素养，并能积极参与小组的活动探求和创建信息。

2. 信息素养的要求

（1）信息意识与情感。要具备信息素养，无疑要涉及学会运用信息技术。但不一定非得精通信息技术。况且，随着高科技的发展，信息技术正朝向成为大众的伙伴发展，操作也越来越简单，为人们提供各种及时可靠的信息便利。因此，现代人的信息素养的高低，首先要决定于其信息意识和情感。信息意识与情感主要包括：积极面对信息技术的挑战，不畏惧信息技术；以积极的态度学习操作各种信息工具；了解信息源并经常使用信息工具；能迅速而敏锐地捕捉各种信息，并乐于把信息技术作为基本的工作手段；相信信息技术的价值与作用，了解信息技术的局限及负面效应从而正确对待各种信息；认同与遵守信息交往中的各种道德规范和约定。

（2）信息技能。根据教育信息专家的建议，现代社会中的师生应该具备六大信息技能：

- 确定信息任务——确切地判断问题所在，并确定与问题相关的具体信息。
- 决定信息策略——在可能需要的信息范围内决定哪些是有用的信息资源。
- 检索信息策略——开始实施查询策略。这一部分技能包括：使用信息获取工具，组织安排信息材料和课本内容的各个部分，以及决定搜索网上资源的策略。
- 选择利用信息——在查获信息后，能够通过听、看、读等行为与信息发生相互作用，以决定哪些信息有助于问题解决，并能够摘录所需要的记录。复制和引用信息。
- 综合信息——把信息重新组合和打包成不同形式以满足不同的任务需求。综合可以很简单，也可以很复杂。

- 评价信息——通过回答问题确定实施信息问题解决过程的效果和效率。在评价效率方面还需要考虑花费在价值活动上的时间，以及对完成任务所需时间的估计是否正确等。

3. 信息素养的表现

信息素养主要表现为以下 8 个方面的能力：

（1）运用信息工具。能熟练使用各种信息工具，特别是网络传播工具。

（2）获取信息。能根据自己的学习目标有效地收集各种学习资料与信息，能熟练地运用阅读、访问、讨论、参观、实验、检索等获取信息的方法。

（3）处理信息。能对收集的信息进行归纳、分类、存储记忆、鉴别、遴选、分析综合、抽象概括和表达等。

（4）生成信息。在信息收集的基础上，能准确地概述、综合、履行和表达所需要的信息，使之简洁明了，通俗流畅并且富有个性特色。

（5）创造信息。在多种收集信息的交互作用的基础上，迸发创造性思维的火花，产生新信息的生长点，从而创造新信息，达到收集信息的终极目的。

（6）发挥信息的效益。善于运用接收的信息解决问题，让信息发挥最大的社会和经济效益。

（7）信息协作。使信息和信息工具作为跨越时空的、"零距离"的交往和合作中介，使之成为延伸自己的高效手段，同外界建立多种和谐的合作关系。

（8）信息免疫。浩瀚的信息资源往往良莠不齐，需要有正确的人生观、价值观、甄别能力以及自控、自律和自我调节能力，能自觉抵御和消除垃圾信息及有害信息的干扰和侵蚀，并且完善合乎时代的信息伦理素养。

任务 1.2　信息社会责任

【任务目标】本任务要求学生了解信息社会责任。

1. 信息社会责任的内涵

（1）遵守信息相关法律，维持信息社会秩序。法律是最重要的行为规范系统，信息法凭借国家强制力，对信息行为起强制性调控作用，进而维持信息社会秩序，具体包括规范信息行为、保护信息权利、调整信息关系、稳定信息秩序。

2017 年 6 月，我国开始实施的《网络安全法》是为了保障网络安全，维护网络空间主权和国家安全、社会公共利益，保护公民、法人和其他组织的合法权益，促进经济社会信息化健康发展而制定的法律。其中的第十二条明文规定：任何个人和组织使用网络应当遵守宪法法律，遵守公共秩序，尊重社会公德，不得危害网络安全，不得利用网络从事危害国家安全、荣誉和利益，煽动颠覆国家政权、推翻社会主义制度，煽动分裂国家、破坏国家统一，宣扬恐怖主义、极端主义，宣扬民族仇恨、民族歧视，传播暴力、淫秽色情信息，编造、传播虚假信息扰乱经济秩序和社会秩序，以及侵害他人名誉、隐私、知识产权和其他合法权益等活动。

（2）尊重信息相关道德伦理，恪守信息社会行为规范。20 世纪 70 年代以来，一直存在关于信息伦理和信息素养的讨论，不过早期的讨论主要围绕信息从业人员展开，将其视作信息从业人员的一种职业伦理和素养。进入 21 世纪以来，信息科技的日益普及显著地推动了经济社会各领域的深入发展，同时也切实改变了人们生活和社会交往的方式，现实世界与虚拟世界交融和并存的新时代逐渐成形。

虽然法律是社会发展不可缺少的强制手段，但是信息能够规范的信息活动范围有限，且对于高速发展的信息社会环境而言，法律表现出明显的滞后性。在秩序形成的初始阶段，伦理原则、道德准则的澄清则是立法的基础。

以个人隐私保护为例，该问题是信息伦理研究中最早出现的问题之一。在过去的很长时间内，每年都会新提出一些明确需要被保护的隐私内容，但是法律条文则无法做到如此快速地更新。如果说信息法律是信息活动中外在的强制性调控，那么信息伦理道德规范则是内在的自觉调控方式，二者目标一致，相互配合、相互补充。

（3）杜绝对国家、社会和他人的直接或间接危害。信息科技对社会的渗透无处不在，同时，互联网把全世界紧密联系在了一起，地域的意义被削弱，全球经济一体化也因此浮出台面。传统的伦理道德观与地域文化和习俗有着千丝万缕的关联，因此同样面临演化的问题。例如，A 国的公民在其个人网站上发布了一些有争议的文档，B 国的公民可以访问该网站并下载这些文件，但下载行为会触犯 B 国的法律。那么，是否应该禁止 A 国的公民发布这些在 A 国合法但在 B 国不合法的文档？另外，智能终端的普及使时间和空间没有了阻隔，人与人之间的直接交流变得越来越少，导致了人们的集体意识越来越淡薄，社会意识也随之慢慢淡薄。

因特网的普及同样引发了匿名对实名的冲击，每个网民都可以到不同的站点用匿名的方式发表自己的思想、主张——不文明用语屡见不鲜，各种无视事实的"网络喷子"层出不穷，导致网络空间"乌烟瘴气"。此外，一则信息可能在短短几分钟内传播至数千乃至上万人。如果信息不实，可能会导致受众认识混乱；即使信息本身是真实的，网上批评和非议也很可能形成网络暴力，造成对当事人的过度审判。

当面对未知、疑惑或者两难局面的时候，"扬善避恶"是最基本的出发点，其中的"避恶"更为重要。每个信息社会成员都要从自身做起，如同在真实世界中一样，做事前审慎思考，杜绝对国家、社会和他人的直接或间接危害。

（4）关注信息科技革命带来的环境变化与人文挑战。随着现代科学技术的发展，人们所关注的道德对象逐渐演化为人与自然、人与操作对象、人与他人、人与社会以及人与自我 5 个方面。如果进一步细分，还有人与信息、人与信息技术（媒体、计算机、网络等）等各种复杂的关系。

急剧的社会变迁不可避免地会带来一些观念上的碰撞与文化上的冲突。例如，知识产权是指创造性智力成果的完成人或商业标志的所有人依法所享有的权利的统称。知识产权的有效保护对科学技术的发展起到了极大的促进作用，但同时也在一定程度上阻碍了新技术的推广，"开源"的理念随之产生。时至今日，信息科技类开源产品的种类、数量繁多，使用也非常广泛。软件开源运动也证明，开放源代码之后，由来自不同背景的参与者协作完成的程序，质量并不低于大型信息科技公司的产品。获得开放软件源码是免费的，但对所获取源码的使用却需要遵循该开源软件的许可协议。

项目 2 信息技术的发展、变化趋势

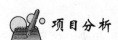 项目分析

本项目主要介绍信息技术的发展阶段和我国信息技术发展变化的趋势。

任务 2.1 信息技术的发展

【任务目标】本任务要求学生了解信息技术的发展阶段。

信息技术发展的五个阶段如下：

第一次是语言的使用，语言成为人类进行思想交流和信息传播不可缺少的工具。

第二次是文字的出现和使用，使人类对信息的保存和传播取得重大突破，在很大程度上突破了时间和地域的局限。

第三次是印刷术的发明和使用，使书籍、报刊成为重要的信息储存和传播的媒体。

第四次是电话、广播、电视的使用，使人类进入利用电磁波传播信息的时代。

第五次是计算机与互联网的使用，即网际网络的出现。

任务 2.2 我国信息技术的发展变化趋势

【任务目标】本任务要求学生了解我国信息技术发展变化的趋势。

近年来，我国信息技术产业蓬勃发展，产业规模迅速扩大，产业结构不断优化，新一代信息技术不断突破，对经济社会发展和人民生活质量提高的引擎作用不断强化，信息技术产业已发展成为推动国民经济高质量发展的先导性、战略性和基础性产业。

1. 信息技术产业规模不断扩大

信息技术企业数量成倍增加。2018 年年末，包括计算机、通信和其他电子设备制造业，电信、广播电视和卫星传输服务业，互联网和相关服务业，软件和信息技术服务业等四大行业在内的信息技术产业法人企业数量 104.7 万户，比 2013 年年末增长 2.6 倍；资产总计 26.9 万亿元，比 2013 年年末增长 98.8%；全年营业收入 18.5 万亿元，比 2013 年增长 62.7%。

电子产品制造能力不断提升。2018 年年末，计算机、通信和其他电子设备制造业法人企业数量 13.4 万户，比 2013 年年末增长 81.8%；资产总计 11.7 万亿元，比 2013 年年末增长 1.0 倍；全年营业收入 11.5 万亿元，比 2013 年增长 40.6%。从世界范围看，以手机、计算机为代表的电子通信产品多数由中国生产制造。

软件产业高速发展。在"硬件"产业快速发展的同时，软件产业发展更快。2018 年年末，软件和信息技术服务业企业法人数量 76.8 万户，比 2013 年年末增长 3.2 倍；资产总计 6.7 万亿元，增长 1.6 倍；全年营业收入 3.4 万亿元，比 2013 年增长 1.7 倍。

互联网产业呈现井喷式扩张。2018 年年末，互联网和相关服务业企业法人数量 12 万户，比 2013 年年末增长 3.8 倍；资产总计 2.6 万亿元，增长 4.4 倍；全年营业收入 1.7 万亿元，比 2013 年增长 5.5 倍。互联网和相关服务业成为国民经济发展中增长速度最快的行业之一。

电信产业发展迈上新台阶。2018 年年末，电信、广播电视和卫星传输服务业法人企业数量 2.5 万户，比 2013 年年末增长 1.2 倍；资产总计 5.9 万亿元，增长 25.7%；全年营业收入 1.9 万亿元，比 2013 年增长 10.2%。我国电话用户数量、固定宽带用户数量、移动电话基站数量、光缆线路长度均居世界首位。2018 年，北斗系统开始提供全球服务；2019 年，5G 正式投入商用，电信产业持续稳步发展，正在迈上新的台阶。

2. 信息技术进步对经济社会发展的引擎作用不断增强

科学技术是第一生产力，是推动国民经济快速发展的强大动能。近年来，信息技术产业对经济的引领带动作用日益提升，所创造的产品和服务为国民经济各行业转型升级、提质增效，实现高质量发展提供了强大动能,信息化已经内化为企业生产经营过程中不可缺少的内在生产要素,国民经济正在由"工业化和信息化融合"升级为"数字经济和实体经济融合"。

各类企业生产经营的信息化程度不断提高。2018 年年末,多数行业的规模以上企业中,平均每户企业使用计算机 51.1 台,每百名员工使用计算机 28.7 台,计算机在企业中的应用快速普及。84.4%的企业实现财务管理信息化,43.8%的企业实现购销存管理信息化,32.8%的企业实现人力资源管理信息化,31.4%的企业实现客户管理信息化。规模以上工业企业中,45.1%的企业在生产过程中使用互联网或内部网络,28.6%的企业用于生产过程的自动控制,15%的企业在线追踪监测产品生产过程。

信息技术产业带动相关产业大发展。受信息技术产业大发展的渗透、再造和全流程支持的强力推动,网络购物、外卖点餐等井喷式增长。2018 年,全国快递 507.1 亿件,比 2013 年增长 4.5 倍,带动快递、仓储等相关行业快速发展。2018 年年末,交通运输、仓储和邮政业企业法人数量 57 万户,比 2013 年年末增长 1.3 倍;资产总计 35.2 万亿元,比 2013 年年末增长 86.7%;全年营业收入 8.6 万亿元,比 2013 年增长 57.1%。

数字经济成为国民经济最有活力的重要组成部分。2018 年,全国网上零售额一项就已经达到 9.0 万亿元,实物商品网上零售额 7.0 万亿元,占社会消费品零售总额的 18.4%,对社会消费品零售总额增长的贡献率超过 45%。互联网与云计算、大数据、人工智能、物联网、5G 等新一代信息技术不断加速突破和应用,推动数字经济发展日新月异,无人仓储已经落地运营,无人驾驶汽车开始上路行驶,工业互联网平台不断涌现,各行各业的发展凭借信息技术的加持正如虎添翼,为数字经济乃至整个国民经济的发展不断注入新的内容。

3. 信息技术产业发展不断满足人民对美好生活的向往

近年来,党中央、国务院始终坚持发展为了人民、发展依靠人民、发展成果由人民共享,把保障和改善民生作为发展的出发点和归宿,深入推行电信普遍服务,不断推动网络提速降费,积极推进"互联网+"行动,不断满足人民对美好生活的向往。

提速降费不断优化网信服务。2018 年年底,互联网宽带接入用户 4.1 亿,比 2013 年增长 1.2 倍;光纤接入用户 3.7 亿,已经超过美国人口数量;4G 用户规模达 11.7 亿,而 2013 年年底 4G 才刚进入商用阶段,更多网民享受到高质量网络通信服务。通过数年的不懈努力,存在多年的国内长途通话费、漫游通话费、流量漫游费相继取消,移动网络流量资费连年下降,宽带专线使用费明显降低,公共场所免费上网范围不断扩大,网民上网资费多次降低;全国居民消费支出构成中,通信支出占 3.5%,比 2013 年下降 0.7 个百分点。

"互联网+"助力美好生活。根据中国互联网络信息中心数据,2018 年,全国网民数量 8.3 亿,网民人均周上网时长 27.6 小时,网络购物用户 6.1 亿、网络视频用户 6.1 亿、网上支付用户 6 亿、网上外卖用户 4.1 亿、在线政务服务用户 3.9 亿、网约专车或快车用户 3.3 亿、在线教育用户 2 亿。足不出户在线点餐享受快餐美食,刷脸支付、扫码付款方便购物结算,共享单车、网络约车实现便捷出行,听书看视频丰富休闲娱乐,网络在线参政议政,网络在线教育终身学习,信息技术和信息产业的发展让网民享受越来越便利、越来越丰富的精彩生活。

近年来,我国信息技术产业蓬勃发展,动力强劲,成效显著,为促进经济发展、改善人民生活发挥了至关重要的作用。信息技术产业的快速发展和广泛应用横跨第一、第二和第三产业,为各行各业的发展插上了飞翔的翅膀,为国民经济发展效率的提高、质量的提升以及生态环境的改善提供了强大引擎,成为推动经济社会发展的标志性产业,而且未来的发展空间十分广阔，一个支撑和推动整个国民经济发展的先导性、战略性和基础性的独立的"第四产业"正呼之欲出。

项目3 信息安全及自主可控

 项目分析

本项目主要介绍信息安全和自主可控。

任务3.1 信息安全

【任务目标】本任务要求学生了解信息安全的定义、目标、原则、发展趋势及挑战。

1. 信息安全的定义

信息安全，ISO（国际标准化组织）的定义为：为数据处理系统建立和采用的技术、管理上的安全保护，为的是保护计算机硬件、软件、数据不因偶然和恶意的原因而遭到破坏、更改和泄露。

2. 信息安全的目标

所有的信息安全技术都是为了达到一定的安全目标，其核心包括保密性、完整性、可用性、可控性和不可否认性五个安全目标。

- 保密性（Confidentiality）是指阻止非授权的主体阅读信息。它是信息安全一诞生就具有的特性，也是信息安全主要的研究内容之一。更通俗地讲，就是说未授权的用户不能够获取敏感信息。对纸质文档信息，我们只需要保护好文件，不被非授权者接触即可。而对计算机及网络环境中的信息，不仅要制止非授权者对信息的阅读，也要阻止授权者将其访问的信息传递给非授权者，以致信息被泄漏。

- 完整性（Integrity）是指防止信息被未经授权人的篡改。它是保护信息保持原始的状态，使信息保持其真实性。如果这些信息被蓄意地修改、插入、删除等，形成虚假信息将带来严重的后果。

- 可用性（Availability）是指授权主体在需要信息时能及时得到服务的能力。可用性是在信息安全保护阶段对信息安全提出的新要求，也是在网络化空间中必须满足的一项信息安全要求。

- 可控性（Controlability）是指对信息和信息系统实施安全监控管理，防止非法利用信息和信息系统。

- 不可否认性（Non-repudiation）是指在网络环境中，信息交换的双方不能否认其在交换过程中发送信息或接收信息的行为。

信息安全的保密性、完整性和可用性主要强调对非授权主体的控制。而对授权主体的不正当行为如何控制呢？信息安全的可控性和不可否认性恰恰是通过对授权主体的控制，实现对保密性、完整性和可用性的有效补充，主要强调授权用户只能在授权范围内进行合法的访问，并对其行为进行监督和审查。

除了上述的信息安全五性外，还有信息安全的可审计性（Audiability）、可鉴别性（Authenticity）等。信息安全的可审计性是指信息系统的行为人不能否认自己的信息处理行为。

与不可否认性的信息交换过程中行为可认定性相比，可审计性的含义更宽泛一些。信息安全的可见鉴别性是指信息的接收者能对信息的发送者的身份进行判定。它也是一个与不可否认性相关的概念。

3. 信息安全的原则

为了达到信息安全的目标，各种信息安全技术的使用必须遵守一些基本的原则。

- 最小化原则。受保护的敏感信息只能在一定范围内被共享，履行工作职责和职能的安全主体，在法律和相关安全策略允许的前提下，为满足工作需要，仅被授予访问信息的适当权限，称为最小化原则。敏感信息的"知情权"一定要加以限制，是在"满足工作需要"前提下的一种限制性开放。可以将最小化原则细分为知所必须（need to know）和用所必须（need to use）的原则。

- 分权制衡原则。在信息系统中，对所有权限应该进行适当的划分，使每个授权主体只能拥有其中的一部分权限，使他们之间相互制约、相互监督，共同保证信息系统的安全。如果一个授权主体分配的权限过大，无人监督和制约，就隐含了"滥用权力""一言九鼎"的安全隐患。

- 安全隔离原则。隔离和控制是实现信息安全的基本方法，而隔离是进行控制的基础。信息安全的一个基本策略就是将信息的主体与客体分离，按照一定的安全策略，在可控和安全的前提下实施主体对客体的访问。

在这些基本原则的基础上，人们在生产实践过程中还总结出一些实施原则，它们是基本原则的具体体现和扩展，包括整体保护原则、谁主管谁负责原则、适度保护的等级化原则、分域保护原则、动态保护原则、多级保护原则、深度保护原则和信息流向原则等。

4. 发展趋势及挑战

（1）新数据、新应用、新网络和新计算成为今后一段时期信息安全的方向和热点，给未来带来新挑战。物联网和移动互联网等新网络的快速发展给信息安全带来更大的挑战。物联网将会在智能电网、智能交通、智能物流、金融与服务业、国防军事等众多领域得到应用。物联网中的业务认证机制和加密机制是安全上最重要的两个环节，也是信息安全产业中保障信息安全的薄弱环节。移动互联网快速发展带来的是移动终端存储的隐私信息的安全风险越来越大。

（2）传统的网络安全技术已经不能满足新一代信息安全产业的发展企业对信息安全的需求不断发生变化。传统的信息安全更关注防御、应急处置能力，但是，随着云安全服务的出现，基于软硬件提供安全服务模式的传统安全产业开始发生变化。在移动互联网、云计算兴起的新形势下，简化客户端配置和维护成本，成为企业对网络新的安全需求，也成为信息安全产业发展面临的新挑战。

（3）未来，信息安全产业发展的大趋势是从传统安全走向融合开放的大安全。随着互联网的发展，传统的网络边界不复存在，给未来的互联网应用和业务带来巨大改变，给信息安全也带来了新挑战。融合开放是互联网发展的特点之一，网络安全也因此变得正在向分布化、规模化、复杂化和间接化等方向发展，信息安全产业也将在融合开放的大安全环境中探寻发展。

任务 3.2　信息安全自主可控

【任务目标】本任务要求学生了解信息安全自主可控、目标、原则、发展趋势及挑战。

网络空间已成为国家继陆、海、空、天四个疆域之后的第五疆域，与其他疆域一样，网络空间也需体现国家主权，保障网络空间安全也就是保障国家主权。

自主可控是保障网络安全、信息安全的前提。能自主可控意味着信息安全容易治理、产品和服务一般不存在恶意后门并可以不断改进或修补漏洞；反之，不能自主可控就意味着具"他控性"，就会受制于人，其后果是：信息安全难以治理、产品和服务一般存在恶意后门并难以不断改进或修补漏洞。

1. 自主可控介绍

可控性是指对信息和信息系统实施安全监控管理，防止非法利用信息和信息系统，是实现信息安全的五个安全目标之一。而自主可控技术就是依靠自身研发设计，全面掌握产品核心技术，实现信息系统从硬件到软件的自主研发、生产、升级、维护的全程可控。简单地说就是核心技术、关键零部件、各类软件全都国产化，自己开发、自己制造，不受制于人。

自主可控是我们国家信息化建设的关键环节，是保护信息安全的重要目标之一，在信息安全方面意义重大。

2. 自主可控的四个层面

以下为倪光南院士对"自主可控"的一个全面诠释。

（1）知识产权。在当前的国际竞争格局下，知识产权自主可控十分重要，做不到这一点就一定会受制于人。如果所有知识产权都能自己掌握，当然最好，但实际上不一定能做到，这时，如果部分知识产权能完全买断，或能买到有足够自主权的授权，也能达到自主可控。然而，如果只能买到自主权不够充分的授权，例如某项授权在权利的使用期限、使用方式等方面具有明显的限制，就不能达到知识产权自主可控。目前国家一些计划对所支持的项目，要求首先通过知识产权风险评估，才能给予立项，这种做法是正确的、必要的。标准的自主可控似可归入这一范畴。

（2）技术能力。技术能力自主可控，意味着要有足够规模的、能真正掌握该技术的科技队伍。技术能力可以分为一般技术能力、产业化能力、构建产业链能力和构建产业生态系统能力等层次。产业化能力的自主可控要求使技术不能停留在样品或试验阶段，而应能转化为大规模的产品和服务。产业链的自主可控要求在实现产业化的基础上，围绕产品和服务，构建一个比较完整的产业链，以便不受产业链上下游的制约，具备足够的竞争力。产业生态系统的自主可控要求能营造一个支撑该产业链的生态系统。

（3）发展。有了知识产权和技术能力的自主可控，一般是能自主发展的，但发展的自主可控，也是必要的。因为不但要看到现在，还要着眼于今后相当长的时期，对相关技术和产业而言，都能不受制约地发展。有一个例子可以说明长期发展的重要性。众所周知，前些年我国通过投资、收购等，曾经拥有了 CRT 电视机产业完整的知识产权和构建整个生态系统的技术能力。但是，外国跨国公司将 CRT 的技术都卖给中国后，它们立即转向了 LCD 平板电视，使中国的 CRT 电视机产业变成淘汰产业。信息领域技术和市场变化迅速，要防止出现类似事件。因此，如果某项技术在短期内效益较好，但从长期看做不到自主可控，一般说来是不可取的。只顾眼前利益，有可能会在以后造成更大的被动。

（4）国产资质。一般说来，"国产"产品和服务容易符合自主可控要求，因此实行国产替代对于达到自主可控是完全必要的。不过现在对于"国产"还没有统一的界定标准。某些观点显然是不合适的。例如：有人说，只要公司在中国注册、交税，就是"中国公司"，它的产品和服务就是"国产"。但实际上几乎所有世界 500 强都在中国注册了公司，难道它们都变成了中国公司了吗？也有人说，"本国产品是指在中国境内生产，且国内生产成本比例超过 50% 的最终产品"，甚至还给出了按材料成本计算的公式。显然，这样的"标准"只适合粗放型产品，完全不适用于高技术领域。倒是美国国会在 1933 年通过的《购买美国产品法》可以给我们一个启示，该法案要求联邦政府采购要买本国产品，即在美国生产的、增值达到 50% 以上的产品，进口件组装的不算本国产品。看来，美国采用上述"增值"准则来界定"国产"是比较合理的。

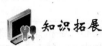 **知识拓展**

1. 中国网络安全和信息化行业相关政策

2016—2021 年中国网络安全和信息化行业相关政策一览表

日期	政策名称	内容
2020	《关于推动工业互联网加快发展的通知》	强调建设工业互联网大数据中心，加快国家工业互联网大数据中心建设，鼓励建立工业互联网数据资源合作共享机制，初步实现对重点区域、重点行业的数据采集、汇聚和应用
2020	《工业和信息化部关于推动 5G 加快发展的通知》	加快 5G 网络建设部署。包括加快 5G 网络建设进度，加大基站站址资源支持，加强电力和频率保障，推进网络共享和异网漫游。丰富 5G 技术应用场景
2020	《关于促进消费扩容提质 加快形成强大国内市场的实施意见》	加快新一代信息基础设施建设。加快 5G 网络等信息基础设施建设和商用步伐。支持利用 5G 技术对有线电视网络进行改造升级，实现居民家庭有线无线交互，大屏小屏互动。推动车联网部署应用
2020	《中小企业数字化赋能专项行动方案》	以数字化网络化智能化赋能中小企业，助力中小企业疫情防控、复工复产和可持续发展。支持中小企业运用线上办公、财务管理、智能通信、远程协作、视频会议、协同开发等产品和解决方案，尽快恢复生产管理，实现运营管理数字化；支持数字化服务商，打造智能办公平台。推出虚拟云桌面、超高清视频、全息投影视频等解决方案，满足虚拟团队、敏感数据防控等远程办公场景升级需求
2019	《工业和信息化部关于加快培育共享制造新模式新业态 促进制造业高质量发展的指导意见》	推动新型基础设施建设。加强 5G、人工智能、工业互联网、物联网等新型基础设施建设，扩大高速率、大容量、低延时网络覆盖范围，鼓励制造企业通过内网改造升级，实现人、机、物互联，为共享制造提供信息网络支撑
2019	《关于印发加强工业互联网安全工作的指导意见的通知》	加强工业生产、主机、智能终端等设备安全接入和防护，强化控制网络协议、装置装备、工业软件等安全保障，推动设备制造商、自动化集成商与安全企业加强合作，提升设备和控制系统的本质安全
2019	《信息安全技术网络安全等级保护基本要求》	不同级别的等级保护对象需采取对应的安全防护措施，保障信息安全和网络安全
2019	《产业结构调整指导目录（2019 年本）》	将"数字移动通信、移动自组网、接入网系统、数字集群通信系统及路由器、网关等网络设备制造"定为鼓励类的产业

续表

日期	政策名称	内容
2018	《推动企业上云实施指南（2018—2020年）》	从总体要求、科学制定部署模式、按需合理选择云服务、稳妥有序实施上云、提升支撑服务能力、强化政策保障等方面提出推动企业上云的工作要求和实施建议
2016	《"十三五"国家战略性新兴产业发展规划》	推动信息技术产业跨越发展，加快新型智能手机、下一代网络设备和数据中心成套装备、先进智能电视和智能家居系统、信息安全产品的创新与应用，大力提升产品品质，培育一批具有国际影响力的品牌
2016	《国务院关于加快培育和发展战略性新兴产业的决定》	推动新一代移动通信、下一代互联网核心设备和智能终端的研发及产业化，要把包括新一代信息技术在内的七个战略性新兴产业加快培育成为先导产业和支柱产业
2016	《中华人民共和国网络安全法》	制定并不断完善信息安全战略，明确保障信息安全的基本要求和主要目标，提出重点领域的信息安全政策、工作任务和措施

2. 基于自主可控技术国产化替代框架进度及主流品牌

（1）自主可控基础硬件受益于国家重大专项资金推动，成果显著。近年来，处理器、交换芯片、显示芯片等国产芯片产品已接近国外主流产品水平。中国 CPU 产品技术研发已进入多技术路线同步推进的高速发展阶段。国产处理器形成了以 X86、MIPS、SPARC、ARM、ALPHA 等架构为代表的系列化处理器产品，产品主频普遍为 1.0GHz～1.5GHz。国产 CPU 技术正大步迈向新的阶段，美"芯"封喉的局面将得到极大扭转，为构建安全、自主、可控的国产化信息系统奠定了基础。基于国产 CPU 的整机及网络设备产品已经完全具备替代国外同类产品的能力，产品系列覆盖计算基础设施、信息安全、网络安全需求，具备系统性应用的条件。

（2）自主可控基础软件突破微软生态，基本已达国际水平。国产操作系统技术趋于成熟，中标麒麟、红旗 Linux 系统具有较高的实用性、稳定性和安全可控性，已覆盖服务器、桌面、移动和嵌入式等领域，产品大多采用开源技术。在系统的功能、性能，以及对设备、应用软件的支持方面也能满足用户的使用要求，可支持多种国产化处理器（方舟、龙芯等）架构，满足当前国产化的应用需求。国内多家自主知识产权的国产数据库（人大金仓、神州通用等）与国产处理器、操作系统可深入融合适配，支持商业化部署、容灾工具使用。如华为与神州信息共同发布的金融行业联合解决方案，依托华为公司 TaiShan 服务器以及 Gauss 数据库，实现神州信息的核心业务系统、数据平台、支付平台向华为的基础设施迁移。这套高度国产化（至 CPU、数据库层面）的系统在性能上已经具备替代现有非底层国产化方案的能力，该案例为金融业 IT 解决方案提供了一套具备强竞争能力的高度国产化解决方案，具有里程碑式意义。国产中间件也已具备替代国外产品的能力，基于 Java 国际标准支持，国产中间件（东方通、金蝶等）与国产操作系统、数据库的兼容适配成效显著，并可实现深度定制化开发与优化。国产基础办公软件也已实现与国产操作系统的适配，对嵌入浏览器的支持、开发接口、界面风格、与 Office 的兼容方面表现优越。

（3）自主可控应用软件在高精尖技术及实时性高要求领域得到应用。自主可控应用软件，已初步形成在国产化平台运行的办公自动化、企业管理、行业应用系统，部分产品在自主可控计算机示范应用工程中完成了迁移适配，可运行于主流自主可控平台，并已在通信、军事、航空、航天、政府等高精尖技术及实时性高要求的领域得到应用。

（4）自主可控网络安全管理领域成长机遇最大。国产基础软硬件迅速发展的过程中，也伴生了很多的问题：一方面，我国基础软硬件的体系复杂，相互之间的结合比较密切，含关键技术多；另一方面，国内现阶段处于去 IOE 过渡期，安全管理平台面临的重点问题在于既要适应所有的操作系统，如 Windows、Linux、UNIX、中标麒麟、红旗 Linux 等，还需同时监控众多网络设备生产厂商的产品和数据库、中间件应用服务等。除此之外，我国网络设备部署越来越多，安全管理平台需求高速增长，安全管理平台要从整体上系统化地帮助企业感知安全威胁，等保 2.0 控制措施对网络安全管理中心重点提出技术要求，赋能行业巨大的增长机遇。所以，对国内安全管理平台发展视角下的公司研究就非常有必要。

（1）全面型企业：启明星辰、绿盟科技、蓝盾股份、奇安信（原 360ESG）、天融信（南洋股份子公司）等企业，具备较为齐全的安全产品线，可依靠自有品牌产品对客户进行解决方案层面的构建，满足用户的整体安全需求。这些企业具备多元化的核心能力，包括网关能力、攻防能力、安全态势感知能力、安全运维能力等。

1）启明星辰：国内极具实力的网络安全综合解决方案提供商。

启明星辰是拥有完全自主知识产权的网络安全产品、可信安全管理平台、安全服务与解决方案的综合提供商，在入侵检测/入侵防御、统一威胁管理、安全管理平台、运维安全审计、数据审计与防护方面，国内市场占有率排名第一。

2）绿盟科技：自主开发防火墙。基于多年的安全攻防研究，绿盟科技在检测防御类、安全评估类、安全平台类、远程安全运维服务、安全 SaaS 服务等领域，为客户提供入侵检测/防护、抗拒绝服务攻击、远程安全评估、Web 安全防护等产品以及安全运营等专业安全服务。

3）蓝盾股份：聚焦安全产品、安全运营、安全集成、安全服务。蓝盾股份前身为广东天海威数码技术有限公司，聚焦安全产品、安全运营、安全集成、安全服务。

4）奇安信：国内网络安全领域中成长最快的企业。奇安信是为政府、企业、教育、金融等机构和组织提供企业级网络安全技术、产品和服务的网络安全公司，相关产品和服务已覆盖90%以上的中央政府部门、中央企业和大型银行，已在印度尼西亚、新加坡、加拿大等国家和地区开展了安全业务。

天融信：中国领先的网络安全、大数据与安全云服务提供商。基于创新的"可信网络架构"以及业界领先的信息安全产品与服务，天融信致力于改善用户网络与应用的可视性、可用性、可控性和安全性，降低安全风险，创造业务价值。

（2）专精型企业：除网关外的细分市场优质企业，包括北信源、智和信通、可信华泰、安恒信息、东软、格尔软件、卫士通、数字认证、中孚信息、恒安嘉新、安博通等，这些企业在细分领域均有明确的优势。这其中又可细分为完全兼容国产处理器、服务器、操作系统、数据库的专精型产品，包括智和网管平台 SugarNMS、景云网络防病毒系统、北信源主机审计与监控系统、北信源身份鉴别系统等。

1）北信源：聚焦终端安全。北信源布局国产自主可控，终端信息安全市场。北信源主机审计与监控系统、北信源身份鉴别系统以及北信源旗下景云网络防病毒系统分别入选第一期国产化信息产品《适配名录》，主机安全产品线已经覆盖国产化、虚拟化、移动、工控等终端类型。

2）智和信通：首创开放式网管平台。北京智和信通公司专注网络管理运维、IT综合监控、网络管理平台、国产化安全软件、安全管控平台，智和网管平台SugarNMS采用"监控+展示+安管+开发"四合一平台模式，支持国产化平台；支持二次开发定制，具有可持续的功能扩展和开发集成能力，在军工集团科研院所、党政军、电信、金融、教育、医疗及企业中广泛应用。

3）可信华泰：计算产品整体解决方案提供商。北京可信华泰公司专注应用安全前沿趋势的研究和分析，安全产品包括可信软件、可信安全管理中心、可信支撑平台、可信移动终端、"白细胞"操作系统免疫平台等，满足各类型重要信息系统的计算环境的安全需求。

4）安恒信息：聚焦应用安全。安恒信息提供应用安全、数据库安全、网站安全监测、安全管理平台等整体解决方案，公司的产品及服务涉及应用安全、大数据安全、云安全、物联网安全、工业控制安全、工业互联网安全等领域。

5）东软：提供IT驱动的创新型解决方案与服务。东软提供应用开发和维护、ERP实施与咨询服务、专业测试及性能工程服务、软件全球化与本地化服务、IT基础设施服务、业务流程外包（BPO）、IT教育培训等。其安全管理平台将目前信息系统中各类数据孤立分析的形态转变为智能的关联分析，并借助平台实现技术人员（维护人员、应急小组）、操作过程（相应的管理制度和事件处理流程）和技术三者的融合。

6）格尔软件：加密认证全系列信息安全产品。中国较早研制和推出公钥基础设施PKI平台的厂商之一，是国内首批商用密码产品定点生产与销售单位之一。拥有全系列信息安全产品、安全服务和解决方案的提供能力。产品包括安全认证网关、可信边界安全网关、无线安全网关、电子签章系统、安全电子邮件系统、安全即时通信系统、网络保险箱、终端保密系统、签名验证服务系统、局域网接入认证系统、打印管控系统、移动安全管理平台、云安全服务平台系统、移动介质管理系统等。

7）卫士通：聚焦加密及认证。成都卫士通为党政军用户、企业级用户和消费者提供专业自主的网络信息安全解决方案、产品和服务。公司致力于信息安全领域的技术研究和产品开发，从密码技术应用持续拓展，已形成密码产品、信息安全产品、安全信息系统三大信息安全产品体系。

8）数字认证：聚焦加密及认证。数字认证为用户提供涵盖电子认证服务和电子认证产品的整体解决方案。建立起覆盖全国的电子认证服务网络和较完善的电子认证产品体系。应用领域覆盖政府、金融、医疗卫生、彩票、电信等市场，在电子政务领域的市场占有率位居行业前列，并已在医疗信息化、网上保险、互联网彩票等重点新兴应用领域建立了市场领先优势。

9）中孚信息：聚焦加密和认证。中孚信息是专业从事信息安全技术与产品研发、销售并提供行业解决方案和安全服务的高新技术企业，是国家商用密码产品定点生产和销售单位。公司拥有国家保密局颁发的国家涉密集成甲级资质证书，具有工信部办法的信息系统集成资质。

10）恒安嘉新：聚焦网络空间安全综合治理。恒安嘉新专注于网络空间安全综合治理领域，主要采取直销模式向电信运营商、安全主管部门等政企客户提供服务。产品包括网络空间安全综合管理产品、移动互联网增值产品、通信网网络优化产品等。

11）安博通：网络安全系统平台和安全服务提供商。北京安博通是国内领先的网络安全系统平台和安全服务提供商，依托自主开发的应用层可视化安全网络安全技术，围绕核心 ABT SPOS 网络安全系统平台，为业界众多安全产品提供操作系统、业务组件、分析引擎、关键算法、特征库升级等软件支撑及相关的技术服务。

（3）网关型企业：国产化进程阶段优先受益的分类，基础产品为主，产品线和技术能力聚焦边界防护，以各类网关为主体，包括华为、深信服、新华三、山石网科等。

1）华为：民族品牌，国之骄傲。华为全球领先的 ICT（信息与通信）基础设施和智能终端提供商，在通信网络、IT、智能终端和云服务等领域为客户提供有竞争力、安全可信赖的产品、解决方案与服务，与生态伙伴开放合作。2018 年销售收入 7212 亿元，净利润为 593 亿元，经营活动现金流为 747 亿元。

2）深信服：让 IT 更简单、更安全、更有价值。深信服是一家专注于企业级安全、云计算及 IT 基础设施的产品和服务供应商，拥有智安全、云计算和新 IT 三大业务品牌，致力于让用户的 IT 更简单、更安全、更有价值。

3）新华三：融绘数字未来，共享美好生活。新华三是业界领先的数字化解决方案领导者，致力于成为客户业务创新、产业升级可信赖的合作伙伴，拥有全系列服务器、存储、网络、安全、超融合系统和 IT 管理系统等产品，能够提供云计算、大数据、大互联、大安全和 IT 咨询与服务在内的数字化解决方案和产品的研发、生产、咨询、销售等服务。

4）山石网科：创新网络安全。山石网科专注于网络安全领域的前沿技术创新，为企业级和运营商用户提供智能化、高性能、高可靠、简单易用的网络安全解决方案。Hillstone 以网络安全的需求变化为创新基点，立志为全球用户打造安全的网络环境，成为世界第一流的安全厂商。

国家多重利好政策下，国产信息化品牌迎来黄金时代。党政军、金融、电信、能源等中国重点领域及企业重新选择软硬件合作伙伴。

项目 4　信息伦理与职业道德

 项目分析

本项目主要介绍信息伦理与职业道德。

任务 4.1　信息伦理

【任务目标】本任务要求学生了解信息伦理的定义、结构内容。

1. 信息伦理的定义

信息伦理是指涉及信息开发、信息传播、信息的管理和利用等方面的伦理要求、伦理准

则、伦理规约，以及在此基础上形成的新型的伦理关系。信息伦理又称信息道德，它是调整人们之间以及个人和社会之间信息关系的行为规范的总和。

2. 信息伦理结构内容

信息伦理不是由国家强行制定和强行执行的，是在信息活动中以善恶为标准，依靠人们的内心信念和特殊社会手段维系的。信息伦理结构的内容可概括为两个方面，三个层次。

（1）两个方面。所谓两个方面，即主观方面和客观方面。前者指人类个体在信息活动中以心理活动形式表现出来的道德观念、情感、行为和品质，如对信息劳动的价值认同，对非法窃取他人信息成果的鄙视等，即个人信息道德；后者指社会信息活动中人与人之间的关系以及反映这种关系的行为准则与规范，如扬善抑恶、权利义务、契约精神等，即社会信息道德。

（2）三个层次。所谓三个层次，即信息道德意识、信息道德关系、信息道德活动。信息道德意识是信息伦理的第一个层次，包括与信息相关的道德观念、道德情感、道德意志、道德信念、道德理想等。它是信息道德行为的深层心理动因。信息道德意识集中地体现在信息道德原则、规范和范畴之中；信息道德关系是信息伦理的第二个层次，包括个人与个人的关系、个人与组织的关系、组织与组织的关系。这种关系是建立在一定的权利和义务的基础上，并以一定信息道德规范形式表现出来的。如联机网络条件下的资源共享，网络成员既有共享网上资源的权利（尽管有级次之分），也要承担相应的义务，遵循网络的管理规则。成员之间的关系是通过大家共同认同的信息道德规范和准则维系的。信息道德关系是一种特殊的社会关系，是被经济关系和其他社会关系所决定、所派生出的人与人之间的信息关系，信息道德活动是信息伦理的第三层次，包括信息道德行为、信息道德评价、信息道德教育和信息道德修养等。这是信息道德的一个十分活跃的层次。信息道德行为即人们在信息交流中所采取的有意识的、经过选择的行动。根据一定的信息道德规范对人们的信息行为进行善恶判断即为信息道德评价。按一定的信息道德理想对人的品质和性格进行陶冶就是信息道德教育。信息道德修养则是人们对自己的信息意识和信息行为的自我解剖、自我改造。信息道德活动主要体现在信息道德实践中。

总的来说，作为意识现象的信息伦理，它是主观的东西；作为关系现象的信息伦理，它是客观的东西；作为活动现象的信息伦理，则是主观见之于客观的东西。换言之，信息伦理是主观方面即个人信息伦理与客观方面即社会信息伦理的有机统一。

任务 4.2 职业道德

【任务目标】本任务要求学生了解社会主义职业道德的定义、基本规范和计算机从业人员职业道德的最基本要求和核心原则。

1. 社会主义职业道德的定义

社会主义职业道德是社会主义社会各行各业的劳动者在职业活动中必须共同遵守的基本行为准则。它是判断人们职业行为优劣的具体标准，也是社会主义道德在职业生活中的反映。因为集体主义贯穿于社会主义职业道德规范的始终，是正确处理国家、集体、个人关系的最根本的准则，也是衡量个人职业行为和职业品质的基本准则，是社会主义社会的客观要求，是社会主义职业活动获得成功的保证。

2. 社会主义职业道德的基本规范

（1）爱岗敬业。爱岗敬业是社会主义职业道德最基本、最起码、最普通的要求。爱岗敬业作为最基本的职业道德规范，是对人们工作态度的一种普遍要求。爱岗就是热爱自己的工作岗位，热爱本职工作，敬业就是要用一种恭敬严肃的态度对待自己的工作。

（2）诚实守信。诚实守信是做人的基本准则，也是社会道德和职业道德的一个基本规范。诚实就是表里如一，说老实话，办老实事，做老实人。守信就是信守诺言，讲信誉，重信用，忠实履行自己承担的义务。诚实守信是各行各业的行为准则，也是做人做事的基本准则，是社会主义最基本的道德规范之一。

（3）办事公道。办事公道是指对于人和事的一种态度，也是千百年来人们所称道的职业道德。它要求人们待人处世要公正、公平。

（4）服务群众。服务群众就是为人民群众服务，是社会全体从业者通过互相服务，促进社会发展、实现共同幸福。服务群众是一种现实的生活方式，也是职业道德要求的一个基本内容。服务群众是社会主义职业道德的核心，它是贯穿于社会共同的职业道德之中的基本精神。

（5）奉献社会。奉献社会就是积极自觉地为社会做贡献。这是社会主义职业道德的本质特征。奉献社会自始至终体现在爱岗敬业、诚实守信、办事公道和服务群众的各种要求之中。奉献社会并不意味着不要个人的正当利益，不要个人的幸福。恰恰相反，一个自觉奉献社会的人，他才真正找到了个人幸福的支撑点。奉献和个人利益是辩证统一的。

3. 计算机从业人员职业道德的最基本要求、核心原则

（1）计算机从业人员职业道德的最基本要求。法律是道德的底线，计算机职业从业人员职业道德的最基本要求就是国家关于计算机管理方面的法律法规。我国的计算机信息法规制定较晚，目前还没有一部统一的计算机信息法，但是全国人大、国务院和国务院的各部委等具有立法权的政府机关还是制定了一批管理计算机行业的法律法规，比较常见的有《全国人民代表大会常务委员会关于维护互联网安全的决定》《计算机软件保护条例》《互联网信息服务管理办法》《互联网电子公告服务管理办法》等，这些法律法规应当被每位计算机职业从业人员牢记，严格遵守这些法律法规正是计算机专业人员职业道德的最基本要求。

（2）计算机职业从业人员职业道德的核心原则。任何一个行业的职业道德都有其最基础、最具行业特点的核心原则，计算机行业也不例外。

世界知名的计算机道德规范组织IEEE-CS/ACM软件工程师道德规范和职业实践（SEEPP）联合工作组曾就此专门制订过一个规范，根据此项规范计算机职业从业人员职业道德的核心原则主要有以下两项。

原则一：计算机专业人员应当以公众利益为最高目标。

原则二：客户和雇主在保持与公众利益一致的原则下，计算机专业人员应注意满足客户和雇主的最高利益。

（3）计算机职业从业人员职业道德的其他要求。除了以上基础要求和核心原则，作为一名计算机职业从业人员还有一些其他职业道德规范应当遵守，比如：

1）按照有关法律、法规和有关机关团体的内部规定建立计算机信息系统。

2）以合法的用户身份进入计算机信息系统。

3）在工作中尊重各类著作权人的合法权利。

4）在收集、发布信息时尊重相关人员的名誉、隐私等合法权益。

课后习题

简答题

1．简述什么是信息素养？信息素养的四要素是什么？

2．信息社会责任的内涵是什么？

3．信息安全的目标和原则是什么？

4．简述自主可控的四个层面。

5．什么是信息伦理？计算机从业人员职业道德的最基本要求是什么？

参考文献

[1] 甘博，邢海燕. 计算机应用基础（Windows 7+Office 2010）[M]. 大连：东软电子出版社，2015.

[2] 陈静. 计算机应用基础[M]. 大连：东软电子出版社，2013.

[3] 温涛. 计算机基础应用能力实训教程[M]. 大连：东软电子出版社，2013.

[4] 胡浩江，田幼勤. 计算机应用基础教程[M]. 济南：黄河出版社，2010.

[5] 杨振山，龚沛曾. 大学计算机基础[M]. 4版. 北京：高等教育出版社，2004.

[6] 山东省教育厅. 计算机文化基础[M]. 东营：中国石油大学出版社，2006.

[7] 冯博琴. 大学计算机基础[M]. 北京：高等教育出版社，2004.

[8] 王移芝，罗四维. 大学计算机基础教程[M]. 北京：高等教育出版社，2004.

[9] 李建华. 加强高职生计算机应用能力的培养[J]. 山东：中国科教创新导刊，2008，000（005）：213.

[10] 白雪琳. 谈高校"计算机应用基础"课程教学改革[J]. 北京：信息与电脑（理论版），2010，000（008）：163.